KB085118

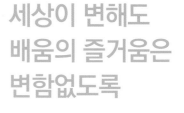

세상이 변해도
배움의 즐거움은
변함없도록

시대는 빠르게 변해도
배움의 즐거움은
변함없어야 하기에

어제의 비상은
남다른 교재부터
결이 다른 콘텐츠
전에 없던 교육 플랫폼까지

변함없는 혁신으로
교육 문화 환경의 새로운 전형을
실현해왔습니다.

비상은 오늘, 다시 한번
새로운 교육 문화 환경을 실현하기 위한
또 하나의 혁신을 시작합니다.

오늘의 내가 어제의 나를 초월하고
오늘의 교육이 어제의 교육을 초월하여
배움의 즐거움을 지속하는 혁신,

바로, 메타인지 기반 완전 학습을.

상상을 실현하는 교육 문화 기업 비상

메타인지 기반 완전 학습

초월을 뜻하는 meta와 생각을 뜻하는 인지가 결합한 메타인지는
자신이 알고 모르는 것을 스스로 구분하고 학습계획을 세우도록 하는
궁극의 학습 능력입니다. 비상의 메타인지 기반 완전 학습 시스템은
잠들어 있는 메타인지를 깨워 공부를 100% 내 것으로 만들도록 합니다.

연산으로 쉽게 개념을 완성!

개념 ┿PLUS 연산

중등 수학

2·1

수학 기본기를 탄탄하게 하는! 개념 + 연산

01
×
유리수와 소수

(1) 유리수: 분수 $\frac{a}{b}$ (a, b는 정수, $b \neq 0$) 꼴로 나타낼 수 있는 수

 ➡ 분수 $\frac{a}{b}$는 $a \div b$이므로 분자를 분모로 나누면 정수 또는 소수가 된다.

(2) 소수의 분류

 ① 유한소수: 소수점 아래에 0이 아닌 숫자가 유한 번 나타나는 소수
  ⓔ 0.4, -7.029

 ② 무한소수: 소수점 아래에 0이 아닌 숫자가 무한 번 나타나는 소수
  ⓔ 0.111…, 3.1415…

● 분수를 소수로 나타내기
분수 $\frac{(분자)}{(분모)} \div (분모)$ → 소수
ⓔ $\frac{1}{4} = 1 \div 4 = 0.25$

1 유형별 연산 문제

개념을 확실하게 이해하고 적용할 수 있도록 충분한 양의 연산 문제를 유형별로 구성하였습니다.

정답과 해설 · 1쪽

● 유한소수와 무한소수

[001~006] 다음 소수가 유한소수이면 '유', 무한소수이면 '무'를 ( ) 안에 쓰시오.

001 0.77 ( )

002 0.3555… ( )

003 -1.64 ( )

004 2.871871 ( )

005 5.232323… ( )

006 $-2.345678…$ ( )

[007~012] 다음 분수를 소수로 나타내고, 유한소수이면 '유', 무한소수이면 '무'를 ( ) 안에 쓰시오.

007 $\frac{3}{5} =$ _____ ( )

008 $\frac{1}{3} =$ _____ ( )

009 $-\frac{7}{25} =$ _____ ( )

010 $\frac{6}{11} =$ _____ ( )

011 $-\frac{9}{8} =$ _____ ( )

012 $-\frac{13}{6} =$ _____ ( )

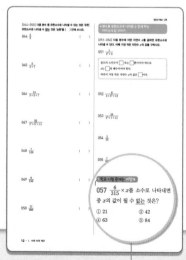

연산 문제로 연습한 후 학교 시험 문제로 확인!

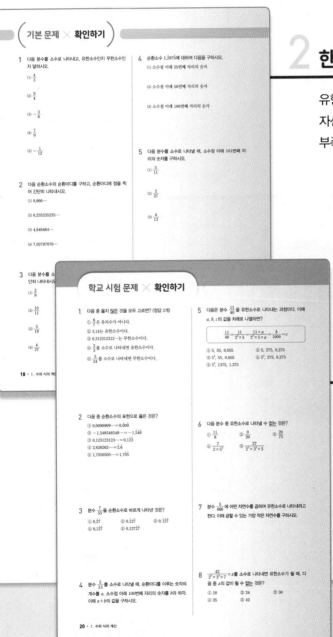

2 한 번 더 확인하기

유형별 연산 문제를 모아 한 번 더 풀어 보면서
자신의 실력을 확인할 수 있습니다.
부족한 부분은 다시 돌아가서 연습해 보세요!

3 꼭! 나오는
학교 시험 문제로
마무리하기

기본기를 완벽하게 다졌다면 연산 문제에
응용력을 더한 학교 시험 문제에 도전!
어렵지 않은 필수 기출문제를 풀어 보면서
실전 감각을 익히고 자신감을 얻을 수 있습니다.

차례
Contents

I
수와 식의 계산

1 유리수와 순환소수 ································· 8

2 식의 계산 ······································· 24

II
부등식과 연립방정식

3 일차부등식 ······································ 52

4 연립일차방정식 ································· 72

Ⅲ

일차함수

5   일차함수와 그 그래프 ··   **92**

6   일차함수와 일차방정식의 관계 ··································   **122**

1

유리수와 순환소수

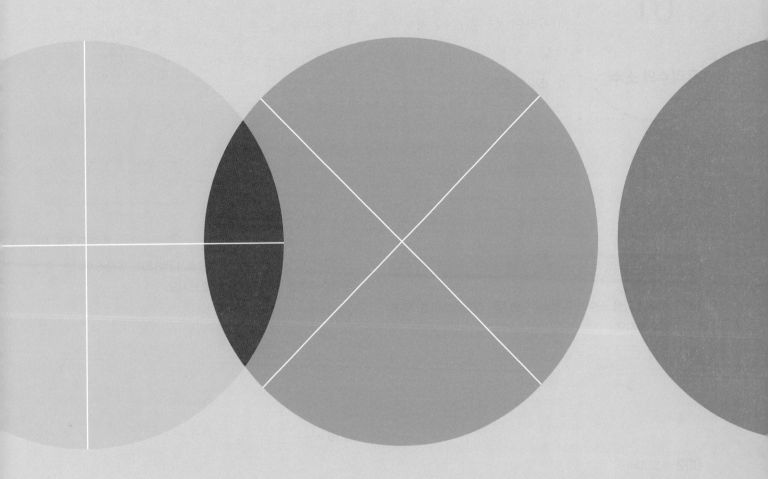

+ 유한소수와 무한소수

× 순환소수의 표현

+ 소수점 아래 n번째 자리의 숫자 구하기

× 10의 거듭제곱을 이용하여 분수를 유한소수로
   나타내기

+ 유한소수로 나타낼 수 있는 분수

× 분수를 유한소수로 나타낼 수 있게 하는
   미지수의 값 구하기

+ 순환소수를 분수로 나타내기 (1)
   – 소수점 아래 바로 순환마디가 오는 경우

× 순환소수를 분수로 나타내기 (1)
   – 소수점 아래 바로 순환마디가 오지 않는 경우

+ 순환소수를 분수로 나타내기 (2)
   – 소수점 아래 바로 순환마디가 오는 경우

× 순환소수를 분수로 나타내기 (2)
   – 소수점 아래 바로 순환마디가 오지 않는 경우

+ 유리수와 소수에 대한 이해

01

유리수와 소수

(1) **유리수**: 분수 $\dfrac{a}{b}(a, b$는 정수, $b \neq 0)$ 꼴로 나타낼 수 있는 수

➡ 분수 $\dfrac{a}{b}$는 $a \div b$이므로 분자를 분모로 나누면 정수 또는 소수가 된다.

(2) **소수의 분류**

① **유한소수**: 소수점 아래에 0이 아닌 숫자가 유한 번 나타나는 소수

⑩ 0.4, -7.029

② **무한소수**: 소수점 아래에 0이 아닌 숫자가 무한 번 나타나는 소수

⑩ $0.111\cdots$, $3.1415\cdots$

● 분수를 소수로 나타내기

분수 $\xrightarrow{\text{(분자)} \div \text{(분모)}}$ 소수

⑩ $\dfrac{1}{4} = 1 \div 4 = 0.25$

정답과 해설 · 1쪽

● **유한소수와 무한소수**

[001~006] 다음 소수가 유한소수이면 '유', 무한소수이면 '무'를 ( ) 안에 쓰시오.

001 0.77 ( )

002 $0.3555\cdots$ ( )

003 -1.64 ( )

004 2.871871 ( )

005 $5.232323\cdots$ ( )

006 $-2.345678\cdots$ ( )

[007~012] 다음 분수를 소수로 나타내고, 유한소수이면 '유', 무한소수이면 '무'를 ( ) 안에 쓰시오.

007 $\dfrac{3}{5} = $ _____ ( )

008 $\dfrac{1}{3} = $ _____ ( )

009 $-\dfrac{7}{25} = $ _____ ( )

010 $\dfrac{6}{11} = $ _____ ( )

011 $-\dfrac{9}{8} = $ _____ ( )

012 $-\dfrac{13}{6} = $ _____ ( )

(1) **순환소수**: 무한소수 중에서 소수점 아래의 어떤 자리에서부터 일정한 숫자의 배열이 한없이 되풀이되는 소수

(2) **순환마디**: 순환소수의 소수점 아래에서 일정한 숫자의 배열이 한없이 되풀이되는 한 부분

(3) **순환소수의 표현**: 순환마디는 한 번만 쓰고 그 양 끝의 숫자 위에 점을 찍어 간단히 나타낸다.

$0.222\cdots = 0.\dot{2}$

$0.\underline{14}\,14\,14\cdots = 0.\dot{1}\dot{4}$

$5.\underline{123}\,123\,123\cdots = 5.\dot{1}2\dot{3}$

순환마디   순환소수의 표현

주의 순환마디는 소수점 아래에서 숫자의 배열이 가장 먼저 반복되는 부분이다.

$4.0515151\cdots \Rightarrow 4.05\dot{1} \ (○), \quad 4.05\dot{1}\dot{5} \ (×), \quad 4.0\dot{5}1\dot{5}1 \ (×)$

정답과 해설 • **1**쪽

● **순환소수의 표현**   중요

013 다음 순환소수의 순환마디를 구하고, 순환마디에 점을 찍어 간단히 나타내시오.

순환소수	순환마디	순환소수의 표현
1.555···		
7.4111···		
0.1562562562···		
9.64595959···		

[014~017] 다음 중 순환소수를 순환마디에 점을 찍어 간단히 나타낸 것으로 옳은 것은 ○표를 쓰고, 옳지 <u>않은</u> 것은 바르게 고쳐 나타내시오.

014 $5.215215215\cdots \Rightarrow 5.\dot{2}1\dot{1}$ _____

015 $0.284858585\cdots \Rightarrow 0.284\dot{8}\dot{5}$ _____

016 $0.456456456\cdots \Rightarrow 0.\dot{4}5\dot{6}$ _____

017 $3.636363\cdots \Rightarrow 3.\dot{6}3\dot{6}$ _____

[018~022] 다음 분수를 소수로 나타내고, 순환마디에 점을 찍어 간단히 나타내시오.

018 $\dfrac{5}{6}$

$$\begin{array}{r} 0.83\boxed{}\cdots \\ 6\,)\overline{5\,0} \\ 4\,8 \\ \hline \rightarrow 2\,0 \\ \boxed{} \\ \hline \rightarrow 2\,0 \\ \boxed{} \\ \vdots \end{array}$$

같다.

➡ 소수: _____

    순환마디: _____

    순환소수의 표현: _____

         소수   순환소수의 표현

019 $\dfrac{8}{9}$ ➡ _____ ➡ _____

020 $\dfrac{5}{12}$ ➡ _____ ➡ _____

021 $\dfrac{2}{37}$ ➡ _____ ➡ _____

022 $\dfrac{7}{22}$ ➡ _____ ➡ _____

● 소수점 아래 n번째 자리의 숫자 구하기 〔중요〕

[023~025] 순환소수 $0.3\dot{1}\dot{6}$에 대하여 다음을 구하시오.

023 소수점 아래 16번째 자리의 숫자

$0.3\dot{1}\dot{6}$에서 순환마디를 이루는 숫자는 $\boxed{}$개이고
$16=\boxed{}\times 5+\boxed{}$이므로 소수점 아래 16번째 자리의 숫자
는 순환마디의 $\boxed{}$번째 숫자와 같은 $\boxed{}$이다.

024 소수점 아래 8번째 자리의 숫자

025 소수점 아래 21번째 자리의 숫자

[026~028] 순환소수 $1.9\dot{5}2\dot{3}$에 대하여 다음을 구하시오.

026 소수점 아래 20번째 자리의 숫자

027 소수점 아래 35번째 자리의 숫자

028 소수점 아래 57번째 자리의 숫자

[029~034] 다음 분수를 소수로 나타낼 때, 소수점 아래 n번째 자리의 숫자를 구하시오.

029 $\dfrac{2}{11}$, $n=18$

030 $\dfrac{5}{33}$, $n=25$

031 $\dfrac{10}{37}$, $n=40$

032 $\dfrac{8}{27}$, $n=62$

033 $\dfrac{1}{41}$, $n=88$

034 $\dfrac{2}{7}$, $n=70$

(1) 유한소수는 분모가 10의 거듭제곱인 분수로 나타낼 수 있다. 이때 분모를 소인수분해하면

분모의 소인수가 2 또는 5뿐임을 알 수 있다. 예 $0.3 = \dfrac{3}{10} = \dfrac{3}{2 \times 5}$

(2) 유한소수로 나타낼 수 있는 분수

정수가 아닌 유리수를 기약분수로 나타낸 후, 그 분모를 소인수분해했을 때

① 분모의 소인수가 2 또는 5뿐이면 ➡ 그 유리수는 유한소수로 나타낼 수 있다.

② 분모에 2 또는 5 이외의 소인수가 있으면 ➡ 그 유리수는 순환소수로 나타낼 수 있다.
└ 유한소수로 나타낼 수 없다.

예 $\dfrac{3}{150}$ ──약분──▶ $\dfrac{1}{50}$ ──분모를 소인수분해──▶ $\dfrac{1}{2 \times 5^2}$ ➡ 유한소수로 나타낼 수 있다.

$\dfrac{7}{84}$ ──약분──▶ $\dfrac{1}{12}$ ──분모를 소인수분해──▶ $\dfrac{1}{2^2 \times 3}$ ➡ 순환소수로 나타낼 수 있다.

정답과 해설 • **2쪽**

● **10의 거듭제곱을 이용하여 분수를 유한소수로 나타내기**

[035~039] 다음은 기약분수를 분모가 10의 거듭제곱인 분수로 고쳐서 유한소수로 나타내는 과정이다. □ 안에 알맞은 수를 쓰시오.

035 $\dfrac{1}{5} = \dfrac{1 \times \boxed{}}{5 \times \boxed{}} = \dfrac{\boxed{}}{10} = \boxed{}$

036 $\dfrac{3}{4} = \dfrac{3}{2^2} = \dfrac{3 \times \boxed{}}{2^2 \times \boxed{}} = \dfrac{\boxed{}}{100} = \boxed{}$

037 $\dfrac{6}{25} = \dfrac{6}{5^2} = \dfrac{6 \times \boxed{}}{5^2 \times \boxed{}} = \dfrac{\boxed{}}{100} = \boxed{}$

038 $\dfrac{9}{20} = \dfrac{9}{2^2 \times 5} = \dfrac{9 \times \boxed{}}{2^2 \times 5 \times \boxed{}} = \dfrac{\boxed{}}{100} = \boxed{}$

039 $\dfrac{3}{250} = \dfrac{3}{2 \times 5^3} = \dfrac{3 \times \boxed{}}{2 \times 5^3 \times \boxed{}} = \dfrac{\boxed{}}{1000} = \boxed{}$

● **유한소수로 나타낼 수 있는 분수** 중요

[040~043] 다음 □ 안에 알맞은 수를 쓰고, 옳은 것에 ○표를 하시오.

040 $\dfrac{1}{20}$ ──분모를 소인수분해──▶ $\boxed{}$

➡ 분모에 2 또는 5 이외의 소인수가 (있다, 없다).

➡ 유한소수로 나타낼 수 (있다, 없다).

041 $\dfrac{5}{18}$ ──분모를 소인수분해──▶ $\boxed{}$

➡ 분모에 2 또는 5 이외의 소인수가 (있다, 없다).

➡ 유한소수로 나타낼 수 (있다, 없다).

042 $\dfrac{7}{28}$ ──약분──▶ $\boxed{}$ ──분모를 소인수분해──▶ $\boxed{}$

➡ 분모에 2 또는 5 이외의 소인수가 (있다, 없다).

➡ 유한소수로 나타낼 수 (있다, 없다).

043 $\dfrac{8}{60}$ ──약분──▶ $\boxed{}$ ──분모를 소인수분해──▶ $\boxed{}$

➡ 분모에 2 또는 5 이외의 소인수가 (있다, 없다).

➡ 유한소수로 나타낼 수 (있다, 없다).

[044~050] 다음 분수 중 유한소수로 나타낼 수 있는 것은 '유한', 유한소수로 나타낼 수 <u>없는</u> 것은 '순환'을 (   ) 안에 쓰시오.

044 $\dfrac{2}{5}$　　　　　　　　　　　　　(　　　)

045 $\dfrac{5}{2 \times 7}$　　　　　　　　　　　(　　　)

046 $\dfrac{14}{3 \times 5 \times 7}$　　　　　　　　　(　　　)

047 $\dfrac{55}{2^2 \times 5^2 \times 11}$　　　　　　　(　　　)

048 $\dfrac{7}{120}$　　　　　　　　　　　　(　　　)

049 $\dfrac{9}{150}$　　　　　　　　　　　　(　　　)

050 $\dfrac{77}{280}$　　　　　　　　　　　　(　　　)

● **분수를 유한소수로 나타낼 수 있게 하는 미지수의 값 구하기**

[051~056] 다음 분수에 어떤 자연수 x를 곱하면 유한소수로 나타낼 수 있다. 이때 가장 작은 자연수 x의 값을 구하시오.

051 $\dfrac{1}{2^3 \times 3}$

분모의 소인수가 $\boxed{}$ 또는 $\boxed{}$뿐이어야 하므로
x는 $\boxed{}$의 배수이어야 한다.
따라서 가장 작은 자연수 x의 값은 $\boxed{}$이다.

052 $\dfrac{6}{3 \times 5^2 \times 13}$

053 $\dfrac{10}{2^4 \times 7 \times 11}$

054 $\dfrac{2}{15}$

055 $\dfrac{7}{90}$

056 $\dfrac{21}{330}$

〉 **학교 시험 문제는 이렇게**

057 $\dfrac{6}{315} \times x$를 소수로 나타내면 유한소수가 될 때, 다음 중 x의 값이 될 수 <u>없는</u> 것은?

① 21　　　　　② 42　　　　　③ 56
④ 63　　　　　⑤ 84

04

순환소수를 분수로 나타내는 방법 (1)

● 10의 거듭제곱 이용하기

❶ 순환소수를 x로 놓는다.

❷ 양변에 10의 거듭제곱(10, 100, 1000, …)을 적당히 곱하여 <u>소수점 아래의 부분이 같은 두 식을 만든다.</u>
　└ 두 순환소수의 차가 정수가 되게 한다.

❸ ❷의 두 식을 변끼리 빼어 x의 값을 구한다.

소수점 아래 바로 순환마디가 오는 경우	소수점 아래 바로 순환마디가 오지 않는 경우
❶ $x=0.\dot{1}2\dot{3}=0.123123123\cdots$	❶ $x=0.1\dot{7}\dot{3}=0.17333\cdots$
❷ $\begin{array}{r} 1000x=123.123123123\cdots \\ -)\quad\quad x=\ \ \ 0.123123123\cdots \end{array}$ ⟶ 소수점 아래 부분이 같다.	❷ $\begin{array}{r} 1000x=173.333\cdots \\ -)\quad 100x=\ \ 17.333\cdots \end{array}$ ⟶ 소수점 아래 부분이 같다.
❸ $999x=123$	❸ $900x=156$
$\therefore x=\dfrac{123}{999}=\dfrac{41}{333}$ ⟶ 답은 반드시 기약분수로	$\therefore x=\dfrac{156}{900}=\dfrac{13}{75}$

참고 소수점 아래의 부분이 같은 두 식을 만들 때는 소수점이 첫 순환마디의 앞뒤로 옮겨지도록 10의 거듭제곱을 적당히 곱한다.

정답과 해설 · **3**쪽

● 순환소수를 분수로 나타내기 (1)　중요
－ 소수점 아래 바로 순환마디가 오는 경우

[058~059] 다음은 순환소수를 기약분수로 나타내는 과정이다.
□ 안에 알맞은 수를 쓰시오.

058 $0.\dot{5}$

$x=0.\dot{5}$라 하면 $x=0.555\cdots$이므로

$\boxed{}x=5.555\cdots$

$-)\quad\ x=0.555\cdots$

$\boxed{}x=\boxed{}$

$\therefore x=\boxed{}$

059 $1.\dot{3}\dot{6}$

$x=1.\dot{3}\dot{6}$이라 하면 $x=1.363636\cdots$이므로

$\boxed{}x=136.363636\cdots$

$-)\quad\ x=\ \ \ 1.363636\cdots$

$\boxed{}x=\boxed{}$

$\therefore x=\boxed{}$

[060~063] 다음 순환소수를 기약분수로 나타내시오.

060 $1.\dot{3}$

061 $0.\dot{2}\dot{4}$

062 $3.0\dot{8}$

063 $0.\dot{5}6\dot{7}$

● 순환소수를 분수로 나타내기 (1) 〔중요〕
 – 소수점 아래 바로 순환마디가 오지 않는 경우

[064~066] 다음은 순환소수를 기약분수로 나타내는 과정이다. □ 안에 알맞은 수를 쓰시오.

064 $0.7\dot{2}$

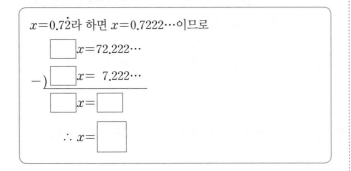

$x=0.7\dot{2}$라 하면 $x=0.7222\cdots$이므로

$$\boxed{}x=72.222\cdots$$
$$-)\,\boxed{}x=\;\;7.222\cdots$$
$$\boxed{}x=\boxed{}$$
$$\therefore\ x=\boxed{}$$

065 $0.2\dot{3}\dot{5}$

$x=0.2\dot{3}\dot{5}$라 하면 $x=0.2353535\cdots$이므로

$$\boxed{}x=235.353535\cdots$$
$$-)\,\boxed{}x=\;\;\;2.353535\cdots$$
$$\boxed{}x=\boxed{}$$
$$\therefore\ x=\boxed{}$$

066 $2.02\dot{6}$

$x=2.02\dot{6}$이라 하면 $x=2.02666\cdots$이므로

$$\boxed{}x=2026.666\cdots$$
$$-)\,\boxed{}x=\;\;202.666\cdots$$
$$\boxed{}x=\boxed{}$$
$$\therefore\ x=\boxed{}$$

[067~070] 다음 순환소수를 기약분수로 나타내시오.

067 $0.8\dot{1}$

068 $3.0\dot{5}$

069 $1.5\dot{1}\dot{8}$

070 $0.94\dot{3}$

 학교 시험 문제는 이렇게

071 다음 순환소수를 분수로 나타내려고 한다. 이때 필요한 가장 편리한 식을 찾아 서로 연결하시오.

(1) $x=1.\dot{7}$ •　　　　• ㉠ $1000x-100x$

(2) $x=0.2\dot{3}$ •　　　　• ㉡ $1000x-x$

(3) $x=3.\dot{2}0\dot{6}$ •　　　　• ㉢ $100x-10x$

(4) $x=0.19\dot{4}$ •　　　　• ㉣ $10x-x$

○ 공식 이용하기

분모, 분자를 각각 다음과 같이 나타낸다.

(1) **분모**: 순환마디를 이루는 숫자의 개수만큼 9를 쓰고, 그 뒤에 소수점 아래에서 순환마디에 포함되지 않는 숫자의 개수만큼 0을 쓴다.

(2) **분자**: (전체의 수)−(순환하지 않는 부분의 수)를 쓴다.

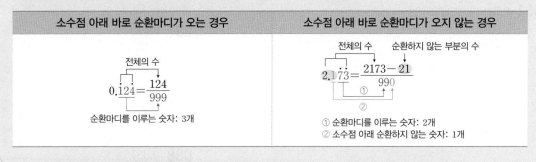

소수점 아래 바로 순환마디가 오는 경우	소수점 아래 바로 순환마디가 오지 않는 경우

정답과 해설 · **4**쪽

● 순환소수를 분수로 나타내기 (2) 중요
– 소수점 아래 바로 순환마디가 오는 경우

[072~075] 다음은 순환소수를 기약분수로 나타내는 과정이다.
□ 안에 알맞은 수를 쓰시오.

072 $0.\dot{7}0\dot{6} = \dfrac{706}{\boxed{}}$

073 $0.\dot{8}\dot{1} = \dfrac{81}{\boxed{}} = \boxed{}$

074 $3.\dot{0}\dot{4} = \dfrac{304 - \boxed{}}{\boxed{}} = \boxed{}$

075 $1.\dot{5}3\dot{4} = \dfrac{\boxed{} - \boxed{}}{999} = \dfrac{\boxed{}}{999} = \boxed{}$

[076~080] 다음 순환소수를 기약분수로 나타내시오.

076 $0.\dot{3}$

077 $0.\dot{6}\dot{4}$

078 $0.\dot{4}1\dot{1}$

079 $20.\dot{5}\dot{2}$

080 $5.\dot{1}0\dot{8}$

● 순환소수를 분수로 나타내기 (2) <small>중요</small>
　－ 소수점 아래 바로 순환마디가 오지 않는 경우

[081~085] 다음은 순환소수를 기약분수로 나타내는 과정이다.
□ 안에 알맞은 수를 쓰시오.

081 $0.3\dot{2}=\dfrac{32-\boxed{}}{90}=\boxed{}$

082 $0.10\dot{4}=\dfrac{104-\boxed{}}{\boxed{}}=\boxed{}$

083 $0.24\dot{3}=\dfrac{\boxed{}-\boxed{}}{900}=\dfrac{\boxed{}}{900}=\boxed{}$

084 $1.8\dot{4}=\dfrac{\boxed{}-\boxed{}}{90}=\dfrac{\boxed{}}{90}=\boxed{}$

085 $2.93\dot{2}=\dfrac{2932-\boxed{}}{\boxed{}}=\boxed{}$

[086~091] 다음 순환소수를 기약분수로 나타내시오.

086 $0.1\dot{5}$

087 $0.47\dot{2}$

088 $0.35\dot{1}$

089 $3.2\dot{7}$

090 $1.2\dot{5}\dot{3}$

091 $4.60\dot{2}$

⊃ 학교 시험 문제는 이렇게

092 다음 중 순환소수를 분수로 나타내는 과정으로 옳은 것은?

① $0.\dot{1}=\dfrac{1}{10}$ 　　② $1.\dot{5}\dot{2}=\dfrac{152}{99}$

③ $0.1\dot{3}=\dfrac{13-1}{9}$ 　　④ $0.1\dot{2}\dot{3}=\dfrac{123-1}{990}$

⑤ $3.74\dot{2}=\dfrac{3742-2}{900}$

06
유리수와 소수의 관계

(1) 정수가 아닌 유리수를 소수로 나타내면 유한소수 또는 순환소수가 된다.

(2) 유한소수와 순환소수는 모두 분자, 분모가 정수인 분수로 나타낼 수 있으므로 유리수이다.

```
        ┌ 유한소수 ─────────────────┐
소수 ─┤                  ┌ 순환소수 ──────┼── 유리수
        └ 무한소수 ─┤
                          └ 순환소수가 아닌 무한소수 ── 유리수가 아니다.
```

참고 무한소수 중에는 원주율 $\pi=3.141592\cdots$, $0.1010010001\cdots$과 같이 순환소수가 아닌 무한소수도 있다.

정답과 해설 · 4쪽

● 유리수와 소수에 대한 이해

[093~098] 다음 중 유리수인 것은 ○표, 유리수가 <u>아닌</u> 것은 ×표를 ( ) 안에 쓰시오.

093 $1.25\dot{8}$　　　　　　　(　)

094 0.54321　　　　　　　(　)

095 $\pi-2$　　　　　　　(　)

096 $-2.34878787\cdots$　　　(　)

097 $2.020020002\cdots$　　　(　)

098 -5.15786　　　　　　(　)

[099~105] 다음 중 유리수와 소수에 대한 설명으로 옳은 것은 ○표, 옳지 <u>않은</u> 것은 ×표를 ( ) 안에 쓰시오.

099 모든 유리수는 분수로 나타낼 수 있다.　(　)

100 유한소수는 모두 유리수이다.　(　)

101 모든 무한소수는 순환소수이다.　(　)

102 순환소수 중에는 유리수가 아닌 것도 있다. (　)

103 모든 무한소수는 유리수이다.　(　)

104 모든 순환소수는 분수로 나타낼 수 있다. (　)

105 정수가 아닌 유리수는 모두 유한소수로 나타낼 수 있다.　(　)

1 다음 분수를 소수로 나타내고, 유한소수인지 무한소수인지 말하시오.

(1) $\dfrac{4}{3}$

(2) $\dfrac{9}{4}$

(3) $-\dfrac{3}{8}$

(4) $\dfrac{7}{9}$

(5) $-\dfrac{1}{12}$

2 다음 순환소수의 순환마디를 구하고, 순환마디에 점을 찍어 간단히 나타내시오.

(1) $0.666\cdots$

(2) $0.235235235\cdots$

(3) $4.848484\cdots$

(4) $7.02707070\cdots$

3 다음 분수를 소수로 나타내고, 순환마디에 점을 찍어 간단히 나타내시오.

(1) $\dfrac{2}{9}$

(2) $\dfrac{10}{11}$

(3) $\dfrac{5}{18}$

(4) $\dfrac{4}{27}$

4 순환소수 $1.2\dot{8}7\dot{5}$에 대하여 다음을 구하시오.

(1) 소수점 아래 25번째 자리의 숫자

(2) 소수점 아래 50번째 자리의 숫자

(3) 소수점 아래 100번째 자리의 숫자

5 다음 분수를 소수로 나타낼 때, 소수점 아래 101번째 자리의 숫자를 구하시오.

(1) $\dfrac{5}{11}$

(2) $\dfrac{2}{27}$

(3) $\dfrac{4}{13}$

6 다음은 기약분수를 분모가 10의 거듭제곱인 분수로 고쳐서 유한소수로 나타내는 과정이다. □ 안에 알맞은 수를 쓰시오.

(1) $\dfrac{1}{8} = \dfrac{1}{2^3} = \dfrac{1 \times \boxed{}}{2^3 \times \boxed{}} = \dfrac{\boxed{}}{1000} = \boxed{}$

(2) $\dfrac{11}{50} = \dfrac{11}{2 \times 5^2} = \dfrac{11 \times \boxed{}}{2 \times 5^2 \times \boxed{}} = \dfrac{\boxed{}}{100} = \boxed{}$

(3) $\dfrac{7}{200} = \dfrac{7}{2^3 \times 5^2} = \dfrac{7 \times \boxed{}}{2^3 \times 5^2 \times \boxed{}} = \dfrac{\boxed{}}{1000} = \boxed{}$

7 다음 보기의 분수 중 유한소수로 나타낼 수 있는 것을 모두 고르시오.

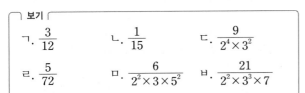

보기

ㄱ. $\dfrac{3}{12}$ ㄴ. $\dfrac{1}{15}$ ㄷ. $\dfrac{9}{2^4 \times 3^2}$

ㄹ. $\dfrac{5}{72}$ ㅁ. $\dfrac{6}{2^2 \times 3 \times 5^2}$ ㅂ. $\dfrac{21}{2^2 \times 3^3 \times 7}$

8 다음 분수에 어떤 자연수 x를 곱하면 유한소수로 나타낼 수 있다. 이때 가장 작은 자연수 x의 값을 구하시오.

(1) $\dfrac{1}{3 \times 5 \times 7}$

(2) $\dfrac{30}{2^2 \times 3^2 \times 11}$

(3) $\dfrac{11}{180}$

(4) $\dfrac{15}{390}$

9 다음 순환소수를 x로 놓고 분수로 나타낼 때, 가장 편리한 식을 보기에서 고르시오.

보기

ㄱ. $100x - x$ ㄴ. $100x - 10x$
ㄷ. $1000x - 10x$ ㄹ. $1000x - 100x$

(1) $0.7\dot{5}$

(2) $3.16\dot{4}$

(3) $2.\dot{8}\dot{3}$

(4) $7.85\dot{1}$

10 다음 순환소수를 기약분수로 나타내시오.

(1) $0.\dot{4}\dot{8}$

(2) $10.\dot{3}$

(3) $1.1\dot{2}\dot{6}$

(4) $0.98\dot{3}$

(5) $3.0\dot{1}\dot{5}$

11 다음 보기 중 유리수가 <u>아닌</u> 것을 모두 고르시오.

보기

ㄱ. $\dfrac{1}{3}$ ㄴ. 2π ㄷ. $4.1828282\cdots$

ㄹ. $1.0\dot{5}$ ㅁ. $0.123456\cdots$ ㅂ. -2.7

12 다음 중 유리수와 소수에 대한 설명으로 옳은 것은 ○표, 옳지 <u>않은</u> 것은 ✕표를 (   ) 안에 쓰시오.

(1) 0은 유리수가 아니다.   (   )

(2) $1.\dot{3}7\dot{2}$는 유리수이다.   (   )

(3) 유리수 중에는 분수로 나타낼 수 없는 것도 있다.   (   )

(4) 모든 순환소수는 유리수이다.   (   )

(5) 모든 무한소수는 유리수가 아니다.   (   )

(6) 정수가 아닌 유리수는 유한소수 또는 순환소수로 나타낼 수 있다.   (   )

(7) 모든 유한소수는 분모가 10의 거듭제곱인 분수로 나타낼 수 있다.   (   )

1 다음 중 옳지 <u>않은</u> 것을 모두 고르면? (정답 2개)

① $\frac{6}{7}$은 유리수가 아니다.

② 3.14는 유한소수이다.

③ 0.312312312…는 무한소수이다.

④ $\frac{2}{3}$를 소수로 나타내면 유한소수이다.

⑤ $\frac{5}{24}$를 소수로 나타내면 무한소수이다.

2 다음 중 순환소수의 표현으로 옳은 것은?

① $0.0090909\cdots=0.\dot{0}0\dot{9}$

② $-1.548548548\cdots=-1.\dot{5}4\dot{8}$

③ $0.123123123\cdots=0.1\dot{2}\dot{3}$

④ $2.626262\cdots=\dot{2}.\dot{6}$

⑤ $1.7050505\cdots=1.7\dot{0}\dot{5}$

3 분수 $\frac{7}{55}$을 순환소수로 바르게 나타낸 것은?

① $0.\dot{2}\dot{7}$　　② $0.1\dot{2}\dot{7}$　　③ $0.\dot{1}2\dot{7}$

④ $0.12\dot{7}$　　⑤ $0.12\dot{7}2\dot{7}$

4 분수 $\frac{5}{13}$를 소수로 나타낼 때, 순환마디를 이루는 숫자의 개수를 a, 소수점 아래 100번째 자리의 숫자를 b라 하자. 이때 $a+b$의 값을 구하시오.

5 다음은 분수 $\frac{11}{40}$을 유한소수로 나타내는 과정이다. 이때 a, b, c의 값을 차례로 나열하면?

$$\frac{11}{40}=\frac{11}{2^3\times5}=\frac{11\times a}{2^3\times5\times a}=\frac{b}{1000}=c$$

① 5, 55, 0.055　　　② 5, 275, 0.275

③ 5^2, 55, 0.055　　④ 5^2, 275, 0.275

⑤ 5^3, 1375, 1.375

6 다음 분수 중 유한소수로 나타낼 수 <u>없는</u> 것은?

① $\frac{11}{8}$　　② $\frac{9}{20}$　　③ $\frac{20}{75}$

④ $\frac{7}{2\times5^2}$　　⑤ $\frac{27}{2^2\times3^2\times5}$

7 분수 $\frac{5}{660}$에 어떤 자연수를 곱하여 유한소수로 나타내려고 한다. 이때 곱할 수 있는 가장 작은 자연수를 구하시오.

8 $\frac{42}{2^5\times3^2\times7}\times x$를 소수로 나타내면 유한소수가 될 때, 다음 중 x의 값이 될 수 <u>없는</u> 것은?

① 18　　② 24　　③ 30

④ 35　　⑤ 42

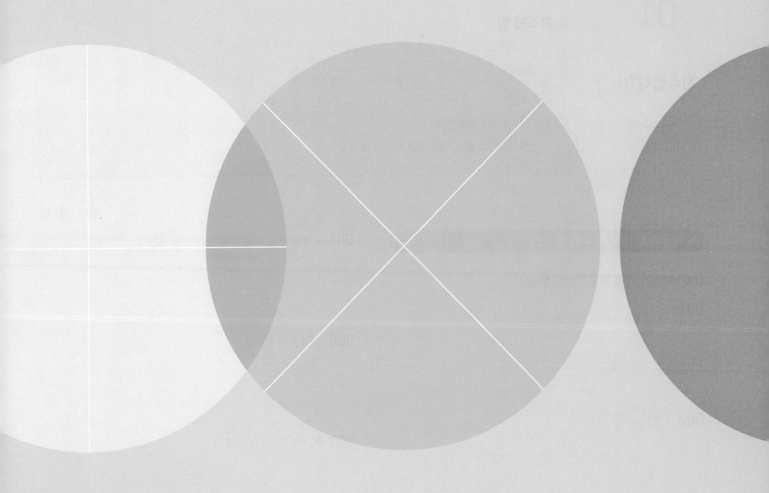

+ 지수법칙 ⑴ – 지수의 합

× 지수법칙 ⑵ – 지수의 곱

+ 지수법칙 ⑶ – 지수의 차

× 지수법칙 ⑷ – 지수의 분배

+ 문자를 사용하여 나타내기

× 자릿수 구하기

+ 단항식의 곱셈

× 단항식의 나눗셈

+ 단항식의 곱셈과 나눗셈의 혼합 계산

× 단항식의 곱셈과 나눗셈의 응용
 – 어떤 식 구하기

+ 단항식의 곱셈과 나눗셈의 활용

× 다항식의 덧셈

+ 다항식의 뺄셈

× 이차식

+ 이차식의 덧셈과 뺄셈

× 여러 가지 괄호가 있는 다항식의 덧셈과 뺄셈

+ 다항식의 덧셈과 뺄셈의 응용
 – 어떤 식 구하기

× 다항식의 덧셈과 뺄셈의 응용
 – 바르게 계산한 식 구하기

+ (단항식)×(다항식)

× (다항식)÷(단항식)

+ 다항식과 단항식의 곱셈과 나눗셈의 응용
 – 어떤 식 구하기

× 다항식과 단항식의 곱셈과 나눗셈의 응용
 – 바르게 계산한 식 구하기

+ 덧셈, 뺄셈, 곱셈, 나눗셈이 혼합된 식의 계산

× 식의 값 구하기

+ 다항식과 단항식의 곱셈과 나눗셈의 활용

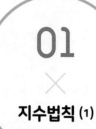

01 지수법칙 (1)

지수의 합

m, n이 자연수일 때

$$a^m \times a^n = a^{m+n}$$

예 $2^2 \times 2^3 = \overbrace{(2 \times 2)}^{2개} \times \overbrace{(2 \times 2 \times 2)}^{3개} = 2^5$ (= 5개)

참고 • a는 a^1으로 생각한다.
• 지수법칙은 밑이 서로 같을 때만 이용할 수 있다.

정답과 해설 • **7쪽**

● 지수법칙 (1) – 지수의 합

[001~009] 다음 식을 간단히 하시오.

001 $a^5 \times a^4$

002 $b \times b^7$

003 $3^3 \times 3^9$

004 $x^4 \times x^2 \times x^6$

005 $y^5 \times y^2 \times y^8$

006 $7^3 \times 7^5 \times 7^8 \times 7$

007 $a^3 \times b^6 \times a^2 = \underline{a^3 \times a^2} \times b^6 = a^{\square}b^6$
같은 문자끼리

008 $x^5 \times y^4 \times y^3 \times x^8$

009 $b^3 \times a^7 \times b \times a^2 \times a$

[010~012] 다음 식을 간단히 하시오.

010 $\underline{3^2 + 3^2 + 3^2} = \boxed{} \times 3^2 = 3^{\square + 2} = 3^{\square}$
3^2이 $\square$개

011 $5^7 + 5^7 + 5^7 + 5^7 + 5^7$

012 $2^5 + 2^5 + 2^5 + 2^5$

학교 시험 문제는 이렇게

013 $2^3 \times 2^x \times 2^2 = 256$일 때, 자연수 x의 값을 구하시오.

02

×

지수법칙 (2)

○ **지수의 곱**

m, n이 자연수일 때

지수의 곱
$(a^m)^n = a^{mn}$ 예 $(2^2)^3 = 2^2 \times 2^2 \times 2^2 = 2^{2+2+2} = 2^6$ $2 \times 3 = 6$

주의 $(a^3)^4 \xrightarrow{\times} a^{3+4} = a^7$
$\xrightarrow{○} a^{3 \times 4} = a^{12}$

정답과 해설 • **7**쪽

● **지수법칙 (2) – 지수의 곱**

[014~025] 다음 식을 간단히 하시오.

014 $(x^5)^4$

015 $(y^7)^2$

016 $(5^3)^6$

017 $\{(x^3)^2\}^5$

018 $(a^3)^4 \times a^2 = a^{\square} \times a^2 = a^{\square+2} = a^{\square}$

019 $(b^4)^2 \times (b^5)^3$

020 $(3^2)^5 \times (3^6)^2$

021 $(a^3)^2 \times b^2 \times (a^4)^3 = a^6 \times b^2 \times a^{\square}$
$= a^6 \times a^{\square} \times b^2$
$= a^{6+\square} \times b^2$
$= a^{\square} b^2$

022 $(x^2)^3 \times (y^6)^2 \times x^8$

023 $(a^5)^2 \times (b^2)^4 \times (a^3)^2$

024 $(x^3)^4 \times y^3 \times x^5 \times (y^2)^2$

025 $b^5 \times (a^2)^7 \times (b^4)^2 \times (a^3)^5$

🖊 **학교 시험 문제는 이렇게**

026 $(x^a)^2 \times (y^5)^3 = x^{10} y^b$일 때, 자연수 a, b에 대하여 $a+b$의 값을 구하시오.

03

×

지수법칙 (3)

지수의 차

$a \neq 0$이고, m, n이 자연수일 때

$$a^m \div a^n = \begin{cases} a^{m-n} & (m > n) \\ 1 & (m = n) \\ \dfrac{1}{a^{n-m}} & (m < n) \end{cases}$$

지수의 차

예 $2^5 \div 2^3 = \dfrac{2^5}{2^3} = \dfrac{\cancel{2} \times \cancel{2} \times \cancel{2} \times 2 \times 2}{\cancel{2} \times \cancel{2} \times \cancel{2}} = 2^2$

예 $2^3 \div 2^3 = \dfrac{2^3}{2^3} = \dfrac{\cancel{2} \times \cancel{2} \times \cancel{2}}{\cancel{2} \times \cancel{2} \times \cancel{2}} = 1$

예 $2^3 \div 2^5 = \dfrac{2^3}{2^5} = \dfrac{\cancel{2} \times \cancel{2} \times \cancel{2}}{\cancel{2} \times \cancel{2} \times \cancel{2} \times 2 \times 2} = \dfrac{1}{2^2}$

> • $a^m \div a^n$을 계산할 때는 먼저 m과 n의 대소를 비교한다.

정답과 해설 • 8쪽

● 지수법칙 (3) – 지수의 차

[027~036] 다음 식을 간단히 하시오.

027 $x^8 \div x^3 = x^{8-\square} = x^{\square}$

028 $a^4 \div a^4 = \square$

029 $y^2 \div y^9 = \dfrac{1}{y^{\square - \square}} = \dfrac{1}{y^{\square}}$

030 $3^{10} \div 3^3$

031 $b^7 \div b^7$

032 $2 \div 2^{10}$

033 $a^6 \div a^2$

034 $11^8 \div 11^8$

035 $b^3 \div b^4$

036 $x^5 \div x^{12}$

[037~043] 다음 식을 간단히 하시오.

037 $(x^7)^2 \div x^5 = x^{\square} \div x^{\square} = x^{\square}$

038 $(y^2)^3 \div y^6$

039 $a \div (a^2)^4$

040 $(b^5)^3 \div (b^4)^2$

041 $(x^3)^4 \div (x^2)^6$

042 $(y^3)^5 \div (y^{10})^3$

043 $(b^4)^4 \div (b^2)^9$

• 나눗셈은 앞에서부터 차례로 계산하고, 괄호가 있으면 괄호 안을 먼저 계산한다.

➡ $a \div b \div c = \dfrac{a}{b} \div c = \dfrac{a}{bc}$,　　$a \div (b \div c) = a \div \dfrac{b}{c} = \dfrac{ac}{b}$

[044~049] 다음 식을 간단히 하시오.

044 $a^9 \div a^2 \div a^5 = a^{9-\square} \div a^5 = a^{\square} \div a^5 = a^{\square-5} = a^{\square}$

045 $5^6 \div 5 \div 5^4$

046 $b^2 \div (b^5 \div b^3)$

047 $x^{12} \div (x^2)^3 \div x$

048 $(a^2)^4 \div (a^3)^2 \div a^3$

049 $(y^6)^2 \div (y^3)^3 \div (y^4)^5$

> **학교 시험 문제는 이렇게**

050 $3^4 \div 81^2 = \dfrac{1}{3^x}$일 때, 자연수 x의 값을 구하시오.

04
지수법칙 (4)

○ 지수의 분배

m이 자연수일 때

(1) $(ab)^m = a^m b^m$ 예 $(2x)^2 = 2x \times 2x = 2 \times 2 \times x \times x = 4x^2$

(2) $\left(\dfrac{b}{a}\right)^m = \dfrac{b^m}{a^m}$ (단, $a \neq 0$)   예 $\left(\dfrac{y}{3}\right)^3 = \dfrac{y}{3} \times \dfrac{y}{3} \times \dfrac{y}{3} = \dfrac{y \times y \times y}{3 \times 3 \times 3} = \dfrac{y^3}{27}$

주의 괄호 안의 수에도 반드시 지수법칙을 적용해야 한다.

$(2ab)^2 \xrightarrow{\times} 2a^2b^2$
$ \xrightarrow{\circ} 4a^2b^2$

• $a > 0$일 때
$(-a)^{\text{짝수}} = +a^{\text{짝수}}$
$(-a)^{\text{홀수}} = -a^{\text{홀수}}$

정답과 해설 • **9**쪽

● 지수법칙 (4) – 지수의 분배

[051~056] 다음 식을 간단히 하시오.

051 $(6x)^2 = 6^{\square} x^{\square} = \square x^{\square}$

052 $(3xy)^3$

053 $(a^2 b^4)^2 = a^{2 \times \square} b^{4 \times \square} = a^{\square} b^{\square}$

054 $(ab^3)^7$

055 $(-x^5)^3 = (-1)^{\square} x^{5 \times \square} = -x^{\square}$

056 $(-2x^2 y)^4$

[057~061] 다음 식을 간단히 하시오.

057 $\left(\dfrac{x^4}{y^3}\right)^5 = \dfrac{x^{4 \times \square}}{y^{3 \times \square}} = \dfrac{x^{\square}}{y^{\square}}$

058 $\left(\dfrac{y^3}{x}\right)^4$

059 $\left(\dfrac{4y^5}{x^2}\right)^3$

060 $\left(\dfrac{-a^2}{b}\right)^5 = \dfrac{(-1)^{\square} a^{2 \times \square}}{b^{\square}} = -\dfrac{a^{\square}}{b^{\square}}$

061 $\left(-\dfrac{2a^2}{5b^4}\right)^3$

학교 시험 문제는 이렇게

062 $\left(\dfrac{y^b}{2x^a}\right)^3 = \dfrac{y^6}{cx^{18}}$일 때, 자연수 a, b, c에 대하여 $a+b+c$의 값을 구하시오.

05

지수법칙의 응용

(1) 문자를 사용하여 나타내기

$a^n = A$라 할 때

① a^{nm}을 A를 사용하여 나타내면

$$a^{nm} = (a^n)^m = A^m$$

② a^{m+n}을 A를 사용하여 나타내면

$$a^{m+n} = a^m a^n = a^m A$$

(2) 자릿수 구하기

주어진 수를 $a \times 10^n$ 꼴로 나타낸다.

(단, a, n은 자연수)

➡ 주어진 수의 자릿수는 (a의 자릿수)$+ n$

예 $13 \times 10^5 = \underset{\underset{2개}{}}{13}\underset{\underset{5개}{}}{00000}$

➡ 13×10^5의 자릿수는 $2 + 5 = 7$

정답과 해설 • **9**쪽

● 문자를 사용하여 나타내기

[063~065] $2^2 = A$라 할 때, 다음을 A를 사용하여 나타내려고 한다. ☐ 안에 알맞은 수를 쓰시오.

063 $64 = 2^{\square} = (2^2)^{\square} = A^{\square}$

064 $256 = 2^{\square} = (2^2)^{\square} = A^{\square}$

065 $16^3 = (2^{\square})^3 = 2^{\square} = (2^2)^{\square} = A^{\square}$

[066~068] $3^3 = A$라 할 때, 다음을 A를 사용하여 나타내려고 한다. ☐ 안에 알맞은 수를 쓰시오.

066 $81 = 3^{\square} = \square \times 3^3 = \square A$

067 $243 = 3^{\square} = 3^{\square} \times 3^3 = \square A$

068 $9^4 = (3^{\square})^4 = 3^{\square} = 3^{\square} \times 3^3 = \square A$

● 자릿수 구하기　　　　중요

[069~072] 다음 수가 몇 자리의 자연수인지 구하시오.

069 $2^7 \times 5^3$

$2^7 \times 5^3 = 2^{4+3} \times 5^3 = 2^4 \times 2^{\square} \times 5^{\square}$ → 2와 5의 지수가 같아지도록 지수가 큰 쪽을 작은 쪽에 맞춰 변형한다.

$= 2^4 \times (2 \times 5)^{\square}$

$= 2^4 \times 10^{\square}$ → $a \times 10^n$ 꼴로 나타내기

$= \boxed{}$

따라서 $2^7 \times 5^3$은 ☐자리의 자연수이다.

070 $2^8 \times 5^5$

071 $2^6 \times 5^8$

072 $3 \times 2^{10} \times 5^7$

06 단항식의 곱셈

❶ 계수는 계수끼리, 문자는 문자끼리 곱한다.

❷ 같은 문자끼리의 곱셈은 지수법칙을 이용한다.

참고 곱셈에서의 부호는 다음과 같이 결정된다.

$-$가 짝수 개이면 ➡ $+$

$-$가 홀수 개이면 ➡ $-$

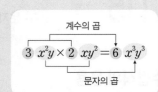

정답과 해설 • **9**쪽

● 단항식의 곱셈

[073~077] 다음을 계산하시오.

073 $5a \times 2b = 5 \times a \times 2 \times b$

$$= 5 \times \boxed{} \times a \times \boxed{} = \boxed{}$$

$\underbrace{}_{\text{계수끼리}} \quad \underbrace{}_{\text{문자끼리}}$

074 $4x^3 \times (-5xy^4)$

075 $7a^2b \times \dfrac{1}{14}a^4b^6$

076 $5x \times y^3 \times 3x^2$

077 $\dfrac{2}{3}ab^5 \times (-2ab^3) \times \dfrac{15}{2}a^2$

[078~082] 다음을 계산하시오.

078 $y^5 \times (3xy)^2 = y^5 \times 3^{\boxed{}} \times x^{\boxed{}} \times y^{\boxed{}} = \boxed{}$

079 $(-2a)^2 \times 6a^2b$

080 $(4x^2y)^2 \times \left(-\dfrac{1}{2}x^3y^2\right)^3$

081 $(-ab^3)^3 \times 5ab \times (2b^4)^2$

082 $(-x^3y)^4 \times \left(\dfrac{x^3}{3}\right)^2 \times (-3xy^2)^3$

07

단항식의 나눗셈

방법 ① 분수 꼴로 바꾸어 계산한다.

$$\Rightarrow A \div B = \dfrac{A}{B}$$

방법 ② 나누는 식의 역수를 곱하여 계산한다.

$$\Rightarrow A \div \underbrace{B}_{} = A \times \dfrac{1}{\underset{\text{역수}}{B}}$$

참고 분수 꼴인 항이 있거나 나눗셈이 2개 이상인 경우에는 **방법 ②**를 이용하는 것이 편리하다.

정답과 해설 · **10**쪽

● 단항식의 나눗셈 [중요]

[083~087] 다음을 계산하시오.

083 $10a^3 \div 5a = \dfrac{10a^3}{5a} = \dfrac{10}{\square} \times \dfrac{a^3}{\square} = \boxed{}$

계수끼리   문자끼리

084 $(-24x^2) \div 6x^9$

085 $(-9a^6) \div (-3a^2)$

086 $16x^2y \div 4x^2$

087 $8a^4b^4 \div (-4a^2b^8)$

[088~092] 다음을 계산하시오.

088 $6a^5 \div \dfrac{3}{4}a^2 = 6a^5 \div \dfrac{3a^2}{4} = 6a^5 \times \boxed{}$

$$= 6 \times \boxed{} \times a^5 \times \boxed{} = \boxed{}$$

089 $\dfrac{2}{3}y \div \dfrac{8}{3}y^3$

090 $(-5xy^2) \div \dfrac{xy}{2}$

091 $\dfrac{2}{5}a^2b \div \dfrac{8}{15}ab$

092 $27x^4y^2 \div \left(-\dfrac{9}{2}x^3y\right)$

[093~098] 다음을 계산하시오.

093 $x^5y^4 \div (2x^3y^2)^2 = x^5y^4 \div \boxed{} x^{\boxed{}} y^{\boxed{}}$

$$= \frac{x^5y^4}{\boxed{}} = \boxed{}$$

094 $(-3a^4b^3)^3 \div (ab^2)^4$

095 $(4xy)^2 \div (-xy^3)^2$

096 $2ab^7 \div \left(\frac{1}{5}b\right)^3$

097 $\left(-\frac{2}{9}x^2y\right)^2 \div \frac{4}{9}x^5y^2$

098 $(-2ab)^3 \div \left(\frac{ab^3}{2}\right)^2$

[099~104] 다음을 계산하시오.

099 $16x^4 \div x \div 4x^2 = 16x^4 \times \dfrac{1}{\boxed{}} \times \dfrac{1}{\boxed{}}$

$$= \boxed{} \times \frac{1}{4} \times x^4 \times \frac{1}{x} \times \frac{1}{\boxed{}}$$

$$= \boxed{}$$

100 $10a^3b \div 2a \div \left(-\frac{1}{3}ab\right)$

101 $(-8x^6y^9) \div (-x^2y^5) \div \frac{4}{5}x^4y$

102 $(-a)^6 \div (2a^2b)^3 \div 4ab^7$

103 $(4x^2y^3)^2 \div 12y^6 \div \frac{1}{6}x$

104 $(-3a^4b^2)^3 \div (-ab)^2 \div \left(-\frac{3}{10}b\right)$

08 단항식의 곱셈과 나눗셈의 혼합 계산

❶ 괄호의 거듭제곱은 지수법칙을 이용하여 괄호를 푼다.

❷ 나눗셈은 역수를 이용하여 곱셈으로 고친다.

❸ 부호를 결정한 후 계수는 계수끼리, 문자는 문자끼리 계산한다.

주의 곱셈과 나눗셈이 혼합된 식은 앞에서부터 차례로 계산한다.

$$A \div B \times C = A \div BC = \frac{A}{BC} \quad (\times)$$

$$A \div B \times C = A \times \frac{1}{B} \times C = \frac{AC}{B} \ (\bigcirc)$$

괄호 풀기

↓

$\div$를 $\times$로 고치기

↓

계수끼리, 문자끼리

정답과 해설 • 11쪽

● 단항식의 곱셈과 나눗셈의 혼합 계산 [중요]

[105~109] 다음을 계산하시오.

105 $6ab^2 \times a^{12} \div 2b^2$

$$= 6ab^2 \times a^{12} \times \frac{1}{\boxed{}}$$

└ 나눗셈을 곱셈으로 고치기

$$= 6 \times \boxed{} \times ab^2 \times a^{12} \times \boxed{}$$

└ 계수는 계수끼리, 문자는 문자끼리

$$= \boxed{}$$

106 $12x^8 \times (-2x^6) \div 8x^2$

107 $(-10a^2b) \div 2a \times 4ab$

108 $5x^6y^3 \div (-3xy^2) \times (-9x)$

109 $ab^2 \div 6a^4b^2 \times \left(-\frac{3}{2}b^2\right)$

[110~114] 다음을 계산하시오.

110 $y^3 \div \left(-\frac{4}{3}x^5\right) \times (2x^4y^3)^2$

$$= y^3 \div \left(-\frac{4}{3}x^5\right) \times \boxed{}$$

└ 괄호 풀기

$$= y^3 \times \left(\boxed{}\right) \times \boxed{}$$

└ 나눗셈을 곱셈으로 고치기

$$= \left(\boxed{}\right) \times 4 \times y^3 \times \boxed{} \times \boxed{}$$

└ 계수는 계수끼리, 문자는 문자끼리

$$= \boxed{}$$

111 $8a^2b^2 \div 12a^3b^2 \times (-3b)^2$

112 $(x^2)^3 \times (y^2)^4 \div 5x^4y^4$

113 $(-6a^2b^3)^2 \times \left(\frac{a^2}{3}\right)^3 \div 4a^4b$

114 $5xy^2 \div \left(-\frac{1}{2}xy^3\right)^3 \times (-x^2y^3)^4$

등식에서 단항식 $\square$ 를 구할 때는 다음을 이용한다.

(1) $\square \times A = B \Rightarrow \square = B \div A$

(2) $\square \div A = B \Rightarrow \square \times \dfrac{1}{A} = B \Rightarrow \square = B \times A$

(3) $A \div \square = B \Rightarrow A \times \dfrac{1}{\square} = B \Rightarrow \square = A \div B$

(4) $A \times \square \div B = C \Rightarrow A \times \square \times \dfrac{1}{B} = C \Rightarrow \square = C \div A \times B$

(5) $A \div \square \times B = C \Rightarrow A \times \dfrac{1}{\square} \times B = C \Rightarrow \square = A \times B \div C$

정답과 해설 • 11쪽

● 단항식의 곱셈과 나눗셈의 응용 – 어떤 식 구하기

[115~123] 다음 $\square$ 안에 알맞은 식을 구하시오.

115 $\square \times 3xy^3 = -12x^5y^4$

116 $(-6x^2y) \times \square = -4x^6y$

117 $\square \div (-21a^2b) = \dfrac{1}{7}ab^4$

118 $40a^4b^6 \div \square = \dfrac{5}{2}ab^3$

119 $6a^3b \div \square = -\dfrac{1}{3}a^2b$

120 $8x^2y \times \square \div 4xy^3 = 6x^2y^3$

121 $14x^2y^2 \times \square \div x^3y = -2x^2y^2$

122 $(3x^2y)^2 \div \square \times \dfrac{1}{3xy} = 9x$

123 $(2x^3y^2)^3 \div \square \times (-3xy^4)^2 = 6y^4$

10

단항식의 곱셈과 나눗셈의 활용

평면도형의 넓이 또는 입체도형의 부피를 구하는 공식을 이용하여 식을 세운 후 계산한다.

(1) (직사각형의 넓이)=(가로의 길이)×(세로의 길이)

(삼각형의 넓이)=$\frac{1}{2}$×(밑변의 길이)×(높이)

(2) (기둥의 부피)=(밑넓이)×(높이)

(뿔의 부피)=$\frac{1}{3}$×(밑넓이)×(높이)

정답과 해설 • 12쪽

● 단항식의 곱셈과 나눗셈의 활용

[124~125] 다음 그림과 같은 도형의 넓이를 구하시오.

124

$3x^3y$

$4x^2y^3$

125

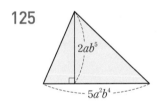

$2ab^5$

$5a^2b^4$

126 오른쪽 그림과 같이 높이가 $8x^5y^3$이고 넓이가 $32x^{12}y^4$인 직각삼각형의 밑변의 길이를 구하시오.

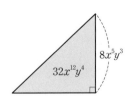

$32x^{12}y^4$

$8x^5y^3$

[127~128] 다음 그림과 같은 기둥의 부피를 구하시오.

127

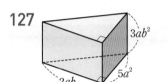

$3ab^2$

$2ab$　$5a^2$

128

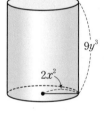

$9y^3$

$2x^2$

129 오른쪽 그림과 같이 밑면의 반지름의 길이가 $4a^2b$이고 부피가 $16\pi a^6b^4$인 원뿔의 높이를 구하시오.

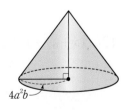

$4a^2b$

11 다항식의 덧셈과 뺄셈

(1) 다항식의 덧셈

$$(3a+2b)+(5a-b)$$
$$=3a+2b+5a-b$$ ❶ 괄호 풀기
$$=3a+5a+2b-b$$ ❷ 동류항끼리 모으기
$$=8a+b$$ ❸ 간단히 하기

(2) 다항식의 뺄셈

$$(3a-2b)-(5a-b)$$
$$=3a-2b-5a+b$$ ❶ 빼는 식의 각 항의 부호를 바꾸어 괄호 풀기
$$=3a-5a-2b+b$$ ❷ 동류항끼리 모으기
$$=-2a-b$$ ❸ 간단히 하기

주의 $-(A-B)=-A-B$ (×)
$$-(A-B)=\underline{-A+B}$$ (○)
└─ 모든 항의 부호를 반대로

정답과 해설 · **12**쪽

● 다항식의 덧셈

[130~135] 다음을 계산하시오.

130 $(2x-7y)+(3x+8y)$

131 $(5a-4b)+(6a-2b)$

132 $(-3x+4y)+(9x-7y)$

133 $(a+2b-1)+(b-a+3)$

134 $(x+2y-5)+2(-3x-4y)$

135 $4(-a+b+2)+\dfrac{1}{3}(6a-3b-12)$

[136~139] 다음을 계산하시오.

136 $\dfrac{a-b}{2}+\dfrac{a-2b}{3}$

$$=\dfrac{3(a-b)+\boxed{}(a-2b)}{6}$$ 분모의 최소공배수로 통분하기

$$=\dfrac{3a-3b+\boxed{}a-\boxed{}b}{6}$$

$$=\boxed{}$$

137 $\dfrac{x+2y}{4}+\dfrac{5x-y}{6}$

138 $\dfrac{-3a+b}{2}+\dfrac{a-9b}{8}$

139 $\dfrac{8x-y}{5}+\dfrac{-4x+7y}{3}$

● **다항식의 뺄셈** 중요

[140~145] 다음을 계산하시오.

140 $(3x+4y)-(x-5y)$

141 $(-6a+b)-(2a+3b)$

142 $(5x-3y)-(-7x+8y)$

143 $(-a+3b+2)-(2a+b-1)$

144 $(4x-8y-3)-3(-2x+3y-1)$

145 $(9a+5b-3)-\dfrac{5}{2}(4a-2b+6)$

[146~150] 다음을 계산하시오.

146 $\dfrac{a+b}{3}-\dfrac{a+5b}{2}$

분모의 최소공배수로 통분하기

$=\dfrac{2(a+b)-\boxed{}(a+5b)}{6}$

$=\dfrac{2a+2b-\boxed{}a-\boxed{}b}{6}$

$=\boxed{}$

147 $\dfrac{3x-1}{4}-\dfrac{x-2}{2}$

148 $\dfrac{a+3b}{2}-\dfrac{-6a+b}{5}$

149 $\dfrac{3x-y}{4}-\dfrac{2x+y}{3}$

150 $\dfrac{4a-b+3}{5}-\dfrac{3a+4b-1}{4}$

학교 시험 문제는 **이렇게**

151 $\dfrac{x+2y}{3}-\dfrac{2(3x-2y)}{5}=ax+by$일 때, 상수 a, b에 대하여 $b-a$의 값을 구하시오.

12 × 이차식의 덧셈과 뺄셈

(1) **이차식:** 다항식의 각 항의 차수 중에서 가장 큰 차수가 2인 다항식

    예 다항식 $4x^2 - 3x + 1$ ➡ x에 대한 이차식
         차수 2

(2) **이차식의 덧셈과 뺄셈:** 괄호를 풀고, 동류항끼리 모아서 간단히 한다.

   참고 보통 차수가 높은 항부터 낮은 항의 순서로 정리한다.

* 상수 a, b, c에 대하여 $a \neq 0$일 때
  ① $ax + b$ ➡ 일차식
  ② $ax^2 + bx + c$ ➡ 이차식
  주의 $\dfrac{a}{x}$ ➡ 다항식이 아니다.

● 이차식

[152~157] 다음 중 이차식인 것은 ○표, 이차식이 <u>아닌</u> 것은 ×표를 (　) 안에 쓰시오.

152 $2a - 3$　　　　　　　　　(　　)

153 $x^2 + 9x - 6$　　　　　　　(　　)

154 $\dfrac{1}{4}x - 2y + 5$　　　　　(　　)

155 $8 - a^2$　　　　　　　　　(　　)

156 $\dfrac{1}{x^2} - x - 8$　　　　　　(　　)

157 $-x^2 + 5x^3$　　　　　　　(　　)

● 이차식의 덧셈과 뺄셈　　중요

[158~162] 다음을 계산하시오.

158 $(x^2 + 3x - 4) + (2x^2 - 5x + 3)$

$= x^2 + 3x - 4 + 2x^2 - 5x + 3$

$= x^2 + 2x^2 + 3x - 5x - 4 + 3$

$= \boxed{}$

159 $(3a^2 + a + 6) + (5a^2 - 2a + 7)$

160 $(2x^2 - 5x - 2) + (-3x^2 + 4x - 1)$

161 $\left(\dfrac{1}{4}a^2 + 4\right) + \left(\dfrac{1}{2}a^2 + 3a - 4\right)$

162 $(6x^2 - 4x + 8) + 2(-2x^2 + 7x + 5)$

[163~168] 다음을 계산하시오.

163 $(3x^2+x-3)-(x^2-2x-1)$

$=3x^2+x-3-x^2+2x+1$

$=3x^2-x^2+x+2x-3+1$

$=\boxed{}$

164 $(2a^2-3a+1)-(a^2+5a+1)$

165 $(8x^2-3x-4)-(-x^2+6)$

166 $\left(6a^2+\dfrac{1}{2}a-9\right)-\left(-4a^2+\dfrac{3}{2}a+7\right)$

167 $(x^2+2x+5)-4(2x^2-x+8)$

168 $2(-2a^2+3a-1)-3(-a^2+4a-1)$

● **여러 가지 괄호가 있는 다항식의 덧셈과 뺄셈**

• 여러 가지 괄호가 있는 식은
    (소괄호) → {중괄호} → [대괄호]
  의 순서로 괄호를 풀어서 계산한다.

[169~174] 다음을 계산하시오.

169 $5x-\{x-(2x-y)\}$

170 $7x^2-\{2x^2+5x-(3x-4)\}$

171 $(2a-b)+\{a-(2b+a)\}$

172 $3a^2-\{(a+7)-(a^2+1)\}+a$

173 $y-[x-\{2y-(3x+4y)\}]$

174 $2x+[3-x^2-\{2x^2-(x^2+4x-2)\}]$

🔖 **학교 시험 문제는 이렇게**

175 $3x-2[\{2x-(x-5)\}+5]$를 계산했을 때, x의 계수
와 상수항의 합을 구하시오.

13

다항식의 덧셈과 뺄셈의 응용

등식에서 다항식 A를 구할 때는 다음을 이용한다.

(1) $A+B=C \Rightarrow A=C-B$

(2) $A-B=C \Rightarrow A=C+B$

(3) $B-A=C \Rightarrow A=B-C$

정답과 해설 • 14쪽

● 다항식의 덧셈과 뺄셈의 응용 〔중요〕
   – 어떤 식 구하기

[176~179] 다음 □ 안에 알맞은 식을 구하시오.

176 $(\boxed{})+(5a+3b)=a+2b$

177 $(-7x+4y)+(\boxed{})=x+5y-3$

178 $(\boxed{})-(-6a^2+a+1)=7a^2-5a+3$

179 $(4x^2-5x+2)-(\boxed{})=-2x^2+3x+1$

〔학교 시험 문제는 이렇게〕

180 어떤 식에 $2x^2+3x-6$을 더했더니 $-7x^2+2x-5$가 되었다. 이때 어떤 식을 구하시오.

● 다항식의 덧셈과 뺄셈의 응용 〔중요〕
   – 바르게 계산한 식 구하기

[181~184] 다음에서 어떤 식과 바르게 계산한 식을 각각 구하시오.

181 어떤 식에 $x+y-1$을 더해야 할 것을 잘못하여 뺐더니 $4x-3y+1$이 되었다.

> ❶ 어떤 식 구하기
>
> 어떤 식을 A라 하면 $A\bigcirc(x+y-1)=4x-3y+1$
>
> $\therefore A=(4x-3y+1)\bigcirc(x+y-1)=\boxed{}$
>
> ❷ 바르게 계산한 식 구하기
>
> $(\boxed{})\bigcirc(x+y-1)=\boxed{}$

182 어떤 식에 x^2+3x-2를 더해야 할 것을 잘못하여 뺐더니 $2x^2-3x+4$가 되었다.

183 어떤 식에서 $3x-7y+9$를 빼야 할 것을 잘못하여 더했더니 $8x+y-12$가 되었다.

184 어떤 식에서 $2x^2-5x+1$을 빼야 할 것을 잘못하여 더했더니 $5x^2-4x-2$가 되었다.

14 단항식과 다항식의 곱셈

(1) **(단항식)×(다항식)의 계산:** 분배법칙을 이용하여 단항식을 다항식의 각 항에 곱한다.

(2) **전개:** 단항식과 다항식의 곱을 분배법칙을 이용하여 하나의 다항식으로 나타내는 것

(3) **전개식:** 전개하여 얻은 식

● 분배법칙
$$\overparen{A(B+C)}=AB+AC$$
$$\overparen{(A+B)C}=AC+BC$$

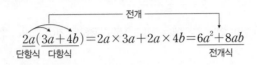

전개
$$\overparen{2a(3a+4b)}=2a\times3a+2a\times4b=\underset{\text{전개식}}{6a^2+8ab}$$
단항식　다항식

● **(단항식)×(다항식)**

[185~196] 다음을 전개하시오.

185 $\overparen{3x(x+2y)}=3x\times\boxed{}+3x\times\boxed{}$

$\qquad=\boxed{}$

186 $-a(5a+4)$

187 $2x(x-4y+2)$

188 $-5a^2(7a+2b-1)$

189 $\dfrac{1}{3}x(12x-9y-3)$

190 $-\dfrac{1}{2}a(4a+8b-10)$

191 $\overparen{(5x+3y)(-2x)}=5x\times(\boxed{})+3y\times(\boxed{})$

$\qquad=\boxed{}$

192 $\left(a-\dfrac{1}{3}\right)\times9a$

193 $(x-5y+1)(-3x)$

194 $(3a-b-4)(-4a^2)$

195 $(-6x+8y-14)\times\dfrac{3}{2}xy$

196 $(16a^2-4ab-20a)\times\left(-\dfrac{1}{4}a\right)$

● 학교 시험 문제는 이렇게

197 $-12x\left(\dfrac{1}{2}x^2-\dfrac{2}{3}x+1\right)=ax^3+bx^2+cx$일 때, 상수 a, b, c에 대하여 $a-b-c$의 값을 구하시오.

15

다항식과 단항식의 나눗셈

방법 ❶ 분수 꼴로 바꾸어 다항식의 각 항을 단항식으로 나누어 계산한다.

$$(A+B) \div C = \frac{A+B}{C} = \frac{A}{C} + \frac{B}{C}$$

방법 ❷ 다항식에 단항식의 역수를 곱하여 계산한다.

$$(A+B) \div C = (A+B) \times \frac{1}{C} = A \times \frac{1}{C} + B \times \frac{1}{C}$$

역수

참고 분수 꼴인 항이 있는 경우에는 방법 ❷ 를 이용하는 것이 편리하다.

주의 분자를 분모로 나눌 때는 분자의 각 항을 모두 나누어야 한다.

$$\frac{4a^2+2a}{2a} = 2a+1 \quad (\bigcirc)$$

$$\frac{4a^2+2a}{2a} = 2a+2a \quad (\times)$$

정답과 해설 · 15쪽

● (다항식) ÷ (단항식)   중요

[198~202] 다음을 계산하시오.

198 $(3xy-6x) \div 3x = \dfrac{3xy-6x}{\boxed{}}$

$= \dfrac{3xy}{\boxed{}} - \dfrac{6x}{\boxed{}}$

$= \boxed{}$

199 $(6a^2+4ab) \div 2a$

200 $(-2xy+6y) \div (-6y)$

201 $(a^4b^3-a^2b) \div (-ab)$

202 $(9x^2y-3xy-15y) \div 3y$

[203~207] 다음을 계산하시오.

203 $(6x^2-12xy) \div \dfrac{x}{2}$

역수를 곱하기

$= (6x^2-12xy) \times \boxed{}$

$= 6x^2 \times \boxed{} - 12xy \times \boxed{}$

$= \boxed{}$

204 $(8ab+12b) \div \dfrac{4}{5}b$

205 $(xy^2-2xy) \div \left(-\dfrac{1}{3}xy\right)$

206 $(-6a^3b+4ab^3) \div \dfrac{2}{3}ab$

207 $(3x^2y^3+6xy^2-5xy) \div \left(-\dfrac{1}{4}xy\right)$

42 • Ⅰ. 수와 식의 계산

16

다항식과 단항식의 곱셈과 나눗셈의 응용

등식에서 다항식 A를 구할 때는 다음을 이용한다.

(1) $A \times B = C \Rightarrow A = C \div B \rightarrow A = C \times \dfrac{1}{B}$

(2) $A \div B = C \Rightarrow A = C \times B$

● 다항식과 단항식의 곱셈과 나눗셈의 응용
 - 어떤 식 구하기

[208~211] 다음 □ 안에 알맞은 식을 구하시오.

208 $(\boxed{}) \times 4x = 8xy - 16x$

209 $(\boxed{}) \times \left(-\dfrac{1}{2}y\right) = 2x^2y - 6xy^2 + 5y^3$

210 $(\boxed{}) \div (-5ab) = \dfrac{1}{5}a^2 - 2$

211 $(\boxed{}) \div \dfrac{2a^2b^3}{3} = 6a^2 - 9b$

학교 시험 문제는 이렇게

212 어떤 다항식에 $\dfrac{1}{3}xy$를 곱했더니 $x^2y + \dfrac{5}{3}xy^2 - 4xy$가 되었다. 이때 어떤 다항식을 구하시오.

● 다항식과 단항식의 곱셈과 나눗셈의 응용
 - 바르게 계산한 식 구하기

[213~216] 다음에서 어떤 식과 바르게 계산한 식을 각각 구하시오.

213 어떤 식에 $2x$를 곱해야 할 것을 잘못하여 나눴더니 $3x + 4y - 1$이 되었다.

❶ 어떤 식 구하기

어떤 식을 A라 하면 $A \bigcirc 2x = 3x + 4y - 1$

$\therefore A = (3x + 4y - 1) \bigcirc 2x = \boxed{}$

❷ 바르게 계산한 식 구하기

$(\boxed{}) \bigcirc 2x = \boxed{}$

214 어떤 식에 $-2x^2y$를 곱해야 할 것을 잘못하여 나눴더니 $\dfrac{1}{4}xy - 3y^2$이 되었다.

215 어떤 식을 $3ab$로 나눠야 할 것을 잘못하여 곱했더니 $15a^4b^3 + 9a^2b^2$이 되었다.

216 어떤 식을 $\dfrac{1}{2}a^3b$로 나눠야 할 것을 잘못하여 곱했더니 $a^7b^3 - 2a^6b^4 + \dfrac{3}{2}a^6b^2$이 되었다.

17

다항식과 단항식의 혼합 계산

(1) 덧셈, 뺄셈, 곱셈, 나눗셈이 혼합된 식의 계산

❶ 지수법칙을 이용하여 괄호의 거듭제곱을 계산한다.

❷ 분배법칙을 이용하여 곱셈, 나눗셈을 한다.

❸ 동류항끼리 모아서 덧셈, 뺄셈을 한다.

(2) 식의 값 구하기

주어진 식을 먼저 간단히 한 후, 문자에 주어진 수를 대입하여 식의 값을 구한다.

예 $a=1$, $b=-2$일 때, $(ab+2b^2)\div b$의 값

➡ $(ab+2b^2)\div b=a+2b=1+2\times\underline{(-2)}=-3$

　　　　　　　　　└ 문자에 음수를 대입할 때는 괄호를 사용한다.

거듭제곱

$\times$, $\div$ 계산

$+$, $-$ 계산

정답과 해설 · **16**쪽

● 덧셈, 뺄셈, 곱셈, 나눗셈이 혼합된 식의 계산 　중요

[217~228] 다음을 계산하시오.

217 $-2x(3x+y)+3x(4x-y)$

218 $\left(\dfrac{1}{3}a-\dfrac{1}{2}\right)(-6a)-4a\left(\dfrac{1}{2}a-5\right)$

219 $\dfrac{4x^2+6xy}{2x}+\dfrac{12y^2-15xy}{3y}$

220 $\dfrac{12a^2-16ab}{4a}-\dfrac{28ab-7b^2}{7b}$

221 $(6x^2y-12xy)\div 3x+(10xy^2+35y^2)\div 5y$

222 $(4a^2+6a)\div(-a)-(8a^2-2a)\div\dfrac{a}{2}$

223 $4x(x+1)+(2xy-y^2)\div\dfrac{1}{2}y$

224 $3a(2a-1)-(2a^3b-4a^2b)\div 2ab$

225 $\dfrac{9x^2y-3xy^2}{3xy}+(4xy-10x^2)\div 2x$

226 $(-2b)\div\dfrac{7}{2}a\times(14a^2b-21ab^2)$

227 $(2x^2-8xy)\div\dfrac{9}{2}x\times(3y)^3$

228 $(16a^4b^2-4a^2b^3)\div\left(-\dfrac{2}{3}ab\right)^2+4a(a-5)$

● 식의 값 구하기

[229~233] 다음 식의 값을 구하시오.

229 $x=1$, $y=5$일 때, $(-x^2+2y)(-3x)$의 값

> $(-x^2+2y)(-3x)$를 간단히 하면 _____
>
> 이 식에 $x=1$, $y=5$를 대입하면 _____

230 $a=2$, $b=-1$일 때, $(5a^2-10ab^2)\div5a$의 값

231 $x=6$, $y=4$일 때, $3x-4\{(x+5y)-6y\}$의 값

232 $a=-3$, $b=7$일 때, $\dfrac{4a^2b-6ab^2}{2ab}-\dfrac{15ab-10b^2}{5b}$의 값

233 $x=-\dfrac{3}{2}$, $y=\dfrac{2}{5}$일 때, $2(x-3y)-(4x^2y-xy^2)\div xy$의 값

● 다항식과 단항식의 곱셈과 나눗셈의 활용

[234~237] 아래 그림과 같은 도형에 대하여 다음을 구하시오.

234 직사각형의 넓이가 $8x^3y^2-6xy^4$일 때, 가로의 길이

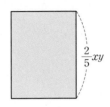

235 사다리꼴의 넓이가 $7x^2y+3xy^2$일 때, 윗변의 길이

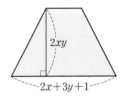

236 직육면체의 부피가 $24a^3b-36ab^2$일 때, 높이

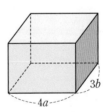

237 원기둥의 부피가 $4\pi a^3+8\pi a^2b$일 때, 높이

1 다음 식을 간단히 하시오.

(1) $7^2 \times 7^5$

(2) $a^5 \times a \times a^4$

(3) $x^2 \times y^5 \times x^6 \times y^3$

(4) $(b^3)^5$

(5) $(5^4)^2 \times (5^2)^3$

(6) $x^5 \times (y^3)^4 \times (x^6)^2 \times y^7$

(7) $a^4 \div a^8$

(8) $11^9 \div 11^2 \div 11^3$

(9) $(x^3)^2 \div x^4 \div (x^5)^3$

(10) $(4b)^3$

(11) $\left(\dfrac{1}{2} x^2 y \right)^4$

(12) $\left(-\dfrac{5b^6}{3a^3} \right)^2$

2 $2^3 = A$라 할 때, 다음을 A를 사용하여 나타내려고 한다. $\square$ 안에 알맞은 수를 쓰시오.

(1) $128 = 2^{\square} = 2^{\square} \times 2^3 = \boxed{} A$

(2) $4^9 = (2^{\square})^9 = 2^{\square} = (2^3)^{\square} = A^{\square}$

(3) $32^6 = (2^{\square})^6 = 2^{\square} = (2^3)^{\square} = A^{\square}$

3 다음 수가 몇 자리의 자연수인지 구하시오.

(1) $2^8 \times 5^{11}$

(2) $2^{12} \times 3^2 \times 5^{10}$

4 다음을 계산하시오.

(1) $5x^5 \times 2y^3$

(2) $7x^2 y \times (-2x^3 y)^3$

(3) $\dfrac{3}{2} ab^4 \times (-6ab^3) \times \dfrac{5}{3} a^3$

(4) $(-6a^3 b^2) \div 12a^3 b^3$

(5) $(-3x^2 y^3)^3 \div \left(-\dfrac{9}{4} x^4 y^3 \right)$

(6) $(-2x^3 y^5)^2 \div (xy)^3 \div \dfrac{1}{8} xy^6$

5 다음을 계산하시오.

(1) $7x^5 y^3 \div (-14x^{10} y^2) \times 6x^6 y$

(2) $24a^2 b^2 \div 8a^3 b^3 \times (-2b)^2$

(3) $(-6ab)^2 \times a^5 b^3 \div \left(-\dfrac{2}{3} a^3 b^2 \right)^2$

6 다음 $\square$ 안에 알맞은 식을 구하시오.

(1) $5a^4 \times \boxed{} = 70a^6$

(2) $(-12x^7) \div \boxed{} = \dfrac{3}{5} x^3$

(3) $2a^3 b \times \boxed{} \div (-16a^6 b^2) = ab^2$

(4) $(-9x^2 y^3)^2 \div \boxed{} \times \left(-\dfrac{1}{27} x^2 y \right) = -xy^3$

7 다음을 계산하시오.

(1) $(2x-3y)+(3x+2y)$

(2) $(-a+4b)-(-3a+b)$

(3) $3(3x-2y-1)+2(x-3y+2)$

(4) $7(a-3b+1)-4\left(\dfrac{a}{2}+b+2\right)$

(5) $\dfrac{x-3y}{3}+\dfrac{3x-y}{4}$

(6) $\dfrac{a+2b}{4}-\dfrac{3a+b}{5}$

8 다음을 계산하시오.

(1) $5(x^2+3x-5)+2(4x^2-6x+7)$

(2) $3(x^2-4x+3)-2(2x^2-5x+4)$

9 다음을 계산하시오.

(1) $3x-y-\{(2x-y-5)-(-2y+3)\}$

(2) $2x^2-7x-[3x^2-\{4(2x-5x^2)+6x-10\}]$

10 다음 □ 안에 알맞은 식을 구하시오.

(1) $(\boxed{})+(3x-2y)=9x-3y$

(2) $(15x+4y)-(\boxed{})=7x+6y+3$

(3) $(\boxed{})+(-9x^2+3x-5)=2x^2-4x+1$

(4) $(8x^2+3x-1)-(\boxed{})=12x^2-2x-10$

11 다음을 계산하시오.

(1) $8a(a-3b)$

(2) $(15x-10y+25)\times\left(-\dfrac{2}{5}x\right)$

(3) $(9ab^2-21b^3)\div 3b^2$

(4) $(27x^2+36xy+18x)\div\left(-\dfrac{9}{4}x\right)$

12 다음 □ 안에 알맞은 식을 구하시오.

(1) $(\boxed{})\times(-2xy)=-6x^3y+14x^2y^2$

(2) $(\boxed{})\times\dfrac{1}{3}b=2ab-4b^2-3b$

(3) $(\boxed{})\div\left(-\dfrac{4}{5}xy\right)=40x-10y$

13 다음을 계산하시오.

(1) $\dfrac{1}{7}a(14a-7b+42)-6a\left(\dfrac{1}{2}a-b+1\right)$

(2) $\dfrac{-28x^2y^2+20xy^2}{4xy}-\dfrac{18xy-9x^2y}{3x}$

(3) $3x(-5y+2)+(30x^2-24x^2y)\div(-6x)$

(4) $(54x^4y^2-9x^2y^3)\div\left(-\dfrac{3}{2}xy\right)^2-x(2x-5)$

1 다음 중 □ 안에 알맞은 수가 가장 큰 것은?

① $x^2 \times x^{\square} = x^7$

② $a^2 \times b^3 \times a \times b^2 = a^3 b^{\square}$

③ $x \times x \times x \times y = x^{\square} y$

④ $a \times a^{\square} \times a \times a^2 = a^{10}$

⑤ $x^2 \times y^3 \times x^{\square} \times y = x^5 y^4$

2 다음을 만족시키는 자연수 a, b, c에 대하여 $a+b+c$의 값을 구하시오.

> (가) $2^3 + 2^3 + 2^3 + 2^3 = 2^a$
> (나) $2^3 \times 2^3 \times 2^3 \times 2^3 = 2^b$
> (다) $\{(2^3)^3\}^3 = 2^c$

3 다음 중 식을 간단히 한 결과가 나머지 넷과 다른 하나는?

① $(x^4)^2 \div x^3$ ② $x \times x^6 \div x^2$

③ $x^{12} \div x^{10} \div x^3$ ④ $(x^7)^2 \div (x^3)^2 \div x^3$

⑤ $(x^5)^3 \div (x^2)^7 \times x^4$

4 $\left(\dfrac{-3x^3}{y^2}\right)^a = \dfrac{-cx^9}{y^b}$일 때, 자연수 a, b, c에 대하여 $a+b+c$의 값을 구하시오.

5 $5^3 = A$라 할 때, 25^9을 A를 사용하여 나타내면?

① $5A$ ② $25A$ ③ A^3

④ A^6 ⑤ A^9

6 $2^8 \times 7 \times 5^6$이 n자리의 자연수일 때, n의 값은?

① 6 ② 7 ③ 8

④ 9 ⑤ 10

7 다음 중 옳지 <u>않은</u> 것은?

① $4ab^2 \times (-2a^2) \div 4b = -2a^3 b$

② $5ab^2 \times (-2a^2 b)^2 \div (-10a^3 b^2) = -2a^2 b^2$

③ $8x^4 y \div 4x^6 y^2 \times (-2x^3 y^4) = -4xy^3$

④ $(-24a^2 b) \div 6ab^2 \times (-2ab) = 8a$

⑤ $12a^2 b^3 \div 24a^5 b^6 \times (-2a^2 b^3)^2 = 2ab^3$

8 $x^2 y^a \div 2x^b y \times 6x^5 y = cx^4 y^5$일 때, 자연수 a, b, c에 대하여 $a+b+c$의 값은?

① 10 ② 11 ③ 12

④ 13 ⑤ 14

9 다음을 만족시키는 식 A를 구하시오.

$$\left(-\frac{3}{2}xy^2\right)^2 \times A \div 18x^3y = \frac{1}{2}xy^3$$

10 오른쪽 그림과 같이 밑면은 가로의 길이가 $2ab$, 세로의 길이가 $5a^2$인 직사각형이고, 부피는 $\frac{40}{9}a^3b^3$인 사각뿔의 높이를 구하시오.

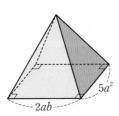

11 다음 중 옳지 <u>않은</u> 것은?

① $(2x+y)+(x-2y)=3x-y$
② $(3a+b)-(2a-b)=a+2b$
③ $(x-3y)+(2x-4y)=3x-7y$
④ $(-9a+11b)+\frac{5}{3}(6a-9b)=a-4b$
⑤ $\frac{4x-y}{3}-\frac{3x-y}{2}=\frac{-x-5y}{6}$

12 $2(3x^2+x-6)-5(2x^2-x-2)$를 계산했을 때, x^2의 계수와 상수항의 합은?

① -6　　② -4　　③ -2
④ 4　　⑤ 6

13 x^2-2x-5에 어떤 식을 더해야 할 것을 잘못하여 뺐더니 $4x^2-x+6$이 되었다. 이때 바르게 계산한 식을 구하시오.

14 다음 중 옳은 것을 모두 고르면? (정답 2개)

① $2a(a-2b)=4a-4ab$
② $(4a+3b)(-3a)=a+3b$
③ $-a(3a+2b-1)=-3a^2-2ab+a$
④ $(20ab^2-15ab)\div 5ab=20ab^2-3$
⑤ $(-2a^2+7a)\div\left(-\frac{1}{7}a\right)=14a-49$

15 $-x(4y-2)+(2x^2y-5xy)\div\frac{1}{3}x$를 계산했을 때, xy의 계수를 구하시오.

16 $a=2$, $b=-1$일 때, 다음 식의 값은?

$$\frac{6a^2b-3ab}{3b}-\frac{20a^2b+25ab^2}{5b}$$

① -2　　② -1　　③ 0
④ 1　　⑤ 2

3

일차부등식

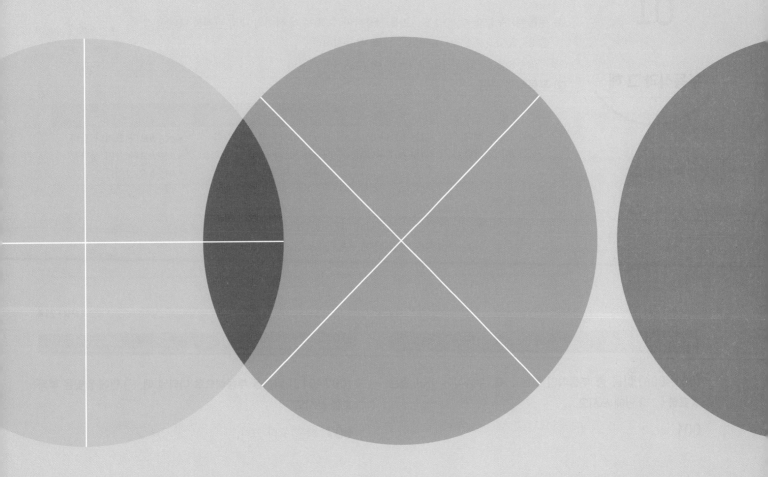

+ 부등식의 뜻

× 부등식으로 나타내기

+ 부등식의 해

× 부등식의 성질

+ 부등식의 성질을 이용하여 식의 값의 범위 구하기

× 일차부등식의 뜻

+ 일차부등식의 풀이

× 괄호가 있는 일차부등식의 풀이

+ 계수가 소수인 일차부등식의 풀이

× 계수가 분수인 일차부등식의 풀이

+ 계수가 소수와 분수가 혼합된 일차부등식의 풀이

+ 계수가 문자인 일차부등식의 풀이

× 일차부등식의 해가 주어진 경우

+ 두 일차부등식의 해가 서로 같은 경우

× 일차부등식의 활용 ⑴ – 수

+ 일차부등식의 활용 ⑵ – 평균

× 일차부등식의 활용 ⑶ – 개수, 가격

+ 일차부등식의 활용 ⑷ – 예금액

× 일차부등식의 활용 ⑸ – 유리한 경우

+ 일차부등식의 활용 ⑹ – 도중에 속력이 바뀌는 경우

× 일차부등식의 활용 ⑺ – 왕복하는 경우

01

부등식과 그 해

(1) **부등식**: 부등호 $<$, $>$, $\leq$, $\geq$를 사용하여 수 또는 식 사이의 대소 관계를 나타낸 식

    📖 $2<5$, $a>-1$, $x-6\geq 3x$ ➡ 부등식이다.

       $x=8$, $2x+1$, $a^2-4a+7=0$ ➡ 부등식이 아니다.

(2) **부등식의 표현**

$a<b$	$a>b$	$a\leq b$	$a\geq b$
• a는 b보다 작다. • a는 b 미만이다.	• a는 b보다 크다. • a는 b 초과이다.	• a는 b보다 작거나 같다. • a는 b보다 크지 않다. • a는 b 이하이다.	• a는 b보다 크거나 같다. • a는 b보다 작지 않다. • a는 b 이상이다.

(3) **부등식의 해**

   ① 부등식의 해: 미지수가 x인 부등식을 참이 되게 하는 x의 값

   ② 부등식을 푼다: 부등식의 해를 모두 구하는 것

정답과 해설 · 21쪽

● 부등식의 뜻

[001~006] 다음 중 부등식인 것은 ○표, 부등식이 <u>아닌</u> 것은 ×표를 ( ) 안에 쓰시오.

001 $x\leq 2$ (   )

002 $x+3=0$ (   )

003 $1-2x+y$ (   )

004 $4a-2<5a$ (   )

005 $5\geq -3+2$ (   )

006 $y=x-8$ (   )

● 부등식으로 나타내기

[007~012] 다음을 부등식으로 나타낼 때, ○ 안에 알맞은 부등호를 쓰시오.

007 x는 7보다 크다.   ➡ $x \bigcirc 7$

008 x는 -4 이하이다.   ➡ $x \bigcirc -4$

009 x는 5보다 작지 않다.   ➡ $x \bigcirc 5$

010 x는 6 미만이다.   ➡ $x \bigcirc 6$

011 x는 9보다 크거나 같다.   ➡ $x \bigcirc 9$

012 x는 -8보다 크지 않다.   ➡ $x \bigcirc -8$

[013~019] 다음을 부등식으로 나타내시오.

013 x를 2배한 후 4를 더하면 9보다 크다.

014 x의 3배에서 5를 뺀 수는 -2 이하이다.

015 어떤 냉장고의 냉장실 온도 $x\,°C$는 $4\,°C$를 넘지 않는다.

016 한 자루에 x원인 펜 2자루의 가격은 5000원 이상이다.

017 길이가 $x\,m$인 끈에서 $5\,m$를 잘라 내고 남은 길이는 $5\,m$ 이하이다.

018 한 변의 길이가 $x\,cm$인 정삼각형의 둘레의 길이는 $40\,cm$보다 짧다.

019 무게가 $1\,kg$인 가방에 한 권에 $0.5\,kg$인 책을 x권 넣었더니 $8\,kg$이 넘었다.

● 부등식의 해

[020~023] x의 값이 -1, 0, 1, 2일 때, 다음 부등식을 푸시오.

020 $2x+3>5$

x의 값	$2x+3$의 값	부등호	5	참 / 거짓
-1	$2\times(-1)+3=1$	$<$	5	거짓
0				
1				
2				

➡ 부등식 $2x+3>5$의 해: _____

021 $-5x+6\geq4$

022 $x-5<7x$

023 $-3x-5\leq2x$

〔학교 시험 문제는 이렇게〕

024 다음 중 [ ] 안의 수가 주어진 부등식의 해인 것을 모두 고르면? (정답 2개)

① $4x+1>15$ 　　[2]

② $5x-8<x$ 　　[3]

③ $-2x-5>0$ 　　[-1]

④ $3-6x\geq2$ 　　[-2]

⑤ $\dfrac{x-1}{4}-\dfrac{x}{2}\leq1$ 　　[1]

부등식의 성질

부등식의

(1) 양변에 같은 수를 더하거나 양변에서 같은 수를 빼어도 부등호의 방향은 바뀌지 않는다.

➡ $a>b$이면 $a+c>b+c$, $a-c>b-c$

(2) 양변에 같은 양수를 곱하거나 양변을 같은 양수로 나누어도 부등호의 방향은 바뀌지 않는다.

➡ $a>b$, $c>0$이면 $ac>bc$, $\dfrac{a}{c}>\dfrac{b}{c}$

(3) 양변에 같은 음수를 곱하거나 양변을 같은 음수로 나누면 부등호의 방향이 바뀐다.

➡ $a>b$, $c<0$이면 $ac<bc$, $\dfrac{a}{c}<\dfrac{b}{c}$

참고 부등식의 성질은 부등호 <를 ≤로, >를 ≥로 바꾸어도 성립한다.

정답과 해설 • 22쪽

● 부등식의 성질　　　중요

[025~028] $a<b$일 때, 다음 ○ 안에 알맞은 부등호를 쓰시오.

025 $a+7\ \bigcirc\ b+7$

026 $a-(-4)\ \bigcirc\ b-(-4)$

027 $-3a\ \bigcirc\ -3b$

028 $\dfrac{a}{6}\ \bigcirc\ \dfrac{b}{6}$

[029~032] $a\geq b$일 때, 다음 ○ 안에 알맞은 부등호를 쓰시오.

029 $3a+1\ \bigcirc\ 3b+1$

030 $\dfrac{2}{3}a-1\ \bigcirc\ \dfrac{2}{3}b-1$

031 $-a+2\ \bigcirc\ -b+2$

032 $-\dfrac{a}{5}-4\ \bigcirc\ -\dfrac{b}{5}-4$

[033~038] 다음 ○ 안에 알맞은 부등호를 쓰시오.

033 $-2a+6>-2b+6$이면 $a\ \bigcirc\ b$이다.

$-2a+6>-2b+6$ ┐ 양변에서 6을 빼기
$-2a\ \bigcirc\ -2b$ ┘
$a\ \bigcirc\ b$ ┐ 양변을 -2로 나누기

034 $a+5\leq b+5$이면 $a\ \bigcirc\ b$이다.

035 $4a-2>4b-2$이면 $a\ \bigcirc\ b$이다.

036 $-\dfrac{4}{3}a+3\geq-\dfrac{4}{3}b+3$이면 $a\ \bigcirc\ b$이다.

037 $8-a<8-b$이면 $a\ \bigcirc\ b$이다.

038 $\dfrac{a+1}{4}\leq\dfrac{b+1}{4}$이면 $a\ \bigcirc\ b$이다.

● 부등식의 성질을 이용하여 식의 값의 범위 구하기

[039~043] $-5 \leq x < 2$일 때, 다음 식의 값의 범위를 구하시오.

039 $2x-1$

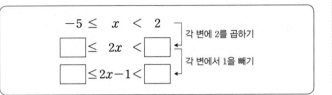

040 $6x+2$

041 $4x+1$

042 $\dfrac{1}{5}x-2$

043 $\dfrac{3x+5}{2}$

[044~048] $-1 < x \leq 6$일 때, 다음 식의 값의 범위를 구하시오.

044 $-x+3$

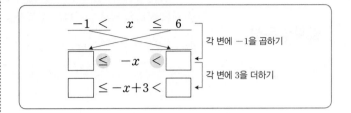

045 $-5x$

046 $-3x-7$

047 $4-\dfrac{1}{2}x$

048 $\dfrac{-x+1}{3}$

03 일차부등식

일차부등식: 부등식의 모든 항을 좌변으로 이항하여 정리한 식이

$$(일차식)<0, \ (일차식)>0, \ (일차식)\leq0, \ (일차식)\geq0$$

중 어느 하나의 꼴로 나타나는 부등식

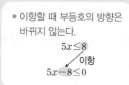

● 이항할 때 부등호의 방향은 바뀌지 않는다.

$$5x\leq8$$
이항
$$5x-8\leq0$$

예 $x-3\leq-x$ $\xrightarrow{\text{이항}}$ $2x-3\leq0$ ➡ 일차부등식이다.

$x-3\leq x$ $\xrightarrow{\text{이항}}$ $-3\leq0$ ➡ 일차부등식이 아니다.

정답과 해설 • 23쪽

● 일차부등식의 뜻

[049~054] 다음 부등식의 모든 항을 좌변으로 이항하여 정리하고, 일차부등식인 것은 ○표, 일차부등식이 아닌 것은 ×표를 ( ) 안에 쓰시오.

049 $2x+1>2$ ➡ $2x-\boxed{}>0$ ( )

050 $-x+3\leq-6$ ➡ _____ ( )

051 $x+1\geq x-2$ ➡ _____ ( )

052 $7x-12\leq7(x-1)$ ➡ _____ ( )

053 $x^2+2x<x^2-1$ ➡ _____ ( )

054 $-3x+5>3x^2+5$ ➡ _____ ( )

[055~059] 다음 중 일차부등식인 것은 ○표, 일차부등식이 아닌 것은 ×표를 ( ) 안에 쓰시오.

055 $4-x\leq3$ ( )

056 $11-2x>7-2x$ ( )

057 $5x-8<4x+5$ ( )

058 $10-3x\geq3(x+1)$ ( )

059 $2x(1-x)<2x^2$ ( )

학교 시험 문제는 이렇게

060 다음 중 일차부등식인 것을 모두 고르면? (정답 2개)

① $x-2<5+x$　　　　② $-2(x-1)\geq-2x$

③ $x+2\leq-3x-1$　　　④ $2x^2+1>0$

⑤ $x^2-3(x-2)>x^2+3x$

04 일차부등식의 풀이

(1) 일차부등식의 풀이

❶ 일차항은 좌변으로, 상수항은 우변으로 이항한다.

❷ 양변을 정리하여 $ax<b$, $ax>b$, $ax\leq b$, $ax\geq b(a\neq0)$ 중 어느 하나의 꼴로 나타낸다.

❸ 양변을 x의 계수 a로 나누어 $x<$(수), $x>$(수), $x\leq$(수), $x\geq$(수) 중 어느 하나의 꼴로 나타낸다. → 양변을 a로 나눌 때, $a<0$이면 부등호의 방향이 바뀐다.

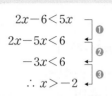

(2) 부등식의 해를 수직선 위에 나타내기

① $x<a$　　　　② $x>a$　　　　③ $x\leq a$　　　　④ $x\geq a$

참고 수직선에서 ○에 대응하는 수는 부등식의 해에 포함되지 않고, ●에 해당하는 수는 부등식의 해에 포함된다.

정답과 해설 • 24쪽

● 일차부등식의 풀이　　　　　중요

[061~068] 다음 일차부등식을 풀고, 그 해를 수직선 위에 나타내시오.

061 $2x-10<7x$

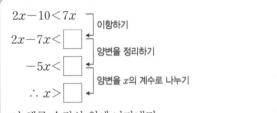

이 해를 수직선 위에 나타내면 오른쪽 그림과 같다.

062 $5x\geq x+12$

063 $-2x+4>6$

064 $6\leq7-3x$

065 $3x+10>x+2$

066 $6x-5\leq4x+17$

067 $-4x-12<x+3$

068 $-5x+33\geq2x-9$

학교 시험 문제는 이렇게

069 다음 일차부등식 중 그 해를 수직선 위에 나타내었을 때, 오른쪽 그림과 같은 것은?

① $-5x>25$　　② $\frac{x}{2}>10$　　③ $4x-3<7+2x$

④ $-8-x<-3$　　⑤ $6-x<x-4$

(1) **괄호가 있는 경우**: 분배법칙을 이용하여 괄호를 풀고, 식을 간단히 하여 푼다.
(2) **계수가 소수인 경우**: 양변에 10의 거듭제곱(10, 100, 1000, …)을 적당히 곱하여 계수를 정수로 고쳐서 푼다.
(3) **계수가 분수인 경우**: 양변에 분모의 최소공배수를 곱하여 계수를 정수로 고쳐서 푼다.
주의 양변에 같은 수를 곱할 때는 모든 항에 빠짐없이 곱해야 한다.
참고 소수인 계수와 분수인 계수가 모두 있을 때는 소수를 분수로 나타낸 후 계수를 정수로 고치는 것이 편리하다.

정답과 해설 • **24**쪽

● 괄호가 있는 일차부등식의 풀이

[070~074] 다음 일차부등식을 푸시오.

070 $2(x-1) \geq 3x+7$

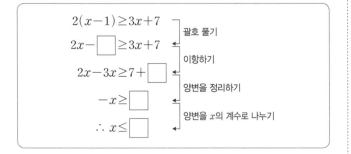

071 $3x-4 < 2(8-x)$

072 $4(x+1) > 3(x-2)$

073 $5(x-4)-2(3x-1) \geq 3$

074 $2-3\left(2x-\dfrac{1}{3}\right) \leq 4(x-3)$

● 계수가 소수인 일차부등식의 풀이 중요

[075~079] 다음 일차부등식을 푸시오.

075 $0.2x \leq 0.4x-0.8$

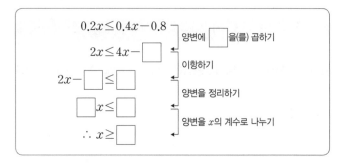

076 $0.7x-3.5 \geq 0.3x-0.5$

077 $0.02x > -0.1x+0.36$

078 $0.3x+1.2 \leq 0.2(2x-3)$

079 $0.14(x-2) < 0.26x+0.04$

● 계수가 분수인 일차부등식의 풀이 중요

[080~084] 다음 일차부등식을 푸시오.

080 $\frac{3}{2}x > \frac{1}{4}x - 5$

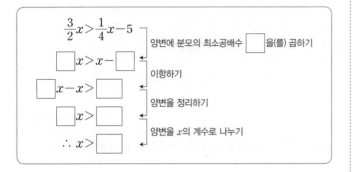

$\frac{3}{2}x > \frac{1}{4}x - 5$ → 양변에 분모의 최소공배수 $\boxed{}$을(를) 곱하기

$\boxed{}x > x - \boxed{}$ → 이항하기

$\boxed{}x - x > \boxed{}$ → 양변을 정리하기

$\boxed{}x > \boxed{}$ → 양변을 x의 계수로 나누기

$\therefore x > \boxed{}$

081 $\frac{1}{4}x + \frac{5}{6} \geq \frac{1}{2}$

082 $\frac{x+1}{6} + \frac{1}{2} < \frac{x}{3}$

083 $\frac{1}{2}x \leq \frac{1}{5}(x+3)$

084 $\frac{x-2}{3} - \frac{3x+8}{5} \geq -2$

● 계수가 소수와 분수가 혼합된 일차부등식의 풀이 중요

[085~087] 다음 일차부등식을 푸시오.

085 $\frac{1}{4}x - 3 > 0.4x$

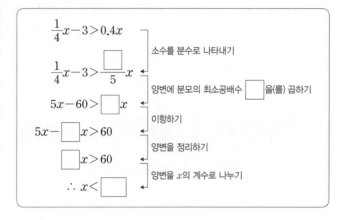

$\frac{1}{4}x - 3 > 0.4x$ → 소수를 분수로 나타내기

$\frac{1}{4}x - 3 > \frac{\boxed{}}{5}x$ → 양변에 분모의 최소공배수 $\boxed{}$을(를) 곱하기

$5x - 60 > \boxed{}x$ → 이항하기

$5x - \boxed{}x > 60$ → 양변을 정리하기

$\boxed{}x > 60$ → 양변을 x의 계수로 나누기

$\therefore x < \boxed{}$

086 $0.2 - 0.9x \leq -\frac{1}{5}x - 4$

087 $\frac{2x-4}{3} - 1 \geq -0.2x + 2$

🔖 학교 시험 문제는 이렇게

088 다음 중 일차부등식 $0.5x + 4 < \frac{1}{9}(6x-3)$의 해를 수직선 위에 바르게 나타낸 것은?

① 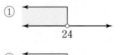 24

② 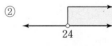 24

③ 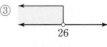 26

④  26

⑤ 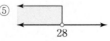 28

06

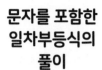

문자를 포함한 일차부등식의 풀이

(1) 계수가 문자인 경우

❶ 주어진 일차부등식을 $ax<b$, $ax>b$, $ax \leq b$, $ax \geq b$ 중 어느 하나의 꼴로 고친다.

❷ x의 계수 a의 부호를 확인한 후 양변을 a로 나눈다.
→ $a>0$이면 부등호의 방향은 바뀌지 않는다.
$a<0$이면 부등호의 방향이 바뀐다.

(2) 일차부등식의 해가 주어진 경우

일차부등식 $ax>b$의 해가

① $x>k$이면
→ $a>0$이고, $x>\dfrac{b}{a}$이므로 $\dfrac{b}{a}=k$

② $x<k$이면
→ $a<0$이고, $x<\dfrac{b}{a}$이므로 $\dfrac{b}{a}=k$

정답과 해설 • 26쪽

● **계수가 문자인 일차부등식의 풀이**

[089~092] $a>0$일 때, 다음 x에 대한 일차부등식을 푸시오.

089 $ax-2 \leq 3$

$ax-2 \leq 3$에서 $ax \leq \boxed{}$

이때 $a>0$이므로 $x \leq \boxed{}$ ← a가 양수이므로 부등호의 방향이 바뀌지 않는다.

090 $ax+7>-4$

091 $ax+2a<0$

092 $ax-6a \geq 0$

[093~096] $a<0$일 때, 다음 x에 대한 일차부등식을 푸시오.

093 $ax+1<2$

$ax+1<2$에서 $ax< \boxed{}$

이때 $a<0$이므로 $x> \boxed{}$ ← a가 음수이므로 부등호의 방향이 바뀐다.

094 $ax+a \geq 0$

095 $ax-4a>0$

096 $ax-8 \leq 2-ax$

● 일차부등식의 해가 주어진 경우   중요

[097~101] 다음 x에 대한 일차부등식의 해가 [   ] 안과 같을 때, 상수 a의 값을 구하시오.

097 $3x+a>0$ $[\,x>-1\,]$

$3x+a>0$에서 $3x>\boxed{}$ $\therefore\ x>\boxed{}$

이때 주어진 부등식의 해가 $x>-1$이므로 $\boxed{}=-1$

$\therefore\ a=\boxed{}$

098 $2x-a\leq-6x$ $[\ x\leq 4\ ]$

099 $x+a>3x+4$ $[\,x<-5\,]$

100 $3-4x\leq 3(2-a)$ $[\ x\geq 3\ ]$

101 $\dfrac{5x-a}{2}>x-7$ $[\,x>-2\,]$

● 두 일차부등식의 해가 서로 같은 경우

❶ 계수와 상수항이 모두 주어진 부등식의 해를 먼저 구한다.
❷ 나머지 부등식의 해가 ❶의 해와 같음을 이용하여 상수의 값을 구한다.

[102~106] 다음 두 일차부등식의 해가 서로 같을 때, 상수 a의 값을 구하시오.

102 $5-x\geq 3x+1,\ 7-a\leq -x+3a$

❶ $5-x\geq 3x+1$에서 $-4x\geq\boxed{}$ $\therefore\ x\leq\boxed{}$ ⎤ 해가 같다.

❷ $7-a\leq -x+3a$에서 $x\leq\boxed{}a-7$ ⎦

따라서 $\boxed{}a-7=\boxed{}$이므로 $a=\boxed{}$

103 $9x+4<5x-8,\ -4x-6>a-x$

104 $x-3\geq 2(x+1),\ 8x-1\leq 6x+a$

105 $1.5x+2.6>0.2x,\ 4x-a<5x-2$

106 $\dfrac{x-1}{2}\leq\dfrac{4x+1}{3},\ 2(3x+2)\geq x+a$

[일차부등식을 활용하여 문제를 해결하는 과정]

미지수 정하기 ➡ 일차부등식 세우기 ➡ 일차부등식 풀기 ➡ 문제의 뜻에 맞는지 확인하기

└ 개수, 달수, 횟수, 사람 수 등을
x로 놓았을 때는 자연수를 답으로 한다.

참고 문자를 사용하여 식 세우기

• 연속하는 세 자연수 ➡ $x-1$, x, $x+1$

• 세 수 a, b, c의 평균 ➡ $\dfrac{a+b+c}{3}$

• 다음 달부터 매달 a원씩 예금할 때, x개월 후의 예금액 ➡ {(현재 예금액)$+a \times x$}원

정답과 해설 • **27**쪽

● **일차부등식의 활용 (1) – 수**

[107~109] 어떤 정수의 2배에서 10을 뺀 수는 30보다 작다고 한다. 이와 같은 정수 중 가장 큰 수를 구하려고 할 때, 다음 물음에 답하시오.

107 어떤 정수를 x라 할 때, 일차부등식을 세우시오.

108 107에서 세운 일차부등식을 푸시오.

109 이와 같은 정수 중 가장 큰 수를 구하시오.

110 어떤 정수를 3배한 후 6을 더한 수는 24보다 작지 않다고 한다. 이와 같은 정수 중 가장 작은 수를 구하시오.

111 어떤 정수의 4배에 2를 더한 수는 처음 수의 5배에서 6을 뺀 수보다 크다고 한다. 이와 같은 정수 중 가장 큰 수를 구하시오.

[112~114] 연속하는 세 자연수의 합이 27보다 크다고 한다. 이와 같은 세 자연수 중 가장 작은 세 수를 구하려고 할 때, 다음 물음에 답하시오.

112 연속하는 세 자연수 중 가운데 수를 x라 할 때, 다음 ☐ 안에 알맞은 식을 쓰고 이를 이용하여 일차부등식을 세우시오.

➡ 연속하는 세 자연수: ☐, x, ☐

➡ 일차부등식: _____

113 112에서 세운 일차부등식을 푸시오.

114 이와 같은 세 자연수 중 가장 작은 세 수를 구하시오.

115 연속하는 세 자연수의 합이 42보다 크지 않다고 한다. 이와 같은 세 자연수 중 가장 큰 세 수를 구하시오.

116 연속하는 세 자연수의 합이 76보다 작다고 한다. 이와 같은 세 자연수 중 가장 큰 세 수를 구하시오.

● 일차부등식의 활용 (2) – 평균

[117~119] 윤지는 두 번의 수학 시험에서 각각 80점과 82점을 받았다. 세 번째 시험까지의 평균 점수가 85점 이상이 되려면 세 번째 시험에서 몇 점 이상을 받아야 하는지 구하려고 할 때, 다음 물음에 답하시오.

117 세 번째 시험에서 x점을 받는다고 할 때, 다음 ☐ 안에 알맞은 식을 쓰고 이를 이용하여 일차부등식을 세우시오.

➡ 세 번째 시험까지의 평균 점수: ☐ 점

➡ 일차부등식: _____

118 117에서 세운 일차부등식을 푸시오.

119 세 번째 시험까지의 평균 점수가 85점 이상이 되려면 세 번째 시험에서 몇 점 이상을 받아야 하는지 구하시오.

120 영은이는 두 번의 기술·가정 수행 평가에서 각각 84점과 92점을 받았다. 세 번째 수행 평가에서 몇 점 이상을 받아야 세 번째 수행 평가까지의 평균 점수가 90점 이상이 되는지 구하시오.

121 현수가 50 m 달리기를 세 번 했을 때 평균 기록이 7.1초였다. 네 번째 50 m 달리기까지의 평균 기록이 7초 이내가 되려면 네 번째 50 m 달리기 기록이 몇 초 이내여야 하는지 구하시오.

● 일차부등식의 활용 (3) – 개수, 가격 _{중요}

[122~124] 한 개에 1500원인 초콜릿과 한 개에 1000원인 아이스크림을 합하여 12개를 사려고 한다. 전체 가격이 16000원 이하가 되도록 사려면 초콜릿은 최대 몇 개까지 살 수 있는지 구하려고 할 때, 다음 물음에 답하시오.

122 초콜릿을 x개 산다고 할 때, 다음 표를 완성하고 이를 이용하여 일차부등식을 세우시오.

	초콜릿	아이스크림	합계
개수	x개		12개
총가격	$1500x$원		16000원 이하

➡ 일차부등식: _____

123 122에서 세운 일차부등식을 푸시오.

124 초콜릿은 최대 몇 개까지 살 수 있는지 구하시오.

125 혜진이는 친구의 생일 선물로 5000원짜리 필통 1개와 1200원짜리 펜 몇 자루를 사려고 한다. 혜진이가 가진 돈이 20000원일 때, 펜은 최대 몇 자루까지 살 수 있는지 구하시오.

126 어느 미술관의 1인당 입장료가 어른은 4500원, 어린이는 2500원이라고 한다. 어른과 어린이를 합하여 14명이 입장하는 데 드는 총비용이 57000원을 넘지 않게 하려면 어른은 최대 몇 명까지 입장할 수 있는지 구하시오.

● 일차부등식의 활용 (4) – 예금액

[127~129] 현재 형과 동생의 예금액은 각각 3000원, 10000원이고 다음 달부터 매달 형은 2000원씩, 동생은 1000원씩 예금한다고 한다. 형의 예금액이 동생의 예금액보다 많아지는 것은 몇 개월 후부터인지 구하려고 할 때, 다음 물음에 답하시오.

(단, 이자는 생각하지 않는다.)

127 x개월 후부터 형의 예금액이 동생의 예금액보다 많아진다고 할 때, 다음 표를 완성하고 이를 이용하여 일차부등식을 세우시오.

	형	동생
현재 예금액	3000원	
매달 예금하는 금액		1000원
x개월 후 예금액		

➡ 일차부등식: _____

128 127에서 세운 일차부등식을 푸시오.

129 형의 예금액이 동생의 예금액보다 많아지는 것은 몇 개월 후부터인지 구하시오.

130 현재 슬이와 건이의 통장에는 각각 11000원, 35000원이 들어 있다. 다음 달부터 매달 슬이는 5000원씩, 건이는 3000원씩 예금한다면 슬이의 예금액이 건이의 예금액보다 많아지는 것은 몇 개월 후부터인지 구하시오.

(단, 이자는 생각하지 않는다.)

131 현재 은수와 준기의 저금통에는 각각 2000원, 8000원이 들어 있다. 다음 주부터 매주 은수는 1300원씩, 준기는 600원씩 저금통에 넣는다면 은수의 저금액이 준기의 저금액보다 많아지는 것은 몇 주 후부터인지 구하시오.

● 일차부등식의 활용 (5) – 유리한 경우 〔중요〕

[132~134] 집 근처 가게에서 한 개에 1000원인 과자를 대형 할인점에서는 한 개에 700원에 살 수 있다고 한다. 대형 할인점에 다녀오려면 왕복 1600원의 교통비가 든다고 할 때, 과자를 몇 개 이상 사야 대형 할인점에서 사는 것이 유리한지 구하려고 한다. 다음 물음에 답하시오. └ 대형 할인점에서 사는 것이 총비용이 더 적게 든다는 뜻

132 과자를 x개 산다고 할 때, 다음 표를 완성하고 이를 이용하여 일차부등식을 세우시오.

	집 근처 가게	대형 할인점
과자의 총가격	$1000x$원	
교통비		
총비용		

➡ 일차부등식: _____

133 132에서 세운 일차부등식을 푸시오.

134 과자를 몇 개 이상 사야 대형 할인점에서 사는 것이 유리한지 구하시오.

135 휴지를 사려고 하는데 집 앞 편의점에서 사면 한 개에 1200원이고 인터넷 쇼핑몰에서 사면 한 개에 980원이라고 한다. 인터넷 쇼핑몰에서 사면 2500원의 배송비가 든다고 할 때, 휴지를 몇 개 이상 사야 인터넷 쇼핑몰에서 사는 것이 유리한지 구하시오.

136 정환이가 이용하는 음악 사이트에서는 정액제인 경우 10900원을 내고 한 달 동안 원하는 음악을 무제한으로 내려받을 수 있고, 정액제가 아닌 경우 한 곡당 800원에 내려받을 수 있다고 한다. 이 사이트에서 한 달 동안 음악을 몇 곡 이상 내려받아야 정액제를 이용하는 것이 유리한지 구하시오.

거리, 속력, 시간에 대한 일차부등식의 활용

거리, 속력, 시간에 대한 활용 문제는 다음 공식을 이용한다.

$$(거리)=(속력)\times(시간),\ (속력)=\frac{(거리)}{(시간)},\ (시간)=\frac{(거리)}{(속력)}$$

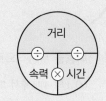

주의 주어진 단위가 다를 경우, 부등식을 세우기 전에 먼저 단위를 통일해야 한다.

➡ $1\,km=1000\,m$, 1시간$=60$분, 30분$=\frac{30}{60}$시간$=\frac{1}{2}$시간

정답과 해설 • 28쪽

● 일차부등식의 활용 (6) – 도중에 속력이 바뀌는 경우

[137~139] 의섭이가 집에서 $12\,km$ 떨어진 성범이네 집까지 가는데 처음에는 시속 $2\,km$로 걸어가다가 도중에 시속 $8\,km$로 뛰어갔더니 3시간 이내에 도착하였다. 걸어간 거리는 최대 몇 km인지 구하려고 할 때, 다음 물음에 답하시오.

137 걸어간 거리를 $x\,km$라 할 때, 다음 □ 안에 알맞은 식을 쓰고 이를 이용하여 일차부등식을 세우시오.

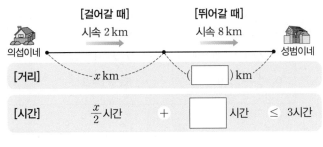

➡ 일차부등식: _____

138 137에서 세운 일차부등식을 푸시오.

139 걸어간 거리는 최대 몇 km인지 구하시오.

140 규진이가 집에서 $14\,km$ 떨어진 은행에 가는데 처음에는 자전거를 타고 시속 $9\,km$로 가다가 도중에 자전거가 고장나서 시속 $3\,km$로 걸어갔더니 4시간 이내에 도착하였다. 이때 자전거가 고장난 지점은 집에서 최소 몇 km 떨어진 지점인지 구하시오.

● 일차부등식의 활용 (7) – 왕복하는 경우 (중요)

[141~143] 태구가 버스 정류장에서 버스를 타기 전 편의점에서 물을 사 오려고 하는데 버스 출발 시각까지 1시간의 여유가 있다. 정류장과 편의점을 시속 $2\,km$로 걸어서 왕복하고 15분 동안 물을 산다고 할 때, 정류장에서 최대 몇 km 떨어진 편의점까지 다녀올 수 있는지 구하려고 한다. 다음 물음에 답하시오.

141 정류장에서 편의점까지의 거리를 $x\,km$라 할 때, 일차부등식을 세우시오.

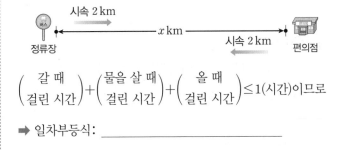

$$\left(\begin{array}{c}갈\ 때\\걸린\ 시간\end{array}\right)+\left(\begin{array}{c}물을\ 살\ 때\\걸린\ 시간\end{array}\right)+\left(\begin{array}{c}올\ 때\\걸린\ 시간\end{array}\right)\leq 1(시간)이므로$$

➡ 일차부등식: _____

142 141에서 세운 일차부등식을 푸시오.

143 정류장에서 최대 몇 km 떨어진 편의점까지 다녀올 수 있는지 구하시오.

144 한솔이가 영화관에서 영화를 보기 전 매점에서 팝콘을 사 오려고 하는데 영화 시작 시각까지 40분의 여유가 있다. 영화관과 매점을 분속 $50\,m$로 걸어서 왕복하고 8분 동안 팝콘을 산다고 할 때, 영화관에서 최대 몇 m 떨어진 매점까지 다녀올 수 있는지 구하시오.

1 다음을 부등식으로 나타내시오.

(1) x의 4배에서 5를 뺀 수는 11 미만이다.

(2) 가로의 길이가 $x\,\mathrm{cm}$, 세로의 길이가 $10\,\mathrm{cm}$인 직사각형의 둘레의 길이는 $36\,\mathrm{cm}$ 이상이다.

(3) 학생 8명이 각각 x원씩 내서 모은 총액은 20000원을 넘지 않는다.

(4) 한 봉지에 x개씩 들어 있는 초콜릿 두 봉지에서 초콜릿 3개를 꺼내 먹었을 때, 남은 초콜릿은 15개보다 많다.

2 x의 값이 -2, -1, 0, 1, 2일 때, 다음 부등식을 푸시오.

(1) $-2x+9>7$

(2) $4x\leq 5x+1$

3 $a\geq b$일 때, 다음 ○ 안에 알맞은 부등호를 쓰시오.

(1) $-3a+7$ ○ $-3b+7$

(2) $4a-1$ ○ $4b-1$

(3) $\dfrac{a}{2}+5$ ○ $\dfrac{b}{2}+5$

(4) $10-\dfrac{a}{7}$ ○ $10-\dfrac{b}{7}$

4 다음 ○ 안에 알맞은 부등호를 쓰시오.

(1) $2a-3>2b-3$일 때, a ○ b

(2) $10-4a\leq 10-4b$일 때, a ○ b

(3) $\dfrac{a}{2}-6<\dfrac{b}{2}-6$일 때, a ○ b

(4) $\dfrac{3-a}{8}\geq\dfrac{3-b}{8}$일 때, a ○ b

5 주어진 x의 값의 범위에 대하여 다음 식의 값의 범위를 구하시오.

(1) $1<x<4$일 때, $5x-2$의 값의 범위

(2) $-2\leq x<2$일 때, $\dfrac{1}{2}x+3$의 값의 범위

(3) $-1<x\leq\dfrac{1}{4}$일 때, $-8x+7$의 값의 범위

(4) $-3\leq x<7$일 때, $\dfrac{-x+5}{2}$의 값의 범위

6 다음 보기 중 일차부등식인 것을 모두 고르시오.

보기
ㄱ. $9+3>10$ ㄴ. $3x+8\leq 5x$
ㄷ. $2x+4<2(x+7)$ ㄹ. $x(x+1)\geq x^2-3$
ㅁ. $\dfrac{x}{5}-7>0$ ㅂ. $6x-1=2$

7 다음은 일차부등식 $-8x+3\leq 7$의 풀이 과정이다. (가), (나)에 이용된 부등식의 성질을 보기에서 찾아 차례로 쓰시오.

$$-8x+3\leq 7 \xrightarrow{\text{(가)}} -8x\leq 4 \xrightarrow{\text{(나)}} x\geq -\frac{1}{2}$$

보기
ㄱ. $a>b$이면 $a+c>b+c$, $a-c>b-c$

ㄴ. $a>b$, $c>0$이면 $ac>bc$, $\dfrac{a}{c}>\dfrac{b}{c}$

ㄷ. $a>b$, $c<0$이면 $ac<bc$, $\dfrac{a}{c}<\dfrac{b}{c}$

8 다음 일차부등식을 풀고, 그 해를 주어진 수직선 위에 나타내시오.

(1) $4x+9 \leq -7$

$\longleftarrow \qquad \longrightarrow$

(2) $2x > 5x+6$

$\longleftarrow \qquad \longrightarrow$

(3) $8x-11 \geq 3x+14$

$\longleftarrow \qquad \longrightarrow$

(4) $13x-10 < 15x+2$

$\longleftarrow \qquad \longrightarrow$

9 다음 일차부등식을 푸시오.

(1) $x-3(x-2) \leq 2(x-3)$

(2) $0.8x+4.8 < 1.2-0.1x$

(3) $\dfrac{x}{3}+1 \geq \dfrac{3}{4}x+\dfrac{1}{6}$

(4) $0.2(3x+4) > \dfrac{x-1}{4}$

10 연속하는 세 자연수의 합이 117보다 작다고 한다. 이와 같은 세 자연수 중 가장 큰 세 수를 구하려고 할 때, 다음 물음에 답하시오.

(1) 연속하는 세 자연수 중 가운데 수를 x라 할 때, 일차부등식을 세우시오.

(2) (1)에서 세운 일차부등식을 푸시오.

(3) 이와 같은 세 자연수 중 가장 큰 세 수를 구하시오.

11 수지가 한 조각에 4200원인 치즈 케이크와 한 조각에 2700원인 호두 파이를 합하여 10조각을 사려고 한다. 전체 가격이 33000원을 넘지 않게 사려면 치즈 케이크는 최대 몇 조각까지 살 수 있는지 구하려고 할 때, 다음 물음에 답하시오.

(1) 치즈 케이크를 x조각 산다고 할 때, 일차부등식을 세우시오.

(2) (1)에서 세운 일차부등식을 푸시오.

(3) 치즈 케이크는 최대 몇 조각까지 살 수 있는지 구하시오.

12 선우네는 집에 공기청정기를 들여놓으려고 한다. 공기청정기를 구입할 경우에는 75만 원의 구입 비용과 매달 15000원의 유지비가 들고, 공기청정기를 대여할 경우에는 매달 25000원의 대여비가 든다고 한다. 공기청정기를 몇 개월 이상 사용해야 구입하는 것이 유리한지 구하려고 할 때, 다음 물음에 답하시오.

(1) 공기청정기를 x개월 사용한다고 할 때, 일차부등식을 세우시오.

(2) (1)에서 세운 일차부등식을 푸시오.

(3) 공기청정기를 몇 개월 이상 사용해야 구입하는 것이 유리한지 구하시오.

13 연준이가 집에서 16 km 떨어진 야구장에 가는데 처음에는 시속 4 km로 걸어가다가 도중에 늦을 것 같아 택시를 타고 시속 60 km로 갔더니 1시간 40분 이내에 도착하였다. 걸어간 거리는 최대 몇 km인지 구하려고 할 때, 다음 물음에 답하시오.

(1) 걸어간 거리를 x km라 할 때, 일차부등식을 세우시오.

(2) (1)에서 세운 일차부등식을 푸시오.

(3) 걸어간 거리는 최대 몇 km인지 구하시오.

1 다음 중 문장을 부등식으로 나타낸 것으로 옳지 <u>않은</u> 것은?

① a에서 20을 뺀 수는 4보다 작지 않다.
  ➡ $a-20 \geq 4$

② x의 4배에 2를 더한 수는 5보다 작다.
  ➡ $4x+2 < 5$

③ 매주 x원씩 15주 동안 저축하면 저축액은 30000원 이상이다. ➡ $15x \geq 30000$

④ 전교생 320명 중 남학생이 x명일 때, 여학생은 150명보다 많지 않다.
  ➡ $320-x < 150$

⑤ 한 권에 800원인 노트 x권과 한 자루에 400원인 연필 4자루의 값은 5000원 이하이다.
  ➡ $800x+400 \times 4 \leq 5000$

2 x의 값이 -3 초과 2 이하의 정수일 때, 부등식 $-3x+1 < 5$의 해가 <u>아닌</u> 것은?

① -2　　　② -1　　　③ 0
④ 1　　　　⑤ 2

3 $a < b$일 때, 다음 ○ 안에 알맞은 부등호의 방향이 나머지 넷과 <u>다른</u> 하나는?

① $3a+1 \bigcirc 3b+1$

② $2a-3 \bigcirc 2b-3$

③ $a-\dfrac{1}{2} \bigcirc b-\dfrac{1}{2}$

④ $\dfrac{a}{5}-1 \bigcirc \dfrac{b}{5}-1$

⑤ $\dfrac{4-a}{3} \bigcirc \dfrac{4-b}{3}$

4 $-1 < x \leq 3$일 때, $A=4-2x$의 값의 범위는?

① $-3 < A \leq 2$　② $-3 \leq A < 2$　③ $-2 < A \leq 6$
④ $-2 \leq A < 6$　⑤ $-2 \leq A < 8$

5 다음 중 일차부등식 $3x+1 \geq 5(x-1)$의 해를 수직선 위에 바르게 나타낸 것은?

① 　　②

③ 　　④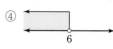

⑤
  수직선 6에서 오른쪽 영역 표시

6 일차부등식 $\dfrac{x}{2}-\dfrac{2x-3}{5} < 1$을 만족시키는 x의 값 중 가장 큰 정수를 구하시오.

7 일차부등식 $\dfrac{1}{6}x+2.5 > 0.4x-\dfrac{1}{3}$을 만족시키는 자연수 x는 모두 몇 개인가?

① 10개　　　② 11개　　　③ 12개
④ 13개　　　⑤ 14개

8 $a<0$일 때, x에 대한 일차부등식 $5(ax-2)\geq 2ax-1$을 풀면?

① $x\geq -\dfrac{3}{a}$　　② $x\leq -\dfrac{3}{a}$　　③ $x\geq -\dfrac{1}{a}$

④ $x\geq \dfrac{3}{a}$　　⑤ $x\leq \dfrac{3}{a}$

9 x에 대한 일차부등식
$2x-3<3x+a$의 해가 오른쪽 그림과 같을 때, 상수 a의 값을 구하시오.

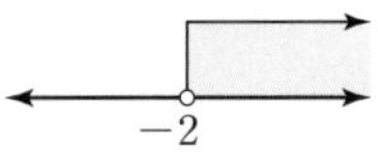

10 다음 두 일차부등식의 해가 서로 같을 때, 상수 a의 값은?

$$\frac{2x-3}{4}>\frac{x-2}{3}, \quad 2(4x-7)>a+6x$$

① -15　　② -14　　③ -13

④ -12　　⑤ -11

11 어떤 자연수를 3배한 후 4를 뺀 수는 처음 수를 2배한 후 3을 더한 수를 넘지 않는다고 한다. 다음 중 이와 같은 자연수가 될 수 없는 것은?

① 2　　② 4　　③ 6

④ 7　　⑤ 8

12 재영이는 기말고사 첫날에 국어 83점, 수학 91점, 과학 96점을 받았다. 다음 날 영어 시험에서 최소 몇 점을 받아야 네 과목의 평균 점수가 92점 이상이 되는가?

① 95점　　② 96점　　③ 97점

④ 98점　　⑤ 99점

13 수빈이는 집에 가는 길에 신발 가게에서 마음에 드는 59000원짜리 신발을 보았다. 현재 수빈이가 모아 둔 돈은 12500원이고 내일부터 매일 1500원씩 돈을 모은다면 최소 며칠 후에 그 신발을 살 수 있는지 구하시오.

14 다음 표는 어느 통신 회사의 A, B 두 요금제를 나타낸 것이다. A 요금제를 이용하는 정현이는 기본으로 제공되는 데이터를 항상 다 쓴다고 할 때, 추가 데이터를 몇 MB(메가바이트) 초과하여 써야 B 요금제를 이용하는 것이 유리한지 구하시오. (단, 다른 요금은 생각하지 않는다.)

	A 요금제	B 요금제
기본요금	35000원	69000원
추가 데이터 요금	1MB당 20원	무료

15 기차역에서 기차가 출발하기 전까지 50분의 여유가 있어서 근처의 상점에 가서 물건을 사 오려고 한다. 기차역과 상점을 시속 3km로 걸어서 왕복하고 10분 동안 물건을 산다고 할 때, 기차역에서 최대 몇 km 떨어진 상점까지 다녀올 수 있는가?

① $\dfrac{3}{4}$ km　　② 1 km　　③ $\dfrac{5}{4}$ km

④ $\dfrac{7}{4}$ km　　⑤ 2 km

4

연립일차방정식

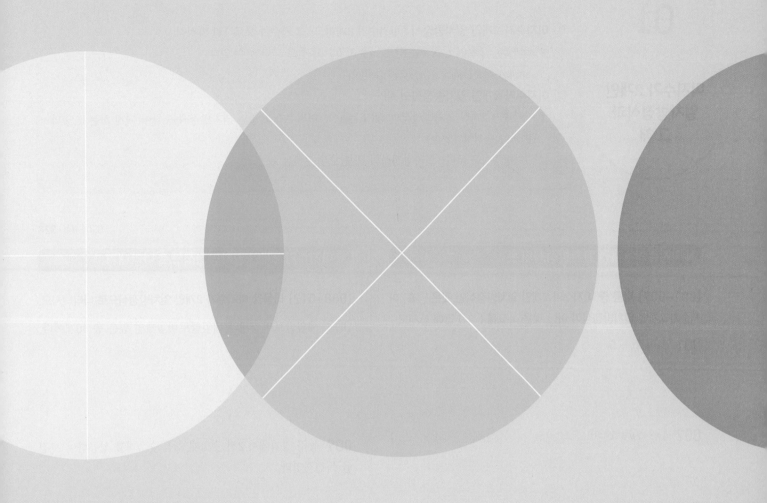

+ 미지수가 2개인 일차방정식의 뜻

× 미지수가 2개인 일차방정식으로 나타내기

+ 미지수가 2개인 일차방정식의 해

× 일차방정식의 해가 주어진 경우

+ 미지수가 2개인 연립방정식의 해

× 연립방정식의 해가 주어진 경우

+ 대입법을 이용한 연립방정식의 풀이

× 가감법을 이용한 연립방정식의 풀이

+ 괄호가 있는 연립방정식의 풀이

× 계수가 소수인 연립방정식의 풀이

+ 계수가 분수인 연립방정식의 풀이

+ 계수가 소수와 분수가 혼합된 연립방정식의 풀이

× $A=B=C$ 꼴의 방정식의 풀이

+ 세 일차방정식이 주어진 경우

× 두 연립방정식의 해가 서로 같은 경우

+ 해가 특수한 연립방정식

× 연립방정식의 활용 ⑴ – 두 자리의 자연수

+ 연립방정식의 활용 ⑵ – 개수, 가격

× 연립방정식의 활용 ⑶ – 나이

+ 연립방정식의 활용 ⑷ – 도형

× 연립방정식의 활용 ⑸ – 도중에 속력이 바뀌는 경우

+ 연립방정식의 활용 ⑹ – 등산하거나 왕복하는 경우

01

미지수가 2개인 일차방정식과 그 해

(1) **미지수가 2개인 일차방정식**: 미지수가 2개이고, 그 차수가 모두 1인 방정식

➡ $ax+by+c=0\,(a, b, c$는 상수, $a\neq0, b\neq0)$ 꼴로 나타낼 수 있다.

<u>미지수가 x, y의 2개이고, x, y의 차수는 모두 1이다.</u>

(2) **미지수가 2개인 일차방정식의 해**

① 미지수가 2개인 일차방정식의 해(또는 근): 미지수가 x, y인 일차방정식을 참이 되게 하는 x, y의 값 또는 순서쌍 (x, y)

② 일차방정식을 푼다: 일차방정식의 해를 모두 구하는 것

정답과 해설 · **32**쪽

● **미지수가 2개인 일차방정식의 뜻**

[001~007] 다음 중 미지수가 2개인 일차방정식인 것은 ○표, 미지수가 2개인 일차방정식이 <u>아닌</u> 것은 ×표를 (   ) 안에 쓰시오.

001 $3x+2y-5$ (   )

002 $4x-7y+1=0$ (   )

003 $x^2+2y+1=0$ (   )

004 $\dfrac{1}{x}+\dfrac{2}{y}=3$ (   )

005 $xy+y=7$ (   )

006 $x+\dfrac{y}{2}=10-x$ (   )

007 $3(x+1)=3x+2y-3$ (   )

● **미지수가 2개인 일차방정식으로 나타내기**

[008~012] 다음을 미지수가 2개인 일차방정식으로 나타내시오.

008 세잎클로버 x개와 네잎클로버 y개의 잎은 총 46개이다.

009 농구 경기에서 2점 슛 a개, 3점 슛 b개를 성공하여 27점을 득점하였다.

010 가로의 길이가 $x\,\mathrm{cm}$, 세로의 길이가 $y\,\mathrm{cm}$인 직사각형의 둘레의 길이는 $30\,\mathrm{cm}$이다.

011 사슴 x마리와 참새 y마리의 다리는 총 32개이다.

012 1200원짜리 쿠키 a개의 가격은 4000원짜리 커피 b잔의 가격보다 2000원 더 싸다.

● 미지수가 2개인 일차방정식의 해 중요

- x, y의 값이 자연수일 때, 일차방정식의 해 구하기
  x, y 중 계수의 절댓값이 큰 미지수에 1, 2, 3, …을 차례로 대입하여 다른 미지수의 값도 자연수가 되는 순서쌍 (x, y)를 찾는다.

[013~016] 다음 일차방정식에 대하여 표를 완성하고, x, y의 값이 자연수일 때 일차방정식의 해를 모두 순서쌍 (x, y)로 나타내시오.

013 $3x+y=15$

x	1	2	3	4	5
y					

➡ 해: _____

014 $x+4y=17$

x					
y	1	2	3	4	5

➡ 해: _____

015 $x+2y=12$

x						
y	1	2	3	4	5	6

➡ 해: _____

016 $4x+3y=22$

x	1	2	3	4	5	6
y						

➡ 해: _____

학교 시험 문제는 이렇게

017 x, y의 값이 자연수일 때, 일차방정식 $2x+3y=19$의 해는 모두 몇 개인가?

① 1개　　　② 2개　　　③ 3개

④ 4개　　　⑤ 5개

● 일차방정식의 해가 주어진 경우 중요

[018~023] 다음 일차방정식의 한 해가 주어진 순서쌍과 같을 때, 상수 a의 값을 구하시오.

018 $ax+3y=1$　　　$(4, 3)$

$x=\boxed{}$, $y=\boxed{}$을(를) $ax+3y=1$에 대입하면
$a\times\boxed{}+3\times\boxed{}=1$　　∴ $a=\boxed{}$

019 $2x+ay=6$　　　$(1, 2)$

020 $5x-ay-2=0$　　　$(2, -6)$

021 $x+2y=11$　　　$(a, 3)$

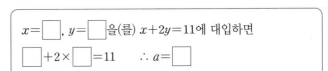

$x=\boxed{}$, $y=\boxed{}$을(를) $x+2y=11$에 대입하면
$\boxed{}+2\times\boxed{}=11$　　∴ $a=\boxed{}$

022 $-2x+3y=13$　　　$(-5, a)$

023 $3x+4y-25=0$　　　$(a, 1)$

(1) 미지수가 2개인 연립일차방정식(또는 연립방정식)

미지수가 2개인 두 일차방정식을 한 쌍으로 묶어 나타낸 것

예 $\begin{cases} x+y=5 \\ 2x+y=8 \end{cases}$

(2) 연립방정식의 해

① 연립방정식의 해: 두 일차방정식의 공통의 해

② 연립방정식을 푼다: 연립방정식의 해를 구하는 것

x, y의 값이 자연수일 때

$x+y=5$의 해
(1, 4)
$2x+y=8$의 해 (2, 3)
(1, 6), (2, 4), (3, 2)
공통의 해 (4, 1)

정답과 해설 • **33**쪽

● 미지수가 2개인 연립방정식의 해

[024~025] 다음 연립방정식에 대하여 표를 완성하고, x, y의 값이 자연수일 때 연립방정식의 해를 순서쌍 (x, y)로 나타내시오.

024 $\begin{cases} -x+y=5 & \cdots ㉠ \\ 3x+y=13 & \cdots ㉡ \end{cases}$

➡ ㉠의 해

x	1	2	3	4	⋯
y					⋯

㉡의 해

x	1	2	3	4
y				

➡ 연립방정식의 해: _____

025 $\begin{cases} x+y=6 & \cdots ㉠ \\ x+2y=9 & \cdots ㉡ \end{cases}$

➡ ㉠의 해

x	1	2	3	4	5
y					

㉡의 해

x				
y	1	2	3	4

➡ 연립방정식의 해: _____

[026~029] 다음 연립방정식 중 $(-2, 1)$이 해인 것은 ○표, 해가 <u>아닌</u> 것은 ×표를 ( ) 안에 쓰시오.

026 $\begin{cases} x+y=-1 \\ 2x+y=-3 \end{cases}$　　　　　(　)

$x=\boxed{}$, $y=\boxed{}$ 을(를) 두 일차방정식에 각각 대입하면

$\begin{cases} \boxed{}+\boxed{}=-1 \\ 2\times(\boxed{})+\boxed{}=-3 \end{cases}$

등식이 모두 성립하므로 $(-2, 1)$은 주어진 연립방정식의 (해이다, 해가 아니다).

027 $\begin{cases} x-y=3 \\ x+2y=0 \end{cases}$　　　　　(　)

028 $\begin{cases} 5x-y=-11 \\ x+4y=4 \end{cases}$　　　　　(　)

029 $\begin{cases} 4x+9y=1 \\ 2x+3y=-1 \end{cases}$　　　　　(　)

● **연립방정식의 해가 주어진 경우** 〔중요〕

[030~039] 다음 연립방정식의 해가 주어진 순서쌍과 같을 때, 상수 a, b의 값을 각각 구하시오.

030 $\begin{cases} ax+y=4 & \cdots \ ㉠ \\ x+by=-1 & \cdots \ ㉡ \end{cases}$ $(1, 2)$

> $x=\boxed{}$, $y=\boxed{}$ 을(를) ㉠에 대입하면
>
> $a\times\boxed{}+\boxed{}=4$ $\quad \therefore a=\boxed{}$
>
> $x=\boxed{}$, $y=\boxed{}$ 을(를) ㉡에 대입하면
>
> $\boxed{}+b\times\boxed{}=-1$ $\quad \therefore b=\boxed{}$

031 $\begin{cases} ax+2y=9 \\ x+by=-2 \end{cases}$ $(1, 3)$

032 $\begin{cases} x+ay=3 \\ bx+y=5 \end{cases}$ $(2, 1)$

033 $\begin{cases} 2x+y=a \\ x-by=8 \end{cases}$ $(3, -1)$

034 $\begin{cases} 3x+ay=20 \\ x+6y=b \end{cases}$ $(-8, 4)$

035 $\begin{cases} x+y=5 & \cdots \ ㉠ \\ ax+y=7 & \cdots \ ㉡ \end{cases}$ $(b, 3)$

> $x=\boxed{}$, $y=\boxed{}$ 을(를) ㉠에 대입하면
>
> $\boxed{}+\boxed{}=5$ $\quad \therefore b=\boxed{}$
>
> $x=\boxed{}$, $y=\boxed{}$ 을(를) ㉡에 대입하면
>
> $a\times\boxed{}+\boxed{}=7$ $\quad \therefore a=\boxed{}$

036 $\begin{cases} 3x-y=2 \\ x+ay=-4 \end{cases}$ $(3, b)$

037 $\begin{cases} y=3x-7 \\ 2x-5y=a \end{cases}$ $(b, -1)$

038 $\begin{cases} 7x+ay=2 \\ 2x-5y=-11 \end{cases}$ $(2, b)$

039 $\begin{cases} 3x-11y=a \\ 3x+y=7 \end{cases}$ $(b, 1)$

(1) **대입법:** 한 일차방정식을 다른 일차방정식에 대입하여 연립방정식을 푸는 방법

(2) **대입법을 이용한 풀이**

❶ 한 일차방정식을 한 미지수에 대한 식으로 나타낸다.

❷ ❶의 식을 다른 일차방정식에 대입하여 해를 구한다.

❸ ❷의 해를 ❶의 식에 대입하여 다른 미지수의 값을 구한다.

참고 연립방정식의 두 일차방정식 중 어느 하나가 $x=(y$에 대한 식) 또는
$y=(x$에 대한 식) 꼴이면 대입법을 이용하는 것이 편리하다.

주의 식을 대입할 때는 괄호를 사용한다.

$$\begin{cases} x=3y+1 \\ 2x+y=4 \end{cases} \text{에서}$$

$2x+y=4$에

$\quad\quad x=3y+1$을 대입

$2(3y+1)+y=4$

정답과 해설 · **34**쪽

● 대입법을 이용한 연립방정식의 풀이

[040~043] 다음 연립방정식을 대입법으로 푸시오.

040 $\begin{cases} x=y+3 & \cdots ㉠ \\ x+3y=-5 & \cdots ㉡ \end{cases}$

㉠을 ㉡에 대입하면

$(\boxed{})+3y=-5 \quad \therefore y=\boxed{}$

$y=\boxed{}$을(를) ㉠에 대입하면 $x=\boxed{}$

따라서 연립방정식의 해는 $x=\boxed{}$, $y=\boxed{}$이다.

041 $\begin{cases} y=2x \\ 5x-y=15 \end{cases}$

042 $\begin{cases} y=-x+3 \\ 4x+3y=12 \end{cases}$

043 $\begin{cases} y=x+1 \\ y=-2x+13 \end{cases}$

[044~047] 다음 연립방정식을 대입법으로 푸시오.

044 $\begin{cases} 3x+2y=3 & \cdots ㉠ \\ x+y=2 & \cdots ㉡ \end{cases}$

❶ ㉡에서 y를 x에 대한 식으로 나타내면

$y=\boxed{} \quad \cdots ㉢$

❷ ㉢을 ㉠에 대입하면

$3x+2(\boxed{})=3 \quad \therefore x=\boxed{}$

❸ $x=\boxed{}$을(를) ㉢에 대입하면 $y=\boxed{}$

따라서 연립방정식의 해는 $x=\boxed{}$, $y=\boxed{}$이다.

045 $\begin{cases} -6x+y=-4 \\ -3x+y=2 \end{cases}$

046 $\begin{cases} 3x-5y=6 \\ 4y=x+5 \end{cases}$

047 $\begin{cases} x+4y=7 \\ 2x+3y=4 \end{cases}$

04

연립방정식의 풀이 (2)

(1) **가감법**: 두 일차방정식을 변끼리 더하거나 빼서 연립방정식을 푸는 방법

(2) **가감법을 이용한 풀이** ┌ 한 미지수의 계수의 절댓값이 같으면 ❷부터 시작한다.

❶ 양변에 적당한 수를 곱하여 한 미지수의 계수의 절댓값을 같게 만든다.

❷ 계수의 부호가 ┌ 같으면 ➡ 변끼리 빼서 ┐ 한 미지수를 없애고
　　　　　　　└ 다르면 ➡ 변끼리 더해서 ┘
　방정식을 푼다.

❸ ❷의 해를 한 일차방정식에 대입하여 다른 미지수의 값을 구한다.

$$\begin{cases} x+y=2 & \cdots \text{㉠} \\ 2x-3y=2 \end{cases}$$

$$\xrightarrow{\text{㉠}\times 2} \begin{cases} 2x+2y=4 \\ 2x-3y=2 \end{cases}$$

정답과 해설 · 34쪽

● **가감법을 이용한 연립방정식의 풀이**

[048~055] 다음 연립방정식을 가감법으로 푸시오.

048
$$\begin{cases} 4x-y=9 & \cdots \text{㉠} \\ 3x+y=12 & \cdots \text{㉡} \end{cases}$$

❶ y를 없애기 위해 ㉠+㉡을 하면

❷ 　　$4x-y=9$
　+) 　$3x+y=12$
　　―――――――――
　　$\boxed{}x\ \ \ =21$　∴ $x=\boxed{}$

❸ $x=\boxed{}$을(를) ㉠에 대입하여 풀면 $y=\boxed{}$

따라서 연립방정식의 해는 $x=\boxed{}$, $y=\boxed{}$이다.

049
$$\begin{cases} x+y=3 \\ x-y=-1 \end{cases}$$

050
$$\begin{cases} 2x-3y=2 \\ 2x-5y=-6 \end{cases}$$

051
$$\begin{cases} 7x+3y=4 \\ 5x-3y=8 \end{cases}$$

[052~055] 다음 연립방정식을 가감법으로 푸시오.

052
$$\begin{cases} -x+2y=3 & \cdots \text{㉠} \\ 2x+3y=8 & \cdots \text{㉡} \end{cases}$$

❶ x를 없애기 위해 ㉠×$\boxed{}$+㉡을 하면

❷ 　$\boxed{}x+4y=\boxed{}$
　+) 　$2x+3y=8$
　　―――――――――
　　　$7y=\boxed{}$　∴ $y=\boxed{}$

❸ $y=\boxed{}$을(를) ㉠에 대입하여 풀면 $x=\boxed{}$

따라서 연립방정식의 해는 $x=\boxed{}$, $y=\boxed{}$이다.

053
$$\begin{cases} 3x+7y=2 \\ x+2y=1 \end{cases}$$

054
$$\begin{cases} 5x+2y=16 \\ 3x+4y=11 \end{cases}$$

055
$$\begin{cases} 2x-3y=2 \\ -3x+2y=2 \end{cases}$$

여러 가지 연립방정식의 풀이

(1) **괄호가 있는 경우:** 분배법칙을 이용하여 괄호를 풀고, 식을 간단히 하여 푼다.

(2) **계수가 소수인 경우:** 양변에 10의 거듭제곱을 적당히 곱하여 계수를 정수로 고쳐서 푼다.

(3) **계수가 분수인 경우:** 양변에 분모의 최소공배수를 곱하여 계수를 정수로 고쳐서 푼다.

주의 양변에 같은 수를 곱할 때는 모든 항에 빠짐없이 곱해야 한다.

$\dfrac{x}{2}-\dfrac{y}{3}=2$의 양변에 6을 곱하면 ➡ $\dfrac{x}{2}\times 6-\dfrac{y}{3}\times 6=2$ (×)

$\dfrac{x}{2}\times 6-\dfrac{y}{3}\times 6=2\times 6$ (○)

정답과 해설 · **35**쪽

● **괄호가 있는 연립방정식의 풀이**

[056~060] 다음 연립방정식을 푸시오.

056 $\begin{cases} 3x-4(x-y)=8 \\ x+3y=-1 \end{cases}$ 괄호를 풀고 정리하기 $\begin{cases} -x+\boxed{}y=8 \\ x+3y=-1 \end{cases}$

➡ 해: _____

057 $\begin{cases} 2x-y=8 \\ 3(x+2)+2y=11 \end{cases}$

058 $\begin{cases} x-2(y-x)=8 \\ 5(x-2)-3y=3 \end{cases}$

059 $\begin{cases} 7x-2(3x+y)=5 \\ 2(x-y)-y=13 \end{cases}$

060 $\begin{cases} x+2(y+3)=-4 \\ 3(x+1)-5y=2(x-3y) \end{cases}$

● **계수가 소수인 연립방정식의 풀이** 중요

[061~065] 다음 연립방정식을 푸시오.

061 $\begin{cases} x-2y=5 \\ 0.3x+0.2y=-0.9 \end{cases}$ $\xrightarrow{\times 10}$ $\begin{cases} x-2y=5 \\ 3x+\boxed{}y=-9 \end{cases}$

➡ 해: _____

062 $\begin{cases} 0.2x+0.1y=3 \\ 5x-3y=9 \end{cases}$

063 $\begin{cases} 0.5x-0.2y=-0.4 \\ 2x+0.1y=4.7 \end{cases}$

064 $\begin{cases} 1.1x-0.2y=0.7 \\ 0.18x-0.04y=0.1 \end{cases}$

065 $\begin{cases} -0.8x+0.5y=-2.6 \\ 0.2x-0.25y=0.9 \end{cases}$

● 계수가 분수인 연립방정식의 풀이 〔중요〕

[066~070] 다음 연립방정식을 푸시오.

066 $\begin{cases} 3x-5y=2 \\ \dfrac{x}{4}-\dfrac{y}{3}=\dfrac{1}{12} \end{cases}$ $\xrightarrow{\times 12}$ $\begin{cases} 3x-5y=2 \\ 3x-\boxed{}y=1 \end{cases}$

➡ 해: _____

067 $\begin{cases} -x+y=2 \\ \dfrac{x}{2}+\dfrac{y}{3}=4 \end{cases}$

068 $\begin{cases} x-\dfrac{y}{3}=\dfrac{1}{3} \\ \dfrac{x}{4}+\dfrac{y}{5}=\dfrac{3}{2} \end{cases}$

069 $\begin{cases} \dfrac{3}{2}x+\dfrac{1}{4}y=3 \\ -\dfrac{1}{3}x+\dfrac{5}{6}y=2 \end{cases}$

070 $\begin{cases} x-\dfrac{y-5}{2}=8 \\ \dfrac{5}{6}x-\dfrac{y}{4}=\dfrac{19}{4} \end{cases}$

● 계수가 소수와 분수가 혼합된 연립방정식의 풀이

[071~074] 다음 연립방정식을 푸시오.

071 $\begin{cases} 0.1x+0.3y=0.8 \\ \dfrac{x}{4}+\dfrac{y}{5}=-\dfrac{1}{5} \end{cases}$ $\begin{array}{c}\xrightarrow{\times 10}\\[2mm]\xrightarrow{\times 20}\end{array}$ $\begin{cases} x+\boxed{}y=\boxed{} \\ \boxed{}x+4y=\boxed{} \end{cases}$

➡ 해: _____

072 $\begin{cases} 0.4x-0.3y=-2.4 \\ \dfrac{x}{9}-\dfrac{y}{6}=-2 \end{cases}$

073 $\begin{cases} 0.05x-0.1y=0.2 \\ \dfrac{x-2}{3}=\dfrac{y+1}{2} \end{cases}$

074 $\begin{cases} 0.1(x-2)-0.15y=0.3 \\ -\dfrac{x+1}{5}+\dfrac{y-2}{10}=\dfrac{1}{5} \end{cases}$

🔖 학교 시험 문제는 **이렇게**

075 연립방정식 $\begin{cases} 0.4x-0.3y=2.8 \\ \dfrac{2}{3}x-\dfrac{5}{6}y=2 \end{cases}$ 의 해가 $x=a$, $y=b$일

때, $a+b$의 값을 구하시오.

$A=B=C$ 꼴의 방정식은 다음 세 연립방정식

$$\begin{cases} A=B \\ A=C \end{cases}, \begin{cases} A=B \\ B=C \end{cases}, \begin{cases} A=C \\ B=C \end{cases}$$ → 세 연립방정식의 해는 모두 같다.

중 가장 간단한 것을 선택하여 푼다.

참고 C가 상수일 때는 $\begin{cases} A=C \\ B=C \end{cases}$를 푸는 것이 가장 간단하다.

정답과 해설 • **37**쪽

● $A=B=C$ 꼴의 방정식의 풀이 　　중요

[076~079] 다음 방정식을 푸시오.

076 $\overline{2x+y=x-y=6}$

077 $3x-y=4x+y=7$

078 $2x-y-2=3x+4y+2=x$

079 $3x-y+4=5x+y=x+2y+8$

[080~083] 다음 방정식을 푸시오.

080 $\dfrac{x-y}{3}=\dfrac{x-2y}{2}=2$

081 $\dfrac{2x-y}{4}=\dfrac{x+y}{3}=5$

082 $\dfrac{x}{2}+\dfrac{y}{3}=-\dfrac{x}{3}-\dfrac{y}{2}=1$

083 $\dfrac{y+5}{6}=\dfrac{x+y}{4}=\dfrac{x}{3}$

07

문자를 포함한 연립방정식의 풀이

(1) 세 일차방정식이 주어진 경우

❶ 세 일차방정식 중 계수와 상수항이 모두 주어진 두 일차방정식으로 연립방정식을 세운 후 해를 구한다.

❷ ❶의 해를 나머지 일차방정식에 대입하여 상수의 값을 구한다.

(2) 두 연립방정식의 해가 서로 같은 경우

❶ 네 일차방정식 중 계수와 상수항이 모두 주어진 두 일차방정식으로 연립방정식을 세운 후 해를 구한다.

❷ ❶의 해를 나머지 두 일차방정식에 각각 대입하여 상수의 값을 구한다.

정답과 해설 • **38**쪽

● **세 일차방정식이 주어진 경우**

[084~087] 다음 연립방정식의 해가 [　] 안의 일차방정식을 만족시킬 때, 상수 a의 값을 구하시오.

084 $\begin{cases} 2x-y=2 \\ ax-2y=-1 \end{cases}$　[$y=x+3$]

❶ 연립방정식 $\begin{cases} 2x-y=2 \\ y=x+3 \end{cases}$ 을 풀면 ← 계수와 상수항이 모두 주어진 두 일차방정식을 연립하여 푼다.

$x=\boxed{}$, $y=\boxed{}$

❷ ❶의 해를 $ax-2y=-1$에 대입하여 풀면 $a=\boxed{}$

085 $\begin{cases} x-y=8 \\ x+2y=9-a \end{cases}$　[$x=2y$]

086 $\begin{cases} 2x+y=1 \\ ax+y=4 \end{cases}$　[$3x+2y=1$]

087 $\begin{cases} -3x+2y=2 \\ 6x-ay=16 \end{cases}$　[$x=3y-10$]

● **두 연립방정식의 해가 서로 같은 경우** 　중요

[088~091] 다음 두 연립방정식의 해가 서로 같을 때, 상수 a, b의 값을 각각 구하시오.

088 $\begin{cases} x+y=5 \\ 3x+y=a \end{cases}$, $\begin{cases} x+by=7 \\ 2x-y=4 \end{cases}$

❶ 연립방정식 $\begin{cases} x+y=5 \\ 2x-y=4 \end{cases}$ 를 풀면 ← 계수와 상수항이 모두 주어진 두 일차방정식을 연립하여 푼다.

$x=\boxed{}$, $y=\boxed{}$

❷ ❶의 해를 $3x+y=a$에 대입하여 풀면 $a=\boxed{}$

❶의 해를 $x+by=7$에 대입하여 풀면 $b=\boxed{}$

089 $\begin{cases} 3x+y=9 \\ x+y=a \end{cases}$, $\begin{cases} 2x-y=6 \\ bx+y=12 \end{cases}$

090 $\begin{cases} 2x+ay=6 \\ 3x-y=7 \end{cases}$, $\begin{cases} 2x+3y=1 \\ bx+2y=5 \end{cases}$

091 $\begin{cases} ax+4y=9 \\ x+3y=5 \end{cases}$, $\begin{cases} x-2y=-5 \\ ax-by=-11 \end{cases}$

08 ✕ 해가 특수한 연립방정식

해가 하나뿐인 일반적인 연립방정식 외에도 해가 무수히 많거나 해가 없는 연립방정식이 있다.

연립방정식에서 한 일차방정식의 양변에 적당한 수를 곱했을 때

(1) 두 일차방정식의 x의 계수, y의 계수, 상수항이 각각 같으면 해가 무수히 많다.
└ 두 일차방정식이 일치하면

예 $\begin{cases} x+2y=3 & \cdots \ ㉠ \\ 2x+4y=6 & \cdots \ ㉡ \end{cases}$ $\xrightarrow[㉠\times 2를\ 하면]{x의\ 계수가\ 같아지도록}$ $\begin{cases} 2x+4y=6 \\ 2x+4y=6 \end{cases}$ ➡ 해가 무수히 많다.

(2) 두 일차방정식의 x의 계수, y의 계수는 각각 같고 상수항은 다르면 해가 없다.

예 $\begin{cases} x+2y=3 & \cdots \ ㉠ \\ 2x+4y=8 & \cdots \ ㉡ \end{cases}$ $\xrightarrow[㉠\times 2를\ 하면]{x의\ 계수가\ 같아지도록}$ $\begin{cases} 2x+4y=6 \\ 2x+4y=8 \end{cases}$ ➡ 해가 없다.

정답과 해설 • 39쪽

● 해가 특수한 연립방정식

[092~094] 다음 물음에 답하시오.

092 다음 보기의 연립방정식에서 두 일차방정식의 x의 계수가 같아지도록 한 일차방정식에 적당한 수를 곱한 식을 ☐ 안에 쓰시오.

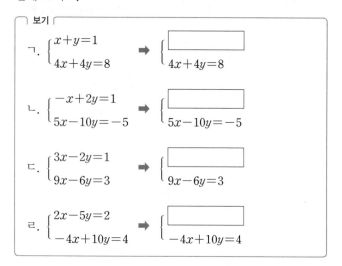

보기

ㄱ. $\begin{cases} x+y=1 \\ 4x+4y=8 \end{cases}$ ➡ $\begin{cases} \ \\ 4x+4y=8 \end{cases}$

ㄴ. $\begin{cases} -x+2y=1 \\ 5x-10y=-5 \end{cases}$ ➡ $\begin{cases} \ \\ 5x-10y=-5 \end{cases}$

ㄷ. $\begin{cases} 3x-2y=1 \\ 9x-6y=3 \end{cases}$ ➡ $\begin{cases} \ \\ 9x-6y=3 \end{cases}$

ㄹ. $\begin{cases} 2x-5y=2 \\ -4x+10y=4 \end{cases}$ ➡ $\begin{cases} \ \\ -4x+10y=4 \end{cases}$

093 해가 무수히 많은 연립방정식을 092의 보기에서 모두 고르시오.

094 해가 없는 연립방정식을 092의 보기에서 모두 고르시오.

[095~096] 다음 연립방정식의 해가 무수히 많을 때, 상수 a, b의 값을 각각 구하시오.

095 $\begin{cases} x-y=1 \\ 2x+ay=b \end{cases}$ ➡ $\begin{cases} 2x-☐y=☐ \\ 2x+ay=b \end{cases}$

➡ $a=☐$, $b=☐$

096 $\begin{cases} 2x+3y=b \\ 6x+ay=3 \end{cases}$

[097~098] 다음 연립방정식의 해가 없을 때, 상수 a의 값을 구하시오.

097 $\begin{cases} x-3y=5 \\ 3x+ay=-5 \end{cases}$ ➡ $\begin{cases} 3x-☐y=☐ \\ 3x+ay=-5 \end{cases}$

➡ $a=☐$

098 $\begin{cases} 2x-y=2 \\ 3x-ay=1 \end{cases}$

[연립방정식을 활용하여 문제를 해결하는 과정]

미지수 정하기 ➡ 연립방정식 세우기 ➡ 연립방정식 풀기 ➡ 문제의 뜻에 맞는지 확인하기

└ 답을 쓸 때는 반드시 단위를 쓴다.

참고 문자를 사용하여 식 세우기

- 십의 자리의 숫자가 x, 일의 자리의 숫자가 y인 두 자리의 자연수 ➡ $10x+y$
- 현재 x세인 사람의 a년 후의 나이 ➡ $(x+a)$세
- 가로의 길이가 x, 세로의 길이가 y인 직사각형의 둘레의 길이 ➡ $2(x+y)$

정답과 해설 · **40**쪽

● 연립방정식의 활용 (1) – 두 자리의 자연수 중요

[099~101] 두 자리의 자연수가 있다. 각 자리의 숫자의 합은 10이고, 십의 자리의 숫자와 일의 자리의 숫자를 바꾼 수는 처음 수보다 36만큼 크다. 처음 수를 구하려고 할 때, 다음 물음에 답하시오.

099 처음 수의 십의 자리의 숫자를 x, 일의 자리의 숫자를 y라 할 때, 다음 표를 완성하고 이를 이용하여 연립방정식을 세우시오.

	십의 자리의 숫자	일의 자리의 숫자	자연수
처음 수	x	y	$10x+y$
바꾼 수			

➡ 연립방정식: _____

100 099에서 세운 연립방정식을 푸시오.

101 처음 수를 구하시오.

102 두 자리의 자연수가 있다. 각 자리의 숫자의 합은 15이고, 십의 자리의 숫자와 일의 자리의 숫자를 바꾼 수는 처음 수보다 27만큼 작다. 이때 처음 수를 구하시오.

103 두 자리의 자연수가 있다. 일의 자리의 숫자는 십의 자리의 숫자보다 4만큼 크고, 십의 자리의 숫자와 일의 자리의 숫자를 바꾼 수는 처음 수의 3배보다 16만큼 작다. 이때 바꾼 수를 구하시오.

● 연립방정식의 활용 (2) – 개수, 가격 중요

[104~106] 한 개에 800원인 왕만두와 한 개에 500원인 찐빵을 합하여 10개를 사고 6200원을 지불하였다. 왕만두와 찐빵을 각각 몇 개씩 샀는지 구하려고 할 때, 다음 물음에 답하시오.

104 왕만두를 x개, 찐빵을 y개 샀다고 할 때, 다음 표를 완성하고 이를 이용하여 연립방정식을 세우시오.

	왕만두	찐빵	합계
개수	x개	y개	10개
총가격			

➡ 연립방정식: _____

105 104에서 세운 연립방정식을 푸시오.

106 왕만두와 찐빵을 각각 몇 개씩 샀는지 구하시오.

107 한 개에 300원인 사탕과 한 개에 600원인 껌을 합하여 11개를 사고 3900원을 지불하였다. 이때 사탕은 몇 개를 샀는지 구하시오.

108 한 송이에 1000원인 장미와 한 송이에 1500원인 백합을 합하여 20송이를 사고 24000원을 지불하였다. 이때 장미는 몇 송이를 샀는지 구하시오.

● 연립방정식의 활용 (3) – 나이

[109~111] 현재 어머니와 아들의 나이의 합은 52세이고, 7년 후에 어머니의 나이는 아들의 나이의 2배가 된다고 한다. 현재 어머니와 아들의 나이를 각각 구하려고 할 때, 다음 물음에 답하시오.

109 현재 어머니의 나이를 x세, 아들의 나이를 y세라 할 때, 다음 표를 완성하고 이를 이용하여 연립방정식을 세우시오.

	어머니	아들	합계
현재 나이	x세	y세	52세
7년 후 나이			

➡ 연립방정식: _____

110 109에서 세운 연립방정식을 푸시오.

111 현재 어머니와 아들의 나이를 각각 구하시오.

112 현재 아버지와 딸의 나이의 차는 32세이다. 16년 후에 아버지의 나이는 딸의 나이의 2배가 된다고 할 때, 현재 아버지의 나이를 구하시오.

113 현재 유진이와 삼촌의 나이의 합은 49세이다. 5년 후에는 삼촌의 나이가 유진이의 나이의 3배보다 7세가 더 많아진다고 할 때, 현재 삼촌의 나이를 구하시오.

● 연립방정식의 활용 (4) – 도형

[114~116] 둘레의 길이가 28 cm이고, 가로의 길이가 세로의 길이보다 4 cm 더 긴 직사각형이 있다. 이 직사각형의 가로의 길이를 구하려고 할 때, 다음 물음에 답하시오.

114 직사각형의 가로의 길이를 x cm, 세로의 길이를 y cm라 할 때, 다음 □ 안에 알맞은 것을 쓰고 이를 이용하여 연립방정식을 세우시오.

> 둘레의 길이가 28 cm이므로 □ = 28
> 직사각형의 가로의 길이가 세로의 길이보다 4 cm 더 길므로
> □ = y + □

➡ 연립방정식: _____

115 114에서 세운 연립방정식을 푸시오.

116 직사각형의 가로의 길이를 구하시오.

117 가로의 길이가 세로의 길이의 2배보다 3 cm 더 긴 직사각형의 둘레의 길이가 54 cm일 때, 이 직사각형의 넓이를 구하시오.

118 길이가 2 m인 끈을 잘라서 긴 끈과 짧은 끈으로 나누었다. 긴 끈의 길이가 짧은 끈의 길이의 4배보다 25 cm 더 길다고 할 때, 긴 끈의 길이는 몇 cm인지 구하시오.

10

× 거리, 속력, 시간에 대한 연립방정식의 활용

거리, 속력, 시간에 대한 활용 문제는 다음 공식을 이용한다.

$$(거리)=(속력)\times(시간), \ (속력)=\frac{(거리)}{(시간)}, \ (시간)=\frac{(거리)}{(속력)}$$

주의 주어진 단위가 다를 경우, 연립방정식을 세우기 전에 먼저 단위를 통일해야 한다.

➡ $1\,km=1000\,m$, 1시간$=60$분, 30분$=\frac{30}{60}$시간$=\frac{1}{2}$시간

정답과 해설 · **41**쪽

● 연립방정식의 활용 (5) **중요**
– 도중에 속력이 바뀌는 경우

[119~121] 지민이가 집에서 $70\,km$ 떨어진 할머니 댁까지 가는데 처음에는 버스를 타고 시속 $60\,km$로 가다가 도중에 내려서 시속 $5\,km$로 걸어갔더니 총 3시간이 걸렸다. 버스를 타고 간 거리와 걸어간 거리를 각각 구하려고 할 때, 다음 물음에 답하시오.

119 버스를 타고 간 거리를 $x\,km$, 걸어간 거리를 $y\,km$라 할 때, 다음 □ 안에 알맞은 식을 쓰고 이를 이용하여 연립방정식을 세우시오.

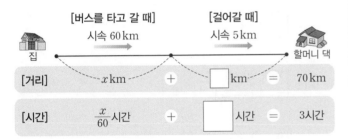

| [거리] | $x\,km$ | + | ☐ km | = | 70 km |
| [시간] | $\frac{x}{60}$시간 | + | ☐ 시간 | = | 3시간 |

➡ 연립방정식: _____

120 119에서 세운 연립방정식을 푸시오.

121 버스를 타고 간 거리와 걸어간 거리를 각각 구하시오.

122 은호가 집에서 $4\,km$ 떨어진 도서관까지 가는데 처음에는 시속 $3\,km$로 걷다가 도중에 시속 $6\,km$로 뛰어갔더니 총 1시간이 걸렸다. 이때 은호가 뛰어간 거리를 구하시오.

● 연립방정식의 활용 (6)
– 등산하거나 왕복하는 경우

[123~125] 도현이가 등산을 하는데 올라갈 때는 A코스를 시속 $3\,km$로 걷고, 내려올 때는 B코스를 시속 $4\,km$로 걸었더니 총 2시간 30분이 걸렸다. A, B 두 코스의 거리의 합이 $8\,km$일 때, A코스와 B코스의 거리를 각각 구하려고 한다. 다음 물음에 답하시오.

123 A코스의 거리를 $x\,km$, B코스의 거리를 $y\,km$라 할 때, 다음 □ 안에 알맞은 식을 쓰고 이를 이용하여 연립방정식을 세우시오.

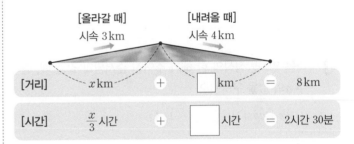

| [거리] | $x\,km$ | + | ☐ km | = | 8 km |
| [시간] | $\frac{x}{3}$시간 | + | ☐ 시간 | = | 2시간 30분 |

➡ 연립방정식: _____

124 123에서 세운 연립방정식을 푸시오.

125 A코스의 거리와 B코스의 거리를 각각 구하시오.

126 수연이가 산책을 하는데 갈 때는 시속 $2\,km$로 걷고, 올 때는 다른 길을 골라 시속 $4\,km$로 걸었더니 총 3시간 15분이 걸렸다. 전체 $10\,km$를 걸었다고 할 때, 올 때 걸은 거리를 구하시오.

1 다음 보기 중 미지수가 2개인 일차방정식을 모두 고르시오.

> 보기
> ㄱ. $xy+x=0$　　　　ㄴ. $y=-x^2+1$
> ㄷ. $x+y=1$　　　　ㄹ. $\dfrac{1}{x}+y=1$
> ㅁ. $2x+y=x+y+1$　　ㅂ. $\dfrac{x}{3}-\dfrac{y}{5}=2$

2 x, y의 값이 자연수일 때, 다음 일차방정식의 해를 모두 순서쌍 (x, y)로 나타내시오.

(1) $4x+y=13$

(2) $x+8y=30$

(3) $2x+3y=11$

3 다음 일차방정식의 한 해가 주어진 순서쌍과 같을 때, 상수 a의 값을 구하시오.

(1) $2x+ay=10$　　　　$(-1, 4)$

(2) $x-6y=14$　　　　$(2, a)$

(3) $5x-2y+8=0$　　　$\left(a, -\dfrac{7}{2}\right)$

4 다음 연립방정식의 해가 주어진 순서쌍과 같을 때, 상수 a, b의 값을 각각 구하시오.

(1) $\begin{cases} ax+2y=7 \\ -3x+by=9 \end{cases}$　　$(-1, 3)$

(2) $\begin{cases} 3x-4y=a \\ bx+5y=-11 \end{cases}$　　$(-2, -3)$

(3) $\begin{cases} y=-2x+10 \\ 4x-7y=a \end{cases}$　　$(b, 2)$

5 다음 연립방정식을 대입법으로 푸시오.

(1) $\begin{cases} y=3x \\ 2x-3y=-7 \end{cases}$

(2) $\begin{cases} x=2y-3 \\ -4x+y=19 \end{cases}$

(3) $\begin{cases} -3x+y=8 \\ 5x+3y=-4 \end{cases}$

(4) $\begin{cases} x+2y=-2 \\ 3x+y=-11 \end{cases}$

6 다음 연립방정식을 가감법으로 푸시오.

(1) $\begin{cases} 2x+y=4 \\ x-y=5 \end{cases}$

(2) $\begin{cases} 3x-5y=-1 \\ x-2y=2 \end{cases}$

(3) $\begin{cases} 3x+2y=6 \\ 5x-4y=-1 \end{cases}$

(4) $\begin{cases} 9x-2y=8 \\ 8x-3y=1 \end{cases}$

7 다음 연립방정식을 푸시오.

(1) $\begin{cases} 3(x+2)-2y=-1 \\ x-3y=2(x+y)-9 \end{cases}$

(2) $\begin{cases} 0.3x-0.7y=1 \\ 0.4x-0.3y=-1.2 \end{cases}$

(3) $\begin{cases} \dfrac{x}{6}+\dfrac{y}{4}=\dfrac{3}{2} \\ \dfrac{x}{2}-\dfrac{y}{8}=1 \end{cases}$

(4) $\begin{cases} x-0.4y=1 \\ \dfrac{x+y}{4}+\dfrac{y-2}{3}=3 \end{cases}$

8 다음 방정식을 푸시오.

(1) $3x - 2y = x + y + 18 = 7$

(2) $-2x + y = x + 3y - 5 = 5x - 2y + 19$

(3) $\dfrac{3x + 4y}{3} = \dfrac{-5x + 2y}{8} = 2$

9 다음을 만족시키는 연립방정식을 보기에서 모두 고르시오.

보기

ㄱ. $\begin{cases} 2x - y = 5 \\ 4x - 2y = 10 \end{cases}$ ㄴ. $\begin{cases} 3x + 2y = 7 \\ 9x + 6y = 18 \end{cases}$

ㄷ. $\begin{cases} x - y = -4 \\ -2x + 2y = -8 \end{cases}$ ㄹ. $\begin{cases} -2x + 5y = 3 \\ 8x - 20y = -12 \end{cases}$

ㅁ. $\begin{cases} -3x + 4y = 9 \\ -6x + 8y = 27 \end{cases}$ ㅂ. $\begin{cases} x - \dfrac{1}{5}y = 4 \\ 5x - y = 20 \end{cases}$

(1) 해가 무수히 많은 연립방정식

(2) 해가 없는 연립방정식

10 두 자리의 자연수가 있다. 각 자리의 숫자의 합은 11이고, 십의 자리의 숫자와 일의 자리의 숫자를 바꾼 수는 처음 수의 2배보다 7만큼 크다. 처음 수를 구하려고 할 때, 다음 물음에 답하시오.

(1) 처음 수의 십의 자리의 숫자를 x, 일의 자리의 숫자를 y라 할 때, 연립방정식을 세우시오.

(2) (1)에서 세운 연립방정식을 푸시오.

(3) 처음 수를 구하시오.

11 어느 전시회의 입장료가 성인은 4000원, 청소년은 2500원이다. 성인과 청소년을 합하여 13명이 총 38500원의 입장료를 내고 입장했을 때, 성인과 청소년은 각각 몇 명이 입장했는지 구하려고 한다. 다음 물음에 답하시오.

(1) 성인이 x명, 청소년이 y명 입장했다고 할 때, 연립방정식을 세우시오.

(2) (1)에서 세운 연립방정식을 푸시오.

(3) 성인과 청소년은 각각 몇 명이 입장했는지 구하시오.

12 윗변의 길이가 아랫변의 길이보다 5 cm 더 짧은 사다리꼴이 있다. 이 사다리꼴의 높이가 6 cm이고 넓이가 51 cm²일 때, 윗변의 길이를 구하려고 한다. 다음 물음에 답하시오.

(1) 사다리꼴의 윗변의 길이를 x cm, 아랫변의 길이를 y cm라 할 때, 연립방정식을 세우시오.

(2) (1)에서 세운 연립방정식을 푸시오.

(3) 사다리꼴의 윗변의 길이를 구하시오.

13 윤아가 제주 올레길을 걷는데 갈 때는 시속 5 km로 걷고, 돌아올 때는 갈 때보다 2 km 더 먼 길을 시속 4 km로 걸었더니 총 5시간이 걸렸다. 윤아가 돌아올 때 걸은 거리를 구하려고 할 때, 다음 물음에 답하시오.

(1) 갈 때 걸은 거리를 x km, 돌아올 때 걸은 거리를 y km라 할 때, 연립방정식을 세우시오.

(2) (1)에서 세운 연립방정식을 푸시오.

(3) 돌아올 때 걸은 거리를 구하시오.

학교 시험 문제 ✕ 확인하기

1 다음을 미지수가 2개인 일차방정식으로 나타내면?

> 어떤 양궁 선수가 10점짜리 과녁을 x회 맞히고, 9점짜리 과녁을 y회 맞혀 총 95점을 얻었다.

① $9x-10y=95$ ② $9x+10y=95$

③ $10x-9y=95$ ④ $10x+9y=95$

⑤ $\dfrac{10x+9y}{x+y}=95$

2 x, y의 값이 자연수일 때, 일차방정식 $4x+y=21$의 해의 개수를 a, 일차방정식 $2x+3y=25$의 해의 개수 b라 하자. 이때 $a+b$의 값은?

① 6   ② 7   ③ 8

④ 9   ⑤ 10

3 연립방정식 $\begin{cases} x+2y=7 \\ ax+y=16 \end{cases}$ 의 해가 $(5,\ b-2)$일 때, $a+b$의 값을 구하시오. (단, a는 상수)

4 연립방정식 $\begin{cases} y=-5x+1 & \cdots ㉠ \\ 7x-3y=9 & \cdots ㉡ \end{cases}$ 를 풀기 위해 ㉠을 ㉡에 대입하여 y를 없앴더니 $ax=12$가 되었다. 이때 상수 a의 값은?

① 12   ② 14   ③ 16

④ 20   ⑤ 22

5 연립방정식 $\begin{cases} 2x+y=-4 \\ x=2y+3 \end{cases}$ 을 풀면?

① $x=-1,\ y=-2$ ② $x=-1,\ y=2$

③ $x=1,\ y=-2$ ④ $x=2,\ y=-2$

⑤ $x=2,\ y=-1$

6 연립방정식 $\begin{cases} 4x+y=3 & \cdots ㉠ \\ 2x-3y=-2 & \cdots ㉡ \end{cases}$ 에서 x를 없애려고 할 때, 필요한 식은?

① $㉠+㉡\times2$ ② $㉠-㉡\times2$

③ $㉠\times2+㉡$ ④ $㉠\times2-㉡$

⑤ $㉠-㉡$

7 연립방정식 $\begin{cases} 2(x-3y)+7y=1 \\ 3x-2(x-y)=-7 \end{cases}$ 의 해가 $x=p,\ y=q$일 때, pq의 값을 구하시오.

8 연립방정식 $\begin{cases} 0.2x+0.7y=1.6 \\ \dfrac{x}{3}-\dfrac{y}{2}=-\dfrac{2}{3} \end{cases}$ 를 만족시키는 x, y에 대하여 $x-y$의 값은?

① -3 ② -2 ③ -1

④ 1   ⑤ 2

9 방정식 $\dfrac{2x+y}{4}=\dfrac{x-y-1}{6}=\dfrac{1}{2}$을 만족시키는 x, y에 대하여 xy의 값은?

① -4 ② -2 ③ 0

④ 2 ⑤ 4

10 연립방정식 $\begin{cases} -5x+y=-1 \\ 6kx+2y=5k \end{cases}$의 해가 일차방정식

$x-3y=-11$을 만족시킬 때, 상수 k의 값을 구하시오.

11 다음 두 연립방정식의 해가 서로 같을 때, 상수 a, b에 대하여 $b-a$의 값은?

$$\begin{cases} 3x-y=4 \\ 2x+ay=1 \end{cases}, \quad \begin{cases} 7x-y=b \\ y=8x+6 \end{cases}$$

① $-\dfrac{9}{2}$ ② -4 ③ $-\dfrac{7}{2}$

④ 4 ⑤ $\dfrac{9}{2}$

12 연립방정식 $\begin{cases} ax+3y=6 \\ x+by=-2 \end{cases}$의 해가 무수히 많을 때, 상수 a, b의 값을 각각 구하시오.

13 사과 한 개의 가격은 귤 한 개의 가격의 3배라 한다. 사과 3개와 귤 6개의 총가격이 4500원일 때, 사과 한 개의 가격을 구하시오.

14 현재 형과 동생의 나이의 차는 5세이고, 3년 후에는 형의 나이가 동생의 나이의 2배보다 7세가 더 적어진다고 한다. 현재 형의 나이는?

① 11세   ② 12세   ③ 13세

④ 14세   ⑤ 15세

15 가로의 길이가 세로의 길이보다 6 m 더 긴 직사각형 모양의 잔디밭의 둘레의 길이가 20 m일 때, 이 잔디밭의 넓이는?

① $10\,\mathrm{m}^2$ ② $12\,\mathrm{m}^2$ ③ $14\,\mathrm{m}^2$

④ $16\,\mathrm{m}^2$ ⑤ $18\,\mathrm{m}^2$

16 채원이가 집에서 3 km 떨어진 학교에 가려고 오전 8시에 집에서 출발했다. 처음에는 시속 3 km로 천천히 걸어가다가 늦을 것 같아서 도중에 시속 6 km로 달려가서 오전 8시 50분에 학교에 도착했다. 이때 채원이가 달려간 거리를 구하시오.

5

일차함수와
그 그래프

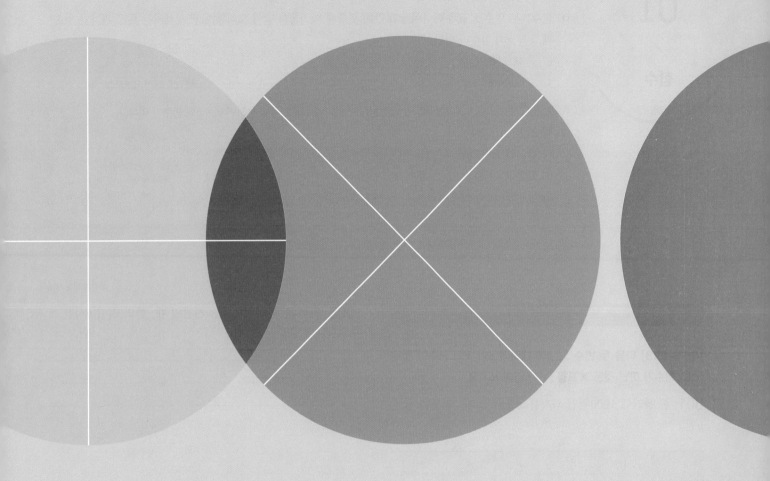

+ 함수의 뜻

× 함숫값

+ 일차함수의 뜻

× 일차함수의 함숫값

+ 일차함수의 그래프의 평행이동

× 일차함수의 그래프 위의 점

+ 평행이동한 그래프 위의 점

× 일차함수의 그래프의 x절편과 y절편

+ x절편과 y절편을 이용하여 상수의 값 구하기

× 일차함수의 그래프의 기울기

+ 두 점을 지나는 일차함수의 그래프의 기울기

× 일차함수의 그래프 그리기 (1)
    − x절편과 y절편 이용

+ 일차함수의 그래프 그리기 (2)
    − 기울기와 y절편 이용

× 일차함수의 그래프와 x축, y축으로 둘러싸인 도형의 넓이

+ 일차함수 $y=ax+b$의 그래프의 성질

× 일차함수 $y=ax+b$의 그래프의 모양 (1)
    − a, b의 부호가 주어진 경우

+ 일차함수 $y=ax+b$의 그래프의 모양 (2)
    − 그래프의 모양이 주어진 경우

× 일차함수의 그래프의 평행, 일치

+ 일차함수의 식 구하기 (1)
    − 기울기와 y절편이 주어진 경우

× 일차함수의 식 구하기 (2)
    − 기울기와 한 점이 주어진 경우

+ 일차함수의 식 구하기 (3)
    − 서로 다른 두 점이 주어진 경우

× 일차함수의 식 구하기 (4)
    − x절편과 y절편이 주어진 경우

+ 일차함수의 활용 (1) − 온도

× 일차함수의 활용 (2) − 길이

+ 일차함수의 활용 (3) − 액체의 양

× 일차함수의 활용 (4) − 거리, 속력, 시간

01 함수

(1) **함수**: 두 변수 x, y에 대하여 x의 값이 변함에 따라 y의 값이 오직 하나씩 정해지는 대응 관계가 있을 때, y를 x의 함수라 한다.

> **참고** 대표적인 함수
> • 정비례 관계 $y=ax(a\neq0)$ • 반비례 관계 $y=\dfrac{a}{x}(a\neq0,\ x\neq0)$ • $y=(x$에 대한 일차식)

> **주의** 어떤 x의 값 하나에 y의 값이 대응하지 않거나 2개 이상 대응하면 y는 x의 함수가 아니다.

(2) **함숫값**

① 함수의 표현: y가 x의 함수인 것을 기호로 $y=f(x)$와 같이 나타낸다.

② 함숫값: 함수 $y=f(x)$에서 x의 값에 대응하는 y의 값 **기호** $f(x)$

⑩ 함수 $f(x)=2x$에서 $x=-1$일 때의 함숫값은
$$f(-1)=2\times(-1)=-2$$

> • 함수 $y=f(x)$에서
> $f(a)$ ➡ $x=a$일 때, y의 값
> ➡ $f(x)$에 x 대신 a를 대입하여 얻은 값

정답과 해설 • **46**쪽

● 함수의 뜻

[001~008] 다음 두 변수 x, y에 대하여 y가 x의 함수인 것은 ○표, 함수가 <u>아닌</u> 것은 ×표를 (   ) 안에 쓰시오.

001 한 봉지에 1000원인 과자를 x봉지 살 때, 지불한 금액 y원 (   )

x	1	2	3	4	⋯
y					⋯

002 물 12 L를 x명이 똑같이 나누어 마실 때, 한 사람이 마시는 물의 양 yL (   )

x	1	2	3	4	⋯
y					⋯

003 자연수 x보다 작은 소수 y (   )

x	1	2	3	4	⋯
y	없다.				⋯

004 자연수 x의 약수의 개수 y (   )

x	1	2	3	4	⋯
y					⋯

005 하루 중 낮의 길이가 x시간일 때, 밤의 길이 y시간 (   )

x	1	2	3	4	⋯
y					⋯

006 자연수 x와 8의 최대공약수 y (   )

x	1	2	3	4	⋯
y					⋯

007 절댓값이 x인 수 y (   )

x	1	2	3	4	⋯
y					⋯

008 자연수 x를 3으로 나눈 나머지 y (   )

x	1	2	3	4	⋯
y					⋯

● 함숫값

[009~013] 함수 $f(x)=3x$에 대하여 다음을 구하시오.

009 $f(1)=3\times\boxed{}=\boxed{}$

010 $f(7)$의 값

011 $f(-2)$의 값

012 $f\left(-\dfrac{1}{6}\right)$의 값

013 $f(-4)+f\left(\dfrac{1}{3}\right)$의 값

[014~018] 함수 $f(x)=\dfrac{60}{x}$에 대하여 다음을 구하시오.

014 $f(5)$의 값

015 $f(15)$의 값

016 $f(-3)$의 값

017 $f\left(-\dfrac{1}{2}\right)$의 값

018 $f(-24)+f(40)$의 값

[019~024] 함수 $y=f(x)$에 대하여 다음을 만족시키는 상수 a의 값을 구하시오.

019 $f(x)=7x$일 때, $f(a)=35$

020 $f(x)=\dfrac{36}{x}$일 때, $f(a)=-12$

021 $f(x)=-16x$일 때, $f(a)=-4$

022 $f(x)=-\dfrac{9}{x}$일 때, $f(a)=\dfrac{1}{3}$

023 $f(x)=ax$일 때, $f(-4)=32$

024 $f(x)=\dfrac{a}{x}$일 때, $f(6)=-5$

● 학교 시험 문제는 이렇게

025 함수 $f(x)=\dfrac{a}{x}$에 대하여 $f(-2)=3$일 때, $f(1)-2f(3)$의 값을 구하시오. (단, a는 상수)

일차함수: 함수 $y=f(x)$에서 y가 x에 대한 일차식

$$y=ax+b\,(a,\,b\text{는 상수},\ a\neq0)$$

로 나타날 때, 이 함수를 x에 대한 일차함수라 한다.

예 $y=3x$, $y=\dfrac{1}{2}x$, $y=-5x+\dfrac{3}{4}$ ➡ 일차함수이다.

$y=\underline{4x^2+9}$, $y=\underline{-1}$, $y=\underline{\dfrac{2}{x}+6}$ ➡ 일차함수가 아니다.
     └ 이차식   └ 상수   └ x가 분모에 있음.

정답과 해설 • **47**쪽

● 일차함수의 뜻 　　　　　중요

[026~033] 다음 중 일차함수인 것은 ○표, 일차함수가 아닌 것은 ✕표를 ( ) 안에 쓰시오.

026 $y=-5x-2$ 　　　　　　(　)

027 $y=7$ 　　　　　　　　　(　)

028 $y=\dfrac{1}{x}+3$ 　　　　　(　)

029 $y=\dfrac{2}{3}-x$ 　　　　　(　)

030 $\dfrac{x}{2}-\dfrac{y}{3}=1$ 　　　　(　)

031 $y=x(x+3)$ 　　　　　(　)

032 $y-x=-2x+4$ 　　　(　)

033 $y=2x+2(1-x)$ 　　(　)

[034~038] 다음에서 y를 x에 대한 식으로 나타내고, 일차함수인 것은 ○표, 일차함수가 아닌 것은 ✕표를 ( ) 안에 쓰시오.

034 한 변의 길이가 $x\,\mathrm{cm}$인 정삼각형의 둘레의 길이는 $y\,\mathrm{cm}$이다.

➡ 식: _____ 　(　)

035 시속 $x\,\mathrm{km}$로 4시간 동안 걸어간 거리는 $y\,\mathrm{km}$이다.

➡ 식: _____ 　(　)

036 무게가 $600\,\mathrm{g}$인 케이크를 x조각으로 똑같이 자를 때, 한 조각의 무게는 $y\,\mathrm{g}$이다.

➡ 식: _____ 　(　)

037 한 개에 500원인 물건을 x개 사고 10000원을 냈을 때, 받는 거스름돈은 y원이다.

➡ 식: _____ 　(　)

038 반지름의 길이가 $3x\,\mathrm{cm}$인 원의 넓이는 $y\,\mathrm{cm}^2$이다.

➡ 식: _____ 　(　)

● **일차함수의 함숫값** 　　　　　　　　　　　중요

[039~043] 일차함수 $f(x)=3x-2$에 대하여 다음을 구하시오.

039 $f(1)$의 값

040 $f(0)$의 값

041 $f(-2)$의 값

042 $f\left(-\dfrac{1}{3}\right)$의 값

043 $f(-5)+f(4)$의 값

[044~048] 일차함수 $f(x)=-5x+4$에 대하여 다음을 구하시오.

044 $f(3)$의 값

045 $f(5)$의 값

046 $f(-6)$의 값

047 $f\left(-\dfrac{4}{5}\right)$의 값

048 $f(-1)-3f(2)$의 값

[049~053] 일차함수 $y=f(x)$에 대하여 다음을 만족시키는 상수 a의 값을 구하시오.

049 $f(x)=3x+1$일 때, $f(a)=4$

050 $f(x)=-6x+4$일 때, $f(a)=5$

051 $f(x)=\dfrac{3}{2}x-1$일 때, $f(a)=-\dfrac{7}{2}$

052 $f(x)=-2x+a$일 때, $f(4)=-9$

053 $f(x)=\dfrac{4}{5}x+a$일 때, $f(-15)=6$

🖉 **학교 시험 문제는 이렇게**

054 일차함수 $f(x)=ax+3$에 대하여 $f(1)=1$일 때, $f(2)-f\left(-\dfrac{1}{2}\right)$의 값을 구하시오. (단, a는 상수)

03

일차함수
$y = ax + b$의
그래프

(1) **평행이동**: 한 도형을 일정한 방향으로 일정한 거리만큼 옮기는 것
(2) **일차함수 $y = ax + b$의 그래프**: 일차함수 $y = ax$의 그래프를 y축의 방향으로 b만큼 평행이동한 직선

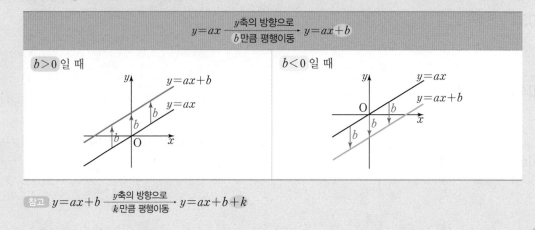

정답과 해설 • **47**쪽

● **일차함수의 그래프의 평행이동**   중요

[055~057] 아래 그림과 같이 일차함수 $y = -x$의 그래프를 평행이동하여 직선 ㉠, ㉡, ㉢을 좌표평면 위에 그렸을 때, 다음 일차함수의 그래프에 알맞은 직선을 고르시오.

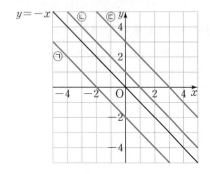

055 $y = -x + 1$

056 $y = -x - 2$

057 $y = -x + 3$

[058~060] 다음 일차함수의 그래프는 일차함수 $y = 5x$의 그래프를 y축의 방향으로 얼마만큼 평행이동한 것인지 구하시오.

058 $y = 5x + 2$

059 $y = 5x - 4$

060 $y = 5x + \dfrac{7}{3}$

[061~063] 다음 일차함수의 그래프는 일차함수 $y = -2x$의 그래프를 y축의 방향으로 얼마만큼 평행이동한 것인지 구하시오.

061 $y = -2x + 5$

062 $y = -2x - \dfrac{1}{6}$

063 $y = -2(x - 4)$

[064~071] 다음 일차함수의 그래프를 y축의 방향으로 [   ] 안의 수만큼 평행이동한 그래프가 나타내는 일차함수의 식을 구하시오.

064 $y=2x$ $[-3]$

065 $y=\dfrac{5}{2}x$ $[\ 6\ ]$

066 $y=-7x$ $\left[\ \dfrac{1}{5}\ \right]$

067 $y=-\dfrac{1}{3}x$ $[-2]$

068 $y=4x-5$ $[\ 5\ ]$

069 $y=-3x+7$ $[-9]$

070 $y=6x-8$ $[\ 3\ ]$

071 $y=5(x+1)$ $[-1]$

[072~075] 다음을 만족시키는 a의 값을 구하시오.

072 일차함수 $y=9x+3$의 그래프를 y축의 방향으로 a만큼 평행이동하면 일차함수 $y=9x-5$의 그래프가 된다.

$$y=9x+3 \xrightarrow[a만큼\ 평행이동]{y축의\ 방향으로} y=9x+\boxed{}$$
$$\Rightarrow \boxed{}=-5 \quad \therefore\ a=\boxed{}$$

073 일차함수 $y=3x-1$의 그래프를 y축의 방향으로 a만큼 평행이동하면 일차함수 $y=3x+6$의 그래프가 된다.

074 일차함수 $y=-\dfrac{2}{5}x+2$의 그래프를 y축의 방향으로 a만큼 평행이동하면 일차함수 $y=-\dfrac{2}{5}x$의 그래프가 된다.

075 일차함수 $y=-7x-5$의 그래프를 y축의 방향으로 a만큼 평행이동하면 일차함수 $y=-7x-10$의 그래프가 된다.

> 학교 시험 문제는 이렇게

076 일차함수 $y=\dfrac{3}{4}x+a$의 그래프를 y축의 방향으로 -9만큼 평행이동하였더니 일차함수 $y=bx+7$의 그래프가 되었다. 이때 상수 a, b에 대하여 ab의 값을 구하시오.

04

일차함수의
그래프 위의 점

점 (p, q)가 일차함수 $y=ax+b$의 그래프 위의 점이다.

➡ 일차함수 $y=ax+b$의 그래프가 점 (p, q)를 지난다.

➡ $y=ax+b$에 $x=p$, $y=q$를 대입하면 등식이 성립한다.

➡ $q=ap+b$

정답과 해설 • **48**쪽

● 일차함수의 그래프 위의 점

[077~080] 다음 중 일차함수 $y=4x-2$의 그래프 위의 점인 것은 ○표, 그래프 위의 점이 <u>아닌</u> 것은 ×표를 (   ) 안에 쓰시오.

077 $(2, 6)$ (   )

078 $(-3, 14)$ (   )

079 $(0, -4)$ (   )

080 $(-1, -6)$ (   )

[081~084] 다음 일차함수의 그래프가 주어진 점을 지날 때, 상수 a의 값을 구하시오.

081 $y=6x+3$ $(a, 15)$

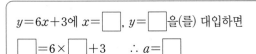

$y=6x+3$에 $x=\boxed{}$, $y=\boxed{}$을(를) 대입하면

$\boxed{}=6\times\boxed{}+3$ $\therefore a=\boxed{}$

082 $y=-\dfrac{1}{4}x+11$ $(8, a)$

083 $y=ax-2$ $(1, -5)$

084 $y=3x-a$ $(6, -1)$

● 평행이동한 그래프 위의 점   중요

[085~089] 다음 일차함수의 그래프를 y축의 방향으로 [   ] 안의 수만큼 평행이동한 그래프가 주어진 점을 지날 때, 상수 a의 값을 구하시오.

085 $y=5x$ [4], $(2, a)$

$y=5x \xrightarrow[\text{4만큼 평행이동}]{y\text{축의 방향으로}} y=5x+\boxed{}$

이 식에 $x=\boxed{}$, $y=\boxed{}$을(를) 대입하면

$\boxed{}=5\times\boxed{}+\boxed{}$ $\therefore a=\boxed{}$

086 $y=-2x$ [7], $(-4, a)$

087 $y=\dfrac{5}{3}x-1$ [-6], $(a, 3)$

088 $y=\dfrac{1}{2}x$ [a], $(8, -1)$

089 $y=-3x+4$ [a], $(-5, 7)$

05

일차함수의 그래프의 절편

일차함수 $y=ax+b\,(a\neq0)$의 그래프에서

(1) x절편: 그래프가 x축과 만나는 점의 x좌표

  ➡ $y=0$일 때, x의 값 ➡ $-\dfrac{b}{a}$

(2) y절편: 그래프가 y축과 만나는 점의 y좌표

  ➡ $x=0$일 때, y의 값 ➡ b
   └ 상수항

주의 x절편과 y절편은 순서쌍이 아니라 하나의 값이다.

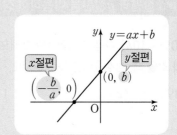

정답과 해설 • **49**쪽

● 일차함수의 그래프의 x절편과 y절편

[090~092] 다음 일차함수의 그래프의 x절편과 y절편을 각각 구하시오.

090

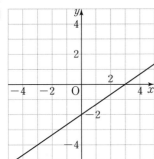

x절편: _____

y절편: _____

091

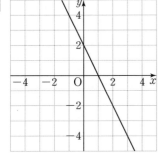

x절편: _____

y절편: _____

092

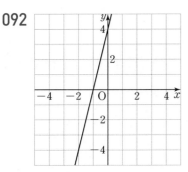

x절편: _____

y절편: _____

[093~098] 다음 일차함수의 그래프의 x절편과 y절편을 각각 구하시오.

093 $y=5x+15$

$y=0$일 때, $0=5x+15$ ∴ $x=\boxed{}$

$x=0$일 때, $y=5\times0+15$ ∴ $y=\boxed{}$

➡ x절편: $\boxed{}$, y절편: $\boxed{}$

	x절편	y절편
094 $y=2x-4$	_____	_____
095 $y=-3x+9$	_____	_____
096 $y=-4x-1$	_____	_____
097 $y=\dfrac{5}{2}x-10$	_____	_____
098 $y=-\dfrac{3}{4}x+2$	_____	_____

● x절편과 y절편을 이용하여 상수의 값 구하기 `중요`

[099~104] 다음 일차함수의 그래프의 y절편이 [   ] 안의 수와 같을 때, 상수 a의 값을 구하시오.

099 $y=7x+a$ [-1]

100 $y=6x+a$ [4]

101 $y=-5x+a$ $\left[-\dfrac{1}{3} \right]$

102 $y=-\dfrac{1}{2}x-a$ [2]

103 $y=4x+2a$ [5]

104 $y=\dfrac{9}{8}x-3a+1$ [-8]

[105~109] 다음 일차함수의 그래프의 x절편이 [   ] 안의 수와 같을 때, 상수 a의 값을 구하시오.

105 $y=-2x+a$ [1]

$y=-2x+a$에 $x=\boxed{}$, $y=\boxed{}$을(를) 대입하면
$\boxed{}=-2\times\boxed{}+a$ $\therefore a=\boxed{}$

106 $y=\dfrac{4}{3}x+a$ [6]

107 $y=-6x-4a$ [-3]

108 $y=ax-14$ [7]

109 $y=ax+\dfrac{1}{3}$ $\left[\dfrac{2}{3} \right]$

● 학교 시험 문제는 이렇게

110 일차함수 $y=-6x-(2k+1)$의 그래프의 x절편이 $\dfrac{1}{2}$일 때, y절편을 구하시오. (단, k는 상수)

06

일차함수의 그래프의 기울기

기울기: 일차함수 $y=ax+b$에서 x의 값의 증가량에 대한 y의 값의 증가량의 비율

$$(\text{기울기})=\frac{(y\text{의 값의 증가량})}{(x\text{의 값의 증가량})}=a \;\rightarrow\; \text{항상 일정하다.}$$

$y=ax+b$
↑
기울기

예 일차함수 $y=\frac{1}{2}x+1$의 그래프에서

$$(\text{기울기})=\frac{7-4}{12-6}=\frac{3}{6}=\frac{1}{2}$$

➡ x의 값이 2만큼 증가하면 y의 값은 1만큼 증가한다.

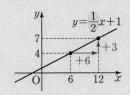

정답과 해설 · **50**쪽

● 일차함수의 그래프의 기울기 　[중요]

[111~113] 다음 그림에서 □ 안에 알맞은 수를 쓰고, 일차함수의 그래프의 기울기를 구하시오.

111

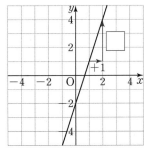

➡ (기울기)

$$=\frac{\boxed{}}{+1}=\boxed{}$$

112

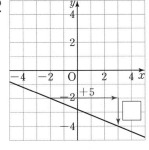

기울기: _____

113

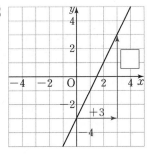

기울기: _____

[114~116] 다음 일차함수의 그래프의 기울기를 구하시오.

114 $y=x+2$

115 $y=-5x+9$

116 $y=\frac{7}{2}x-4$

[117~118] 다음을 만족시키는 일차함수의 그래프를 보기에서 고르시오.

┌ 보기 ┐
ㄱ. $y=3x+6$ 　　　　 ㄴ. $y=2x-1$

ㄷ. $y=-\frac{5}{2}x-3$ 　　 ㄹ. $y=-2x+\frac{1}{4}$

ㅁ. $y=-\frac{2}{5}x+2$ 　　 ㅂ. $y=6x+3$

117 x의 값이 3만큼 증가할 때, y의 값은 6만큼 증가한다.

118 x의 값이 2만큼 증가할 때, y의 값은 5만큼 감소한다.

[119~121] 다음을 구하시오.

119 일차함수 $y=4x+8$의 그래프에서 x의 값이 1에서 3까지 증가할 때, y의 값의 증가량

$$(기울기)=\frac{(y의\ 값의\ 증가량)}{3-1}=\boxed{}\ 이므로$$

$$(y의\ 값의\ 증가량)=\boxed{}\times2=\boxed{}$$

120 일차함수 $y=2x-\frac{1}{5}$의 그래프에서 x의 값이 2에서 8까지 증가할 때, y의 값의 증가량

121 일차함수 $y=-3x+1$의 그래프에서 x의 값이 -1에서 6까지 증가할 때, y의 값의 증가량

[122~124] 다음을 만족시키는 k의 값을 구하시오.

122 일차함수 $y=6x-4$의 그래프에서 x의 값이 5에서 k까지 증가할 때, y의 값은 12만큼 증가한다.

$$(기울기)=\frac{\boxed{}}{k-5}=\boxed{}\ 이므로$$

$$k-5=\boxed{}\qquad\therefore k=\boxed{}$$

123 일차함수 $y=8x+3$의 그래프에서 x의 값이 -4에서 k까지 증가할 때, y의 값은 40만큼 증가한다.

124 일차함수 $y=-\frac{3}{2}x+\frac{1}{2}$의 그래프에서 x의 값이 k에서 3까지 증가할 때, y의 값은 6만큼 감소한다.

● **두 점을 지나는 일차함수의 그래프의 기울기**

• 두 점 (x_1, y_1), (x_2, y_2)를 지나는 일차함수의 그래프에서
(단, $x_1\neq x_2$)

$$\Rightarrow (기울기)=\frac{(y의\ 값의\ 증가량)}{(x의\ 값의\ 증가량)}=\frac{y_2-y_1}{x_2-x_1}=\frac{y_1-y_2}{x_1-x_2}$$

[125~129] 다음 두 점을 지나는 일차함수의 그래프의 기울기를 구하시오.

125 $(3, 2)$, $(1, -2)$

$$\Rightarrow (기울기)=\frac{-2-\boxed{}}{1-\boxed{}}=\boxed{}$$

126 $(5, -1)$, $(9, 3)$

127 $(-2, 3)$, $(1, -6)$

128 $(-7, -8)$, $(-5, 0)$

129 $(1, -4)$, $(-3, 2)$

● 학교 시험 문제는 이렇게

130 오른쪽 그림과 같은 일차함수의 그래프의 기울기를 구하시오.

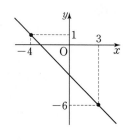

07

일차함수의 그래프 그리기

방법① x절편과 y절편을 이용하여 그래프 그리기

❶ x절편, y절편을 각각 구한다.

❷ 그래프가 x축, y축과 만나는 두 점을 좌표평면 위에 나타낸다. ➡ $(x$절편, $0)$, $(0, y$절편$)$

❸ 두 점을 직선으로 연결한다.

방법② 기울기와 y절편을 이용하여 그래프 그리기

❶ 점 $(0, y$절편$)$을 좌표평면 위에 나타낸다.

❷ 기울기를 이용하여 그래프가 지나는 다른 한 점을 찾아 좌표평면 위에 나타낸다.

❸ 두 점을 직선으로 연결한다.

● 일차함수의 그래프 그리기 ⑴ — x절편과 y절편 이용 〔중요〕

[131~134] 다음 일차함수의 그래프의 x절편과 y절편을 각각 구하고, 이를 이용하여 그래프를 그리시오.

131 $y=x+3$

➡ x절편: _____

y절편: _____

➡ 두 점 $(\boxed{}, 0)$, $(0, \boxed{})$을(를) 지나는 직선이다.

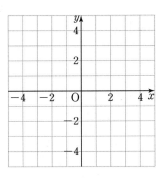

132 $y=-\dfrac{1}{2}x-2$

➡ x절편: _____

y절편: _____

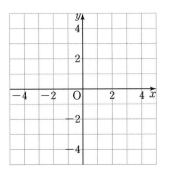

133 $y=3x-3$

➡ x절편: _____

y절편: _____

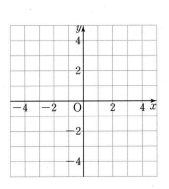

134 $y=-\dfrac{4}{3}x+4$

➡ x절편: _____

y절편: _____

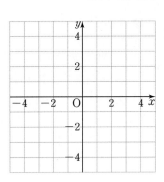

? 학교 시험 문제는 이렇게

135 다음 중 일차함수 $y=-\dfrac{3}{4}x+6$의 그래프는?

①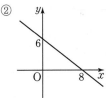

②

③

④

⑤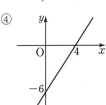

● 일차함수의 그래프 그리기 ⑵
– 기울기와 y절편 이용

[136~138] 다음 일차함수의 그래프의 기울기와 y절편을 각각 구하고, 이를 이용하여 그래프를 그리시오.

136 $y=3x-2$

❶ y절편이 ☐이므로 점 $(0,$ ☐$)$을(를) 좌표평면 위에 나타낸다.

❷ 기울기가 ☐$=\dfrac{☐}{1}$이므로 ❶의 점에서 x축의 방향으로 1만큼, y축의 방향으로 ☐만큼 이동한 점 $(1,$ ☐$)$을(를) 좌표평면 위에 나타낸다.

❸ ❶, ❷의 두 점을 직선으로 연결한다.

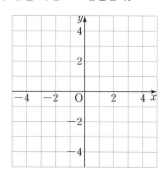

137 $y=-\dfrac{2}{3}x+1$

➡ 기울기: _____
　 y절편: _____

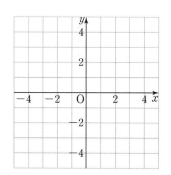

138 $y=\dfrac{1}{4}x-3$

➡ 기울기: _____
　 y절편: _____

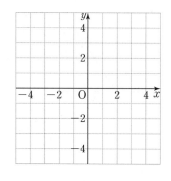

● 일차함수의 그래프와 x축, y축으로 둘러싸인 도형의 넓이

[139~142] 다음 일차함수의 그래프를 그리고, 그 그래프와 x축, y축으로 둘러싸인 도형의 넓이를 구하시오.

139 $y=\dfrac{1}{2}x+2$

x절편: ☐, y절편: ☐
따라서 그래프는 오른쪽 그림과 같으므로 구하는 넓이는
$\dfrac{1}{2}×$☐$×$☐$=$☐
　|x절편| |y절편|

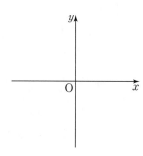

140 $y=-3x+3$

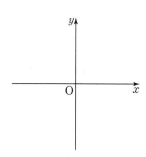

141 $y=2x+6$

142 $y=-\dfrac{1}{3}x-4$

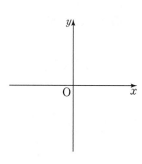

08

×

일차함수 $y=ax+b$의 그래프의 성질

일차함수 $y=ax+b$의 그래프에서

(1) 기울기 a의 부호 → 그래프의 모양 결정

① $a>0$: x의 값이 증가할 때, y의 값도 증가한다. ➡ 오른쪽 위로 향하는 직선

② $a<0$: x의 값이 증가할 때, y의 값은 감소한다. ➡ 오른쪽 아래로 향하는 직선

(2) y절편 b의 부호 → 그래프가 y축과 만나는 부분 결정

① $b>0$: y축과 양의 부분에서 만난다. → y절편이 양수

② $b<0$: y축과 음의 부분에서 만난다. → y절편이 음수

[a, b의 부호에 따른 일차함수 $y=ax+b$의 그래프의 모양]

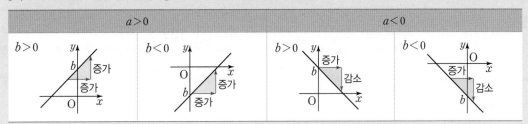

참고 기울기 a의 절댓값이 클수록 그래프는 y축에 가깝다.

정답과 해설 • 51쪽

● **일차함수 $y=ax+b$의 그래프의 성질** 중요

[143~150] 일차함수 $y=2x-\dfrac{1}{3}$의 그래프에 대하여 옳은 것에 ○표를 하시오.

143 x의 값이 증가할 때, y의 값이 (증가, 감소)한다.

144 기울기는 (양수, 음수)이다.

145 오른쪽 (위, 아래)로 향하는 직선이다.

146 원점을 (지나는, 지나지 않는) 직선이다.

147 y절편은 (양수, 음수)이다.

148 그래프가 y축과 (양, 음)의 부분에서 만난다.

149 점 $\left(2, \dfrac{4}{3}\right)$를 (지난다, 지나지 않는다).

150 제(1, 2, 3, 4)사분면을 지나지 않는다. (단, 그래프를 그리시오.)

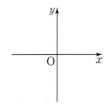

[151~157] 다음을 만족시키는 일차함수의 그래프를 보기에서 모두 고르시오.

보기
ㄱ. $y=3x$
ㄴ. $y=-2x+4$
ㄷ. $y=\frac{1}{2}x-1$
ㄹ. $y=-7x$
ㅁ. $y=-\frac{1}{4}x-5$
ㅂ. $y=x-3$
ㅅ. $y=8x+5$
ㅇ. $y=-\frac{1}{3}x+2$

151 오른쪽 위로 향하는 직선

152 오른쪽 아래로 향하는 직선

153 x의 값이 증가할 때, y의 값도 증가하는 직선

154 x의 값이 증가할 때, y의 값은 감소하는 직선

155 원점을 지나는 직선

156 y축과 양의 부분에서 만나는 직선

157 y축과 음의 부분에서 만나는 직선

[158~159] 다음 보기의 일차함수의 그래프에 대하여 y축에 가까운 것부터 차례로 나열하시오.

158
보기
ㄱ. $y=x-5$
ㄴ. $y=\frac{2}{3}x-5$
ㄷ. $y=\frac{5}{2}x-5$
ㄹ. $y=2x-5$

_____

159
보기
ㄱ. $y=-\frac{4}{5}x+7$
ㄴ. $y=-9x+7$
ㄷ. $y=-4x+7$
ㄹ. $y=-\frac{13}{3}x+7$

_____

[160~163] 오른쪽 그림의 ㉠~㉣은 일차함수 $y=ax+3$의 그래프이다. 이 중 다음을 만족시키는 그래프를 모두 고르시오. (단, a는 상수)

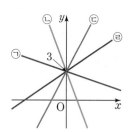

160 $a>0$

161 $a<0$

162 기울기가 가장 큰 그래프

163 기울기가 가장 작은 그래프

● 일차함수 $y=ax+b$의 그래프의 모양 (1) 중요
  − a, b의 부호가 주어진 경우

[164~167] 상수 a, b의 부호가 다음과 같을 때, 일차함수 $y=ax+b$의 그래프를 그리고, 그 그래프가 지나는 사분면을 모두 구하시오.

164 $a>0, b>0$

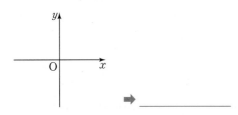

➡ _____

165 $a>0, b<0$

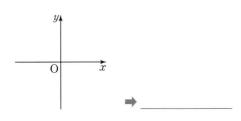

➡ _____

166 $a<0, b>0$

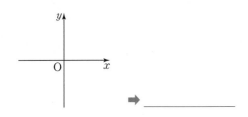

➡ _____

167 $a<0, b<0$

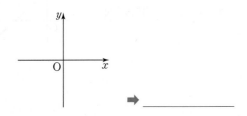

➡ _____

[168~171] 상수 a, b의 부호가 다음과 같을 때, 일차함수 $y=ax-b$의 그래프를 그리고, 그 그래프가 지나는 사분면을 모두 구하시오.

168 $a>0, b>0$

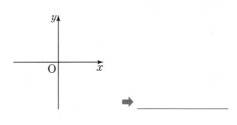

➡ _____

169 $a>0, b<0$

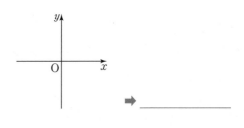

➡ _____

170 $a<0, b>0$

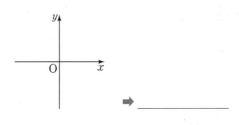

➡ _____

171 $a<0, b<0$

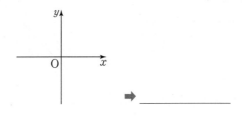

➡ _____

● 일차함수 $y=ax+b$의 그래프의 모양 (2) 중요
– 그래프의 모양이 주어진 경우

[172~175] 다음 일차함수의 그래프가 주어진 그림과 같을 때, 상수 a, b의 부호를 각각 정하시오.

172 $y=ax+b$

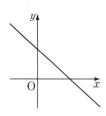

173 $y=-ax+b$

➡ (기울기)$=-a\bigcirc 0$

　　(y절편)$=b\bigcirc 0$

　　∴ $a\bigcirc 0$, $b\bigcirc 0$

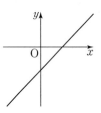

174 $y=bx-a$

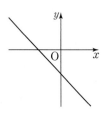

175 $y=abx-b$

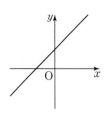

[176~179] 다음을 모두 구하시오.

176 일차함수 $y=ax+b$의 그래프가 오른쪽 그림과 같을 때, 일차함수 $y=-ax-b$의 그래프가 지나는 사분면

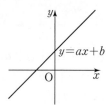

177 일차함수 $y=ax+b$의 그래프가 오른쪽 그림과 같을 때, 일차함수 $y=\dfrac{1}{a}x+\dfrac{b}{a}$의 그래프가 지나는 사분면

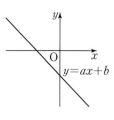

178 일차함수 $y=ax-b$의 그래프가 오른쪽 그림과 같을 때, 일차함수 $y=ax+a+b$의 그래프가 지나는 사분면

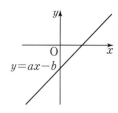

179 일차함수 $y=ax-b$의 그래프가 오른쪽 그림과 같을 때, 일차함수 $y=-\dfrac{1}{a}x-ab$의 그래프가 지나는 사분면

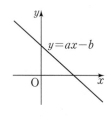

09

일차함수의 그래프의 평행, 일치

(1) 기울기가 같은 두 일차함수의 그래프는 서로 평행하거나 일치한다.
두 일차함수 $y=ax+b$와 $y=cx+d$에 대하여
① 기울기는 같고 y절편은 다를 때, 두 그래프는 서로 평행하다. 즉,
$a=c$, $b\neq d$ ➡ 평행
⑩ 두 일차함수 $y=2x+1$과 $y=2x+3$의 그래프는 서로 평행하다.
② 기울기가 같고 y절편도 같을 때, 두 그래프는 일치한다. 즉,
$a=c$, $b=d$ ➡ 일치
(2) 서로 평행한 두 일차함수의 그래프의 기울기는 같다.
참고 기울기가 다른 두 일차함수의 그래프는 한 점에서 만난다.

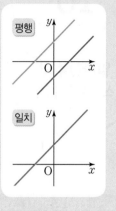

정답과 해설 • 53쪽

● 일차함수의 그래프의 평행, 일치

[180~183] 다음 보기의 일차함수의 그래프에 대하여 물음에 답하시오.

┌ 보기 ┐
ㄱ. $y=4x+4$　　　ㄴ. $y=\dfrac{1}{2}(2x+2)$

ㄷ. $y=x+2$　　　ㄹ. $y=-\dfrac{1}{5}x-2$

ㅁ. $y=-\dfrac{1}{5}(x+10)$　　ㅂ. $y=2(2x+1)$

ㅅ. $y=\dfrac{2}{3}x+4$　　　ㅇ. $y=-\dfrac{3}{2}x+3$
└──────────────────┘

180 서로 평행한 것끼리 짝 지으시오.

181 일치하는 것끼리 짝 지으시오.

182 오른쪽 그림의 그래프와 평행한 것을 고르시오.

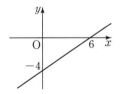

183 오른쪽 그림의 그래프와 일치하는 것을 고르시오.

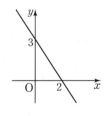

[184~186] 다음 두 일차함수의 그래프가 서로 평행할 때, 상수 a의 값을 구하시오.

184 $y=7x+1$, $y=ax-2$

185 $y=2(3-4x)$, $y=ax+4$

186 $y=\dfrac{a}{3}x-5$, $y=2x+\dfrac{3}{5}$

[187~189] 다음 두 일차함수의 그래프가 일치할 때, 상수 a, b의 값을 각각 구하시오.

187 $y=ax-4$, $y=3x+b$

188 $y=4x-b$, $y=ax+8$

189 $y=3ax+1$, $y=x+b$

10

일차함수의
식 구하기 (1)

○ 기울기와 y절편이 주어진 경우

기울기가 a이고, y절편이 b인 직선을 그래프로 하는 일차함수의 식은

$\quad y=ax+b$

참고 일차함수 $y=ax+m$의 그래프와 평행하다. ➡ 기울기가 a 이다.

일차함수 $y=nx+b$ 의 그래프와 y축 위에서 만난다. ➡ y절편이 b 이다.

정답과 해설 • 54쪽

● 일차함수의 식 구하기 (1)
  – 기울기와 y절편이 주어진 경우

[190~201] 다음과 같은 직선을 그래프로 하는 일차함수의 식을 구하시오.

190 기울기가 2이고, y절편이 5인 직선

191 기울기가 -1이고, y절편이 3인 직선

192 기울기가 -6이고, 점 $(0, 7)$을 지나는 직선

193 기울기가 $\dfrac{3}{7}$이고, 점 $(0, -9)$를 지나는 직선

194 기울기가 4이고, 일차함수 $y=-2x+11$의 그래프와 y축 위에서 만나는 직선

195 기울기가 $-\dfrac{1}{2}$이고, 일차함수 $y=\dfrac{1}{3}x-5$의 그래프와 y축 위에서 만나는 직선

196 일차함수 $y=x-5$의 그래프와 평행하고, y절편이 4인 직선

➡ 기울기: ＿＿＿＿＿＿＿＿＿

　 일차함수의 식: ＿＿＿＿＿＿

197 일차함수 $y=-4x+2$의 그래프와 평행하고, y절편이 -1인 직선

198 일차함수 $y=\dfrac{1}{6}x-9$의 그래프와 평행하고,

점 $(0, -2)$를 지나는 직선

199 x의 값이 2만큼 증가할 때 y의 값이 10만큼 증가하고, y절편이 -7인 직선

➡ 기울기: ＿＿＿＿＿＿＿＿＿

　 일차함수의 식: ＿＿＿＿＿＿

200 x의 값이 3만큼 증가할 때 y의 값이 9만큼 증가하고, y절편이 1인 직선

201 x의 값이 6만큼 증가할 때 y의 값이 2만큼 감소하고,

점 $\left(0, -\dfrac{3}{4}\right)$을 지나는 직선

11

일차함수의 식 구하기 (2)

○ 기울기와 한 점이 주어진 경우

기울기가 a이고, 점 (x_1, y_1)을 지나는 직선을 그래프로 하는 일차함수의 식은 다음 순서로 구한다.

❶ 기울기가 a이므로 일차함수의 식을 $y=ax+b$로 놓는다.

❷ $y=ax+b$에 $x=x_1$, $y=y_1$을 대입하여 b의 값을 구한다.

정답과 해설 · 54쪽

● 일차함수의 식 구하기 (2)
 – 기울기와 한 점이 주어진 경우

[202~210] 다음과 같은 직선을 그래프로 하는 일차함수의 식을 구하시오.

202 기울기가 -3이고, 점 $(2, -2)$를 지나는 직선

❶ 일차함수의 식을 $y=\boxed{}x+b$로 놓고

❷ 이 식에 $x=2$, $y=\boxed{}$을(를) 대입하면

$\boxed{}=\boxed{}\times 2+b$ ∴ $b=\boxed{}$

따라서 구하는 일차함수의 식은 $\boxed{}$이다.

203 기울기가 8이고, 점 $(1, 4)$를 지나는 직선

204 기울기가 $\dfrac{1}{2}$이고, 점 $(-2, 1)$을 지나는 직선

205 기울기가 -2이고, x절편이 5인 직선

206 기울기가 $\dfrac{1}{3}$이고, x절편이 -6인 직선

207 일차함수 $y=\dfrac{3}{5}x+2$의 그래프와 평행하고, 점 $(10, -4)$를 지나는 직선

208 일차함수 $y=-9x-4$의 그래프와 평행하고, x절편이 $\dfrac{2}{3}$인 직선

209 x의 값이 1만큼 증가할 때 y의 값이 7만큼 증가하고, 점 $(-1, -12)$를 지나는 직선

210 x의 값이 8만큼 증가할 때 y의 값이 2만큼 감소하고, 점 $(-8, 5)$를 지나는 직선

12

일차함수의 식 구하기 (3)

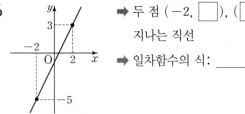

○ **서로 다른 두 점이 주어진 경우**

두 점 (x_1, y_1), (x_2, y_2)를 지나는 직선을 그래프로 하는 일차함수의 식은 다음 순서로 구한다. (단, $x_1 \neq x_2$)

❶ 기울기 a를 구한다. ➡ $a = \dfrac{y_2 - y_1}{x_2 - x_1} = \dfrac{y_1 - y_2}{x_1 - x_2}$

❷ 일차함수의 식을 $y = ax + b$로 놓는다.

❸ $y = ax + b$에 한 점의 좌표를 대입하여 b의 값을 구한다.

참고 일차함수의 식을 $y = ax + b$로 놓고, 두 점의 좌표를 각각 대입하여 a, b의 값을 구하는 방법도 있다.

정답과 해설 · 55쪽

● **일차함수의 식 구하기 (3)** 중요
  – 서로 다른 두 점이 주어진 경우

[211~215] 다음 두 점을 지나는 직선을 그래프로 하는 일차함수의 식을 구하시오.

211 $(2, -2)$, $(4, 8)$

❶ (기울기)$= \dfrac{8 - (-2)}{4 - 2} = \boxed{}$이므로

❷ 일차함수의 식을 $y = \boxed{}x + b$로 놓고

❸ 이 식에 $x = 2$, $y = \boxed{}$을(를) 대입하면

$\boxed{} = \boxed{} \times 2 + b$ $\quad \therefore b = \boxed{}$

따라서 구하는 일차함수의 식은 $\boxed{}$이다.

212 $(-1, 1)$, $(2, 7)$

213 $(4, 1)$, $(9, -4)$

214 $(-6, 2)$, $(-3, 3)$

215 $(-3, 5)$, $(2, -1)$

[216~219] 다음 그림과 같은 직선을 그래프로 하는 일차함수의 식을 구하시오.

216

➡ 두 점 $(-2, \boxed{})$, $(\boxed{}, 3)$을 지나는 직선

➡ 일차함수의 식: _____

217

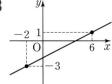

218

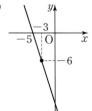

219

일차함수의 식 구하기 (4)

x절편과 y절편이 주어진 경우

x절편이 m, y절편이 n인 직선을 그래프로 하는 일차함수의 식은 다음 순서로 구한다. (단, $m \neq 0$)

❶ 두 점 $(m, 0)$, $(0, n)$을 지나는 직선의 기울기를 구한다.

➡ $(\text{기울기}) = \dfrac{n-0}{0-m} = -\dfrac{n}{m}$

❷ y절편은 n이므로 구하는 일차함수의 식은 $y = -\dfrac{n}{m}x + n$이다.

정답과 해설 · 55쪽

● 일차함수의 식 구하기 (4)
  – x절편과 y절편이 주어진 경우

[220~226] 다음과 같은 직선을 그래프로 하는 일차함수의 식을 구하시오.

220 두 점 $(4, 0)$, $(0, 2)$를 지나는 직선

221 x절편이 1, y절편이 3인 직선

➡ 두 점 (☐ , 0), (0, ☐)을(를) 지나는 직선

➡ 일차함수의 식: _____

222 x절편이 3, y절편이 -7인 직선

223 x절편이 -5, y절편이 6인 직선

224 x절편이 -8이고, 점 $(0, -1)$을 지나는 직선

225 x절편이 -2이고, 일차함수 $y = \dfrac{9}{5}x + 2$의 그래프와 y축 위에서 만나는 직선

226 y절편이 3이고, 일차함수 $y = -2x + 4$의 그래프와 x축 위에서 만나는 직선

[227~228] 다음 그림과 같은 직선을 그래프로 하는 일차함수의 식을 구하시오.

227

➡ 두 점 (☐ , 0), (0, ☐)을(를) 지나는 직선

➡ 일차함수의 식: _____

228

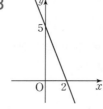

14
일차함수의 활용

[일차함수를 활용하여 문제를 해결하는 과정]

x와 y 사이의 관계식 세우기 ➡ 일차함수의 식을 이용하여 조건에 맞는 값 구하기 ➡ 확인하기

정답과 해설 · 56쪽

● 일차함수의 활용 (1) – 온도 　중요

[229~231] 지면으로부터 10 km까지는 높이가 1 km씩 높아질 때마다 기온이 6 ℃씩 일정하게 내려간다고 한다. 지면에서의 기온이 20 ℃일 때, 다음 물음에 답하시오.

229 지면으로부터의 높이가 x km인 곳의 기온을 y ℃라 할 때, y를 x에 대한 식으로 나타내시오.

230 지면으로부터의 높이가 2 km인 곳의 기온을 구하시오.

231 기온이 -4 ℃인 곳의 지면으로부터의 높이는 몇 km인지 구하시오.

[232~234] 비커에 담긴 35 ℃의 물을 가열하면서 온도를 재었더니 2분마다 10 ℃씩 일정하게 올라갔다. 다음 물음에 답하시오.

232 가열하기 시작한 지 x분 후에 물의 온도를 y ℃라 할 때, y를 x에 대한 식으로 나타내시오.

➡ 1분마다 올라가는 물의 온도: _____

➡ x와 y 사이의 관계식: _____

233 가열하기 시작한 지 9분 후에 물의 온도를 구하시오.

234 물은 100 ℃에서 끓는다고 할 때, 물이 끓게 되는 것은 가열하기 시작한 지 몇 분 후인지 구하시오.

● 일차함수의 활용 (2) – 길이

[235~237] 길이가 25 cm인 용수철에 5 g인 추를 매달 때마다 용수철의 길이가 3 cm씩 일정하게 늘어난다고 한다. 다음 물음에 답하시오.

235 x g인 추를 매달면 용수철의 길이가 y cm가 된다고 할 때, y를 x에 대한 식으로 나타내시오.

➡ 1 g인 추를 매달 때마다 늘어나는 용수철의 길이: _____

➡ x와 y 사이의 관계식: _____

236 25 g인 추를 매달았을 때, 용수철의 길이는 몇 cm가 되는지 구하시오.

237 용수철의 길이가 34 cm일 때, 매달려 있는 추의 무게는 몇 g인지 구하시오.

[238~240] 길이가 30 cm인 양초에 불을 붙이면 양초의 길이가 10분마다 5 cm씩 일정하게 짧아진다고 한다. 다음 물음에 답하시오.

238 불을 붙인 지 x분 후에 남은 양초의 길이를 y cm라 할 때, y를 x에 대한 식으로 나타내시오.

➡ 1분마다 짧아지는 양초의 길이: _____

➡ x와 y 사이의 관계식: _____

239 불을 붙인 지 24분 후에 남은 양초의 길이는 몇 cm인지 구하시오.

240 양초가 완전히 다 타는 데 걸리는 시간은 몇 분인지 구하시오.

● 일차함수의 활용 (3) – 액체의 양 [중요]

[241~243] 85 L의 물을 넣을 수 있는 물통에 15 L의 물이 들어 있다. 이 물통에 3분마다 6 L씩 일정하게 물을 넣을 때, 다음 물음에 답하시오.

241 물을 넣기 시작한 지 x분 후에 물통에 들어 있는 물의 양을 y L라 할 때, y를 x에 대한 식으로 나타내시오.

➡ 1분마다 물통에 넣는 물의 양: _____

➡ x와 y 사이의 관계식: _____

242 물을 넣기 시작한 지 20분 후에 물통에 들어 있는 물의 양은 몇 L인지 구하시오.

243 물통에 물을 가득 채우는 데 걸리는 시간은 몇 분인지 구하시오.

[244~246] 1 L의 연료로 12 km를 달릴 수 있는 자동차가 있다. 이 자동차에 들어 있는 연료의 양이 40 L일 때, 다음 물음에 답하시오.

244 x km를 달린 후에 자동차에 남아 있는 연료의 양을 y L라 할 때, y를 x에 대한 식으로 나타내시오.

➡ 1 km를 달리는 데 필요한 연료의 양: _____

➡ x와 y 사이의 관계식: _____

245 96 km를 달린 후에 자동차에 남아 있는 연료의 양은 몇 L인지 구하시오.

246 자동차에 남아 있는 연료의 양이 10 L일 때, 자동차가 달린 거리는 몇 km인지 구하시오.

● 일차함수의 활용 (4) – 거리, 속력, 시간

[247~249] 도연이가 집에서 350 km 떨어진 여행지를 향해 자동차를 타고 시속 75 km로 갈 때, 다음 물음에 답하시오.

247 출발한 지 x시간 후에 여행지까지 남은 거리를 y km라 할 때, 다음 ☐ 안에 알맞은 식을 쓰고 이를 이용하여 y를 x에 대한 식으로 나타내시오.

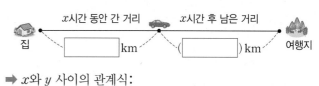

➡ x와 y 사이의 관계식: _____

248 출발한 지 2시간 후에 여행지까지 남은 거리는 몇 km인지 구하시오.

249 여행지까지 남은 거리가 125 km일 때는 출발한 지 몇 시간 후인지 구하시오.

[250~252] 재준이가 4 km 한강 걷기 대회에 참가하여 분속 80 m로 걸을 때, 다음 물음에 답하시오.

250 출발한 지 x분 후에 결승점까지 남은 거리를 y m라 할 때, 다음 ☐ 안에 알맞은 식을 쓰고 이를 이용하여 y를 x에 대한 식으로 나타내시오.

➡ x와 y 사이의 관계식: _____

251 출발한 지 20분 후에 결승점까지 남은 거리는 몇 m인지 구하시오.

252 재준이가 결승점에 도착하는 때는 출발한 지 몇 분 후인지 구하시오.

1 다음 보기 중 y가 x의 일차함수인 것은 모두 몇 개인지 구하시오.

> 보기
> ㄱ. $y-6x+15$　　　ㄴ. $y=5-2x$
> ㄷ. $y+x^2=x^2+2x$　ㄹ. $y=1$
> ㅁ. $xy=1$　　　　　ㅂ. $y=x(x-4)$

2 다음을 구하시오.

(1) $f(x)=-2x$일 때, $f(7)$의 값

(2) $f(x)=\dfrac{6}{x}$일 때, $f(-3)$의 값

(3) $f(x)=\dfrac{2}{3}x-1$일 때, $f(-9)+6f\left(\dfrac{1}{2}\right)$의 값

3 함수 $y=f(x)$에 대하여 다음을 만족시키는 상수 a의 값을 구하시오.

(1) $f(x)=-\dfrac{24}{x}$일 때, $f(a)=6$

(2) $f(x)=ax$일 때, $f(16)=12$

(3) $f(x)=-9x+a$일 때, $f\left(-\dfrac{1}{3}\right)=-2$

4 다음 일차함수의 그래프를 y축의 방향으로 [　] 안의 수만큼 평행이동한 그래프가 나타내는 일차함수의 식을 구하시오.

(1) $y=3x$　　　　　　$[\ -1\ ]$

(2) $y=8x+5$　　　　　$[\ 6\ ]$

(3) $y=-\dfrac{1}{3}x-\dfrac{2}{3}$　　$\left[\ \dfrac{5}{3}\ \right]$

(4) $y=-2(x-1)$　　　$[\ -7\ ]$

5 다음을 만족시키는 a의 값을 구하시오.

(1) 일차함수 $y=2x+3$의 그래프를 y축의 방향으로 a만큼 평행이동하면 일차함수 $y=2x-9$의 그래프가 된다.

(2) 일차함수 $y=\dfrac{3}{4}x-4$의 그래프를 y축의 방향으로 a만큼 평행이동하면 일차함수 $y=\dfrac{3}{4}x-1$의 그래프가 된다.

6 다음을 만족시키는 a의 값을 구하시오.

(1) 일차함수 $y=4x$의 그래프를 y축의 방향으로 -6만큼 평행이동한 그래프가 점 $(4,\ a)$를 지난다.

(2) 일차함수 $y=\dfrac{2}{5}x-1$의 그래프를 y축의 방향으로 -3만큼 평행이동한 그래프가 점 $(a,\ 2)$를 지난다.

(3) 일차함수 $y=-7x+3$의 그래프를 y축의 방향으로 a만큼 평행이동한 그래프가 점 $(-2,\ 8)$을 지난다.

7 다음 일차함수의 그래프의 x절편, y절편을 각각 구하시오.

(1) $y=2x+8$

(2) $y=-7x-1$

(3) $y=\dfrac{2}{3}x-4$

8 다음을 만족시키는 상수 a의 값을 구하시오.

(1) 일차함수 $y=2x-3a$의 그래프의 y절편이 6이다.

(2) 일차함수 $y=\dfrac{5}{2}x+a$의 그래프의 x절편이 -4이다.

(3) 일차함수 $y=ax-3$의 그래프의 x절편이 9이다.

9 다음 일차함수의 그래프의 기울기를 구하시오.

(1) $y=-x+5$

(2) x의 값이 10만큼 증가할 때, y의 값이 5만큼 감소하는 그래프

(3) x의 값이 -3에서 1까지 증가할 때, y의 값이 16만큼 증가하는 그래프

(4) 두 점 $(-8, -7)$, $(12, -2)$를 지나는 그래프

10 다음을 만족시키는 일차함수의 그래프를 보기에서 모두 고르시오.

┌ 보기 ┐
ㄱ. $y=x$　　　　　ㄴ. $y=-5x+1$
ㄷ. $y=-2x-1$　　ㄹ. $y=-4x-3$
ㅁ. $y=\dfrac{1}{3}x-2$　　ㅂ. $y=6x+\dfrac{1}{2}$

(1) 오른쪽 아래로 향하는 직선

(2) x의 값이 증가할 때, y의 값도 증가하는 직선

(3) y축과 음의 부분에서 만나는 직선

11 다음을 구하시오.

(1) 두 일차함수 $y=-5x+3$, $y=ax-7$의 그래프가 서로 평행할 때, 상수 a의 값

(2) 두 일차함수 $y=-\dfrac{1}{2}(6x-1)$, $y=ax+2$의 그래프가 서로 평행할 때, 상수 a의 값

(3) 두 일차함수 $y=ax-10$, $y=8x+2b$의 그래프가 일치할 때, 상수 a, b의 값

(4) 두 일차함수 $y=4ax-1$, $y=-2x+b$의 그래프가 일치할 때, 상수 a, b의 값

12 다음과 같은 직선을 그래프로 하는 일차함수의 식을 구하시오.

(1) 일차함수 $y=\dfrac{1}{5}x+2$의 그래프와 평행하고, 점 $(0, -3)$을 지나는 직선

(2) 기울기가 6이고, 점 $(-2, 1)$을 지나는 직선

(3) x의 값이 4만큼 증가할 때 y의 값은 2만큼 감소하고, 점 $(-6, 10)$을 지나는 직선

(4) 두 점 $(-2, 5)$, $(1, -4)$를 지나는 직선

(5) x절편이 -3, y절편이 4인 직선

(6) y절편이 -5이고, 일차함수 $y=\dfrac{1}{2}x+1$의 그래프와 x축 위에서 만나는 직선

13 공기 중에서 소리의 속력은 기온이 0 ℃일 때 초속 331 m이고, 기온이 1 ℃씩 올라갈 때마다 초속 0.6 m씩 일정하게 증가한다고 한다. 다음 물음에 답하시오.

(1) 기온이 x ℃일 때의 소리의 속력을 초속 y m라 할 때, y를 x에 대한 식으로 나타내시오.

(2) 기온이 15 ℃일 때의 소리의 속력을 구하시오.

(3) 소리의 속력이 초속 346 m일 때의 기온을 구하시오.

14 현재 지면으로부터의 높이가 15 cm인 붓꽃이 2일마다 5 cm씩 일정하게 자란다고 한다. 다음 물음에 답하시오.

(1) x일 후에 붓꽃의 지면으로부터의 높이를 y cm라 할 때, y를 x에 대한 식으로 나타내시오.

(2) 12일 후에 붓꽃의 지면으로부터의 높이를 구하시오.

(3) 붓꽃의 지면으로부터의 높이가 70 cm가 되는 것은 며칠 후인지 구하시오.

1 다음 중 y가 x의 함수가 <u>아닌</u> 것은?

① 길이가 $10\,\mathrm{m}$인 테이프를 $x\,\mathrm{m}$만큼 사용하고 남은 테이프의 길이 $y\,\mathrm{m}$

② 1분에 13장을 인쇄하는 프린터가 x분 동안 인쇄한 종이 y장

③ 넓이가 $36\,\mathrm{cm}^2$인 직사각형의 가로의 길이가 $x\,\mathrm{cm}$일 때, 세로의 길이 $y\,\mathrm{cm}$

④ 자연수 x를 2로 나눈 나머지 y

⑤ 자연수 x와 서로소인 수 y

2 일차함수 $f(x)=5x-7$에 대하여 $f(3)=a$, $f(b)=13$일 때, ab의 값은?

① 28   ② 30   ③ 32

④ 34   ⑤ 36

3 일차함수 $y=\dfrac{1}{2}x+3$의 그래프를 y축의 방향으로 -4만큼 평행이동한 그래프가 점 $(a,\ -1)$을 지날 때, a의 값을 구하시오.

4 다음 일차함수의 그래프 중 x절편이 나머지 넷과 <u>다른</u> 하나는?

① $y=-x-2$ ② $y=x+2$

③ $y=2x+4$ ④ $y=2x-2$

⑤ $y=3x+6$

5 오른쪽 그림과 같은 일차함수의 그래프의 기울기를 a, x절편을 b, y절편을 c라 할 때, $a+b+c$의 값은?

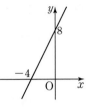

① 3   ② 4   ③ 5

④ 6   ⑤ 7

6 다음 일차함수의 그래프 중 x의 값이 3만큼 증가할 때, y의 값이 9만큼 감소하는 것은?

① $y=-3x+3$ ② $y=-x+1$

③ $y=-\dfrac{1}{2}x-2$ ④ $y=x-6$

⑤ $y=3x+9$

7 두 점 $(4,\ -1)$, $(6,\ k)$를 지나는 일차함수의 그래프의 기울기가 3일 때, k의 값을 구하시오.

8 다음 중 일차함수 $y=-2x+4$의 그래프는?

①   ②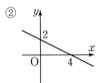

③   ④

⑤

9 일차함수 $y=\dfrac{4}{3}x-8$의 그래프와 x축, y축으로 둘러싸인 도형의 넓이를 구하시오.

10 다음 중 일차함수 $y=-\dfrac{1}{2}x+3$의 그래프에 대한 설명으로 옳은 것은?

① x절편은 -6이고, y절편은 3이다.
② 점 $(4, -1)$을 지난다.
③ 제1, 2, 4사분면을 지난다.
④ x의 값이 증가할 때, y의 값도 증가한다.
⑤ 일차함수 $y=\dfrac{1}{2}x-3$의 그래프와 평행하다.

11 일차함수 $y=-ax-b$의 그래프가 오른쪽 그림과 같을 때, 다음 중 일차함수 $y=ax+b$의 그래프로 알맞은 것은? (단, a, b는 상수)

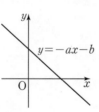

① ②

③ ④

⑤

12 오른쪽 그림과 같은 직선과 평행하고, y절편이 -4인 직선을 그래프로 하는 일차함수의 식은?

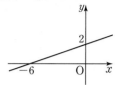

① $y=-3x-4$
② $y=\dfrac{1}{3}x-4$
③ $y=\dfrac{1}{3}x+2$
④ $y=2x-6$
⑤ $y=3x-4$

13 두 점 $(-1, 6)$, $(3, -2)$를 지나는 일차함수의 그래프가 x축과 만나는 점의 좌표는?

① $(-4, 0)$ ② $(-2, 0)$ ③ $(0, -4)$
④ $(0, 2)$ ⑤ $(2, 0)$

14 지현이가 링거액이 6분에 12 mL씩 일정하게 들어가는 링거 주사를 맞고 있다. 350 mL짜리 링거 주사를 오후 3시부터 맞기 시작했을 때, 링거 주사를 다 맞는 시각은?

① 오후 3시 35분   ② 오후 4시 25분
③ 오후 4시 50분   ④ 오후 5시 55분
⑤ 오후 6시 15분

15 초속 3 m의 일정한 속력으로 내려오는 엘리베이터가 지상으로부터 높이가 200 m인 곳에서 출발하여 중간에 서지 않고 내려온다고 한다. 이 엘리베이터가 출발한 지 x초 후에 지상으로부터의 높이를 y m라 할 때, 엘리베이터가 출발한 지 45초 후에 지상으로부터의 높이는?

① 60 m   ② 65 m   ③ 70 m
④ 75 m   ⑤ 80 m

6

일차함수와
일차방정식의 관계

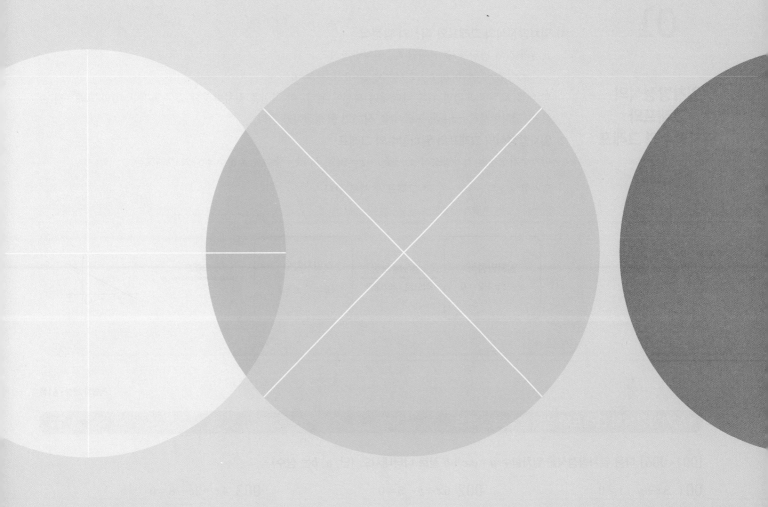

+ 일차방정식의 그래프와 일차함수의 그래프

× 일차방정식 $ax+by+c=0$의 그래프에서 a, b, c의 값 구하기

+ 일차방정식 $x=m$, $y=n$의 그래프

× 좌표축에 평행한 네 직선으로 둘러싸인 도형의 넓이

+ 연립방정식의 해와 두 그래프의 교점의 좌표

× 두 그래프의 교점의 좌표를 이용하여 상수의 값 구하기

+ 연립방정식의 해의 개수와 두 그래프의 위치 관계

01

일차방정식의
그래프와
일차함수의 그래프

(1) 일차방정식의 그래프와 직선의 방정식

x, y의 값의 범위가 수 전체일 때, 일차방정식

$ax+by+c=0$ (a, b, c는 상수, $a\neq0$ 또는 $b\neq0$)

의 해를 모두 좌표평면 위에 나타내면 직선이 된다. 이 직선을 일차방정식 $ax+by+c=0$의 그래프라

하고, 일차방정식 $ax+by+c=0$을 **직선의 방정식**이라 한다.

(2) 일차방정식의 그래프와 일차함수의 그래프

미지수가 2개인 일차방정식 $ax+by+c=0$ (a, b, c는 상수, $a\neq0$, $b\neq0$)의 그래프는

일차함수 $y=-\dfrac{a}{b}x-\dfrac{c}{b}$의 그래프와 서로 같다.
기울기 y절편

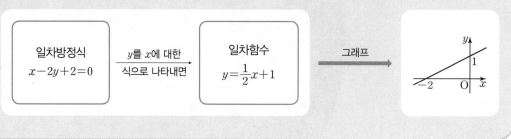

정답과 해설 • **61**쪽

● **일차방정식의 그래프와 일차함수의 그래프**　　　　　　　　　　　　　　　중요

[001~006] 다음 일차방정식을 일차함수 $y=ax+b$ 꼴로 나타내시오. (단, a, b는 상수)

001 $3x+y-1=0$

002 $6x-y-5=0$

003 $4x-2y-8=0$

004 $x+4y-16=0$

005 $-x+5y-2=0$

006 $9x+3y+7=0$

[007~009] 다음 일차방정식의 그래프의 기울기, x절편, y절편을 각각 구하고, 그래프를 좌표평면 위에 그리시오.

007 $x-3y-3=0$

기울기: _____

x절편: _____, y절편: _____

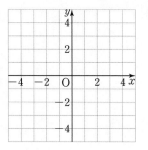

008 $2x+y-2=0$

기울기: _____

x절편: _____, y절편: _____

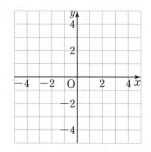

009 $3x-4y+12=0$

기울기: _____

x절편: _____, y절편: _____

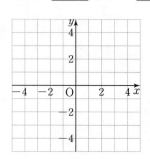

[010~014] 다음 중 일차방정식 $3x-y+2=0$의 그래프에 대한 설명으로 옳은 것은 ○표, 옳지 <u>않은</u> 것은 ×표를 ( ) 안에 쓰시오.

010 일차함수 $y=3x+2$의 그래프와 일치한다. ( )

011 점 $(-1, -2)$를 지난다. ( )

012 x절편은 $-\dfrac{1}{2}$이고, y절편은 2이다. ( )

013 제4사분면을 지나지 않는다. ( )

014 일차함수 $y=-\dfrac{3}{4}x+1$의 그래프와 평행하다.

( )

[015~019] 다음 중 일차방정식 $2x+3y-6=0$의 그래프에 대한 설명으로 옳은 것은 ○표, 옳지 <u>않은</u> 것은 ×표를 ( ) 안에 쓰시오.

015 오른쪽 위로 향하는 직선이다. ( )

016 x의 값이 6만큼 증가할 때, y의 값은 4만큼 감소한다.

( )

017 y축과 만나는 점의 좌표는 $(0, 2)$이다. ( )

018 일차함수 $y=-\dfrac{2}{3}x$의 그래프를 y축의 방향으로 -6만큼 평행이동한 것이다. ( )

019 제1, 2, 4사분면을 지난다. ( )

● 일차방정식 $ax+by+c=0$의 그래프에서 a, b, c의 값 구하기

[020~022] 다음을 만족시키는 상수 a의 값을 구하시오.

020 일차방정식 $ax-2y+8=0$의 그래프가 점 $(-2, 5)$를 지난다.

021 일차방정식 $-3x+ay-6=0$의 그래프가 점 $(4, 3)$을 지난다.

022 일차방정식 $x-ay+5=0$의 그래프가 오른쪽 그림과 같다.

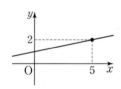

[023~025] 다음을 만족시키는 상수 a, b의 값을 각각 구하시오.

023 일차방정식 $ax+by-1=0$의 그래프의 기울기는 -4, y절편은 $\dfrac{1}{2}$이다.

024 일차방정식 $ax-by+2=0$의 그래프의 기울기는 5, y절편은 -1이다.

025 일차방정식 $ax+by-12=0$의 그래프가 오른쪽 그림과 같다.

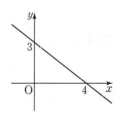

02

일차방정식 $x=m$, $y=n$의 그래프

(1) **일차방정식 $x=m$의 그래프**: 점 $(m, 0)$을 지나고 y축에 평행한 직선
　└ x축에 수직인

(2) **일차방정식 $y=n$의 그래프**: 점 $(0, n)$을 지나고 x축에 평행한 직선
　└ y축에 수직인

참고 일차방정식 $x=0$의 그래프는 y축과 일치하고,
　　일차방정식 $y=0$의 그래프는 x축과 일치한다.

정답과 해설 · **62**쪽

● 일차방정식 $x=m$, $y=n$의 그래프　중요

[026~029] 다음 일차방정식의 그래프를 좌표평면 위에 그리시오.

026 $x=1$

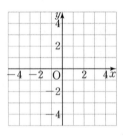

027 $y=-2$

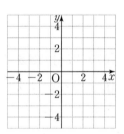

028 $2x=-4$

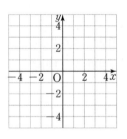

029 $3y-9=0$

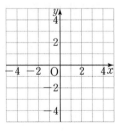

[030~035] 다음과 같은 직선의 방정식을 구하시오.

030 점 $(3, 2)$를 지나고 x축에 평행한 직선

031 점 $(-4, 1)$을 지나고 y축에 평행한 직선

032 점 $(-5, -7)$을 지나고 x축에 수직인 직선

033 점 $\left(\dfrac{1}{2}, -\dfrac{2}{3}\right)$를 지나고 y축에 수직인 직선

034 두 점 $(8, 3)$, $(-5, 3)$을 지나는 직선

035 두 점 $\left(-\dfrac{1}{4}, 6\right)$, $\left(-\dfrac{1}{4}, 9\right)$를 지나는 직선

[036~040] 다음을 만족시키는 a의 값을 구하시오.

036 두 점 $(5, a+6)$, $(3, 4)$를 지나는 직선이 x축에 평행하다.

두 점의 $\boxed{}$좌표가 같으므로

$a+6=\boxed{}$ $\therefore a=\boxed{}$

037 두 점 $(a-4, -2)$, $(-2, -3)$을 지나는 직선이 y축에 평행하다.

038 두 점 $(-6, -1)$, $(4a, 7)$을 지나는 직선이 x축에 수직이다.

039 두 점 $(1, a-3)$, $(8, -a+9)$를 지나는 직선이 y축에 수직이다.

040 두 점 $(2, a)$, $(-3, 3a+6)$을 지나는 직선이 x축에 평행하다.

🖊️ 학교 시험 문제는 이렇게
041 두 점 $(a-1, 4)$, $(-2a+8, 1)$을 지나는 직선이 y축에 평행할 때, 이 직선의 방정식을 구하시오.

● **좌표축에 평행한 네 직선으로 둘러싸인 도형의 넓이**

• 네 직선 $x=a$, $x=b$, $y=c$, $y=d$로 둘러싸인 도형은 직사각형이므로 그 넓이는
➡ $|b-a| \times |d-c|$

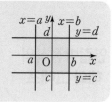

[042~045] 다음 네 일차방정식의 그래프를 각각 그리고, 그 그래프로 둘러싸인 도형의 넓이를 구하시오.

042 $x=0$, $x=3$, $y=0$, $y=4$

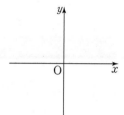

043 $x=-4$, $x=6$, $y=1$, $y=5$

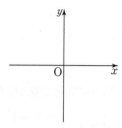

044 $x=-1$, $2x-8=0$, $y-6=0$, $y=-6$

045 $2x+10=0$, $x=1$, $y+2=0$, $y=3$

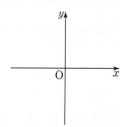

03

연립방정식의 해와 그래프

연립방정식 $\begin{cases} ax+by+c=0 \\ a'x+b'y+c'=0 \end{cases}$ 의 해는 두 일차방정식의 그래프, 즉 두 일차함수의 그래프의 교점의 좌표와 같다.

| 연립방정식의 해 $x=p, y=q$ | = | 두 일차방정식의 그래프의 교점의 좌표 (p, q) |

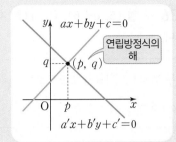

정답과 해설 · **64**쪽

● 연립방정식의 해와 두 그래프의 교점의 좌표

046 오른쪽 그래프를 이용하여 연립방정식 $\begin{cases} x+y=-1 \\ 2x-y=7 \end{cases}$ 을 푸시오.

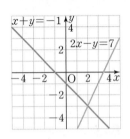

[047~048] 그래프를 이용하여 다음 연립방정식을 푸시오.

047 $\begin{cases} x-2y=-4 \\ x-y=-3 \end{cases}$

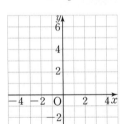

048 $\begin{cases} x-4y=-16 \\ 5x+y=25 \end{cases}$

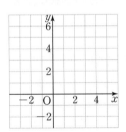

[049~050] 연립방정식을 이용하여 다음 두 일차방정식의 그래프의 교점의 좌표를 구하시오.

049 $x-3y+2=0, \ 2x-y-1=0$

050 $5x+3y-17=0, \ x-y+3=0$

● 두 그래프의 교점의 좌표를 이용하여 상수의 값 구하기 _{중요}

[051~053] 다음 연립방정식을 풀기 위해 두 일차방정식의 그래프를 각각 그렸더니 오른쪽 그림과 같았다. 이때 상수 a, b의 값을 각각 구하시오.

051 $\begin{cases} x+y=a \\ bx-2y=5 \end{cases}$

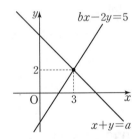

052 $\begin{cases} ax-3y=4 \\ x+by=-3 \end{cases}$

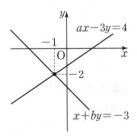

053 $\begin{cases} -x+y=4 \\ x-3y=a \end{cases}$

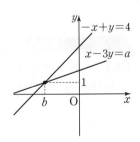

연립방정식 $\begin{cases} ax+by+c=0 \\ a'x+b'y+c'=0 \end{cases}$ 의 해의 개수는 두 일차방정식의 그래프의 교점의 개수와 같다.

	한 점에서 만난다.	평행하다. └ 만나지 않는다.	일치한다.
두 일차방정식의 그래프의 위치 관계	한 점	평행	일치
연립방정식의 해의 개수	해가 하나뿐이다.	해가 없다.	해가 무수히 많다.
그래프의 특징	기울기가 다르다.	기울기는 같고 y절편은 다르다.	기울기가 같고 y절편도 같다.

정답과 해설 • **64**쪽

● 연립방정식의 해의 개수와 두 그래프의 위치 관계

[054~055] 그래프를 이용하여 다음 연립방정식을 푸시오.

054 $\begin{cases} x+3y=-3 \\ -x-3y=-3 \end{cases}$ 055 $\begin{cases} x-y=-1 \\ 2x-2y=-2 \end{cases}$

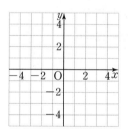   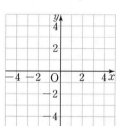

[056~058] 다음 연립방정식의 해가 없을 때, 상수 a의 값을 구하시오.

056 $\begin{cases} ax+3y=1 \\ 4x+y=2 \end{cases}$ $\xrightarrow[\text{식으로 나타내면}]{y\text{를 }x\text{에 대한}}$ $\begin{cases} y=-\dfrac{a}{3}x+\dfrac{1}{3} \\ y= \boxed{} \end{cases}$

기울기는 같고 y절편은 달라야 하므로

$-\dfrac{a}{3}=\boxed{}$ $\therefore a=\boxed{}$

057 $\begin{cases} ax+2y=4 \\ 3x-y=7 \end{cases}$ 058 $\begin{cases} x-5y=10 \\ ax-4y=6 \end{cases}$

[059~061] 다음 연립방정식의 해가 무수히 많을 때, 상수 a, b의 값을 각각 구하시오.

059 $\begin{cases} x+ay=4 \\ 2x-4y=b \end{cases}$ $\xrightarrow[\text{식으로 나타내면}]{y\text{를 }x\text{에 대한}}$ $\begin{cases} y=-\dfrac{1}{a}x+\dfrac{4}{a} \\ y= \boxed{} \end{cases}$

기울기와 y절편이 각각 같아야 하므로

$-\dfrac{1}{a}=\boxed{}$, $\dfrac{4}{a}=\boxed{}$ $\therefore a=\boxed{}$, $b=\boxed{}$

060 $\begin{cases} ax-y=6 \\ 3x+y=b \end{cases}$ 061 $\begin{cases} 8x+6y=a \\ bx+3y=5 \end{cases}$

1 다음 일차방정식의 그래프의 기울기, x절편, y절편을 각각 구하시오.

(1) $x-y-7=0$

(2) $4x-y+6=0$

(3) $-x-2y+3=0$

(4) $5x+3y+9=0$

(5) $-10x+2y+5=0$

2 다음을 만족시키는 상수 a의 값을 구하시오.

(1) 일차방정식 $4x-ay+2=0$의 그래프가 점 $(1, 3)$을 지난다.

(2) 일차방정식 $ax-5y+1=0$의 그래프가 점 $(-7, -4)$를 지난다.

(3) 일차방정식 $3x+ay+10=0$의 그래프가 점 $\left(-3, \dfrac{1}{5}\right)$을 지난다.

3 다음을 만족시키는 상수 a, b의 값을 각각 구하시오.

(1) 일차방정식 $ax+by+5=0$의 그래프의 기울기는 2, y절편은 -5이다.

(2) 일차방정식 $ax-by-6=0$의 그래프의 기울기는 $-\dfrac{1}{3}$, y절편은 2이다.

(3) 일차방정식 $ax+by-10=0$의 그래프의 기울기는 $\dfrac{3}{4}$, y절편은 $-\dfrac{5}{2}$이다.

4 다음 일차방정식의 그래프를 오른쪽 그림에서 고르시오.

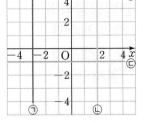

(1) $y=4$

(2) $x=-3$

(3) $5x-10=0$

(4) $2y+3=1$

5 다음을 만족시키는 직선의 방정식을 보기에서 모두 고르시오.

보기
ㄱ. $3y=15$ ㄴ. $2x-1=0$

ㄷ. $-8x=16$ ㄹ. $4y+3=0$

ㅁ. $7y-21=0$ ㅂ. $3x+12=0$

(1) x축에 평행한 직선

(2) y축에 평행한 직선

6 다음과 같은 직선의 방정식을 구하시오.

(1) 점 $(-3, 4)$를 지나고 x축에 평행한 직선

(2) 점 $(-1, -6)$을 지나고 y축에 평행한 직선

(3) 점 $(8, -7)$을 지나고 x축에 수직인 직선

(4) 점 $(2, -9)$를 지나고 y축에 수직인 직선

(5) 두 점 $\left(-5, \dfrac{1}{2}\right)$, $\left(5, \dfrac{1}{2}\right)$을 지나는 직선

7 다음을 만족시키는 a의 값을 구하시오.

(1) 두 점 $(-4, 2)$, $(2, -4a)$를 지나는 직선이 x축에 평행하다.

(2) 두 점 $(3a-1, 6)$, $(5, -3)$을 지나는 직선이 y축에 평행하다.

(3) 두 점 $(2a+7, -1)$, $(-3a-8, 4)$를 지나는 직선이 x축에 수직이다.

(4) 두 점 $(-5, a-3)$, $(10, 9-2a)$를 지나는 직선이 y축에 수직이다.

8 다음 두 일차방정식의 그래프의 교점의 좌표를 구하시오.

(1) $2x-y+1=0$, $3x+y-11=0$

(2) $4x+3y-1=0$, $2x-y+7=0$

(3) $x+3y+19=0$, $3x-4y-8=0$

9 다음 연립방정식을 풀기 위해 두 일차방정식의 그래프를 각각 그렸더니 오른쪽 그림과 같았다. 이때 상수 a, b의 값을 각각 구하시오.

(1) $\begin{cases} ax-2y=8 \\ x+by=2 \end{cases}$

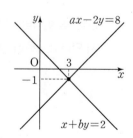

(2) $\begin{cases} 2x-y=-10 \\ x+ay=5 \end{cases}$

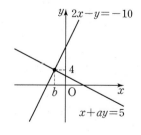

10 다음을 만족시키는 연립방정식을 보기에서 모두 고르시오.

보기

ㄱ. $\begin{cases} 2x-y=2 \\ 4x-2y=1 \end{cases}$ ㄴ. $\begin{cases} -x+y=3 \\ x-y=-3 \end{cases}$

ㄷ. $\begin{cases} 2x-2y=8 \\ -3x+3y=-6 \end{cases}$ ㄹ. $\begin{cases} 3x+y=2 \\ 3x-y=-2 \end{cases}$

ㅁ. $\begin{cases} 5x-2y=1 \\ 10x+y=2 \end{cases}$ ㅂ. $\begin{cases} -2x-y=7 \\ 4x+2y=-14 \end{cases}$

(1) 해가 하나뿐인 연립방정식

(2) 해가 없는 연립방정식

(3) 해가 무수히 많은 연립방정식

11 다음 연립방정식의 해가 없을 때, 상수 a의 값을 구하시오.

(1) $\begin{cases} ax-3y=-1 \\ 6x-9y=3 \end{cases}$

(2) $\begin{cases} 2x-y=-4 \\ ax+4y=1 \end{cases}$

(3) $\begin{cases} 6x+y=8 \\ -4x+ay=12 \end{cases}$

12 다음 연립방정식의 해가 무수히 많을 때, 상수 a, b의 값을 각각 구하시오.

(1) $\begin{cases} -8x+ay=14 \\ bx+5y=-7 \end{cases}$

(2) $\begin{cases} 6x+ay=10 \\ bx+12y=-15 \end{cases}$

(3) $\begin{cases} 3ax-y=-8 \\ x+2y=b \end{cases}$

1 다음 중 일차방정식 $5x-7y-35=0$의 그래프는?

①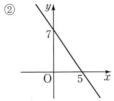

②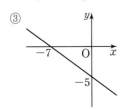

③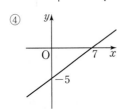

④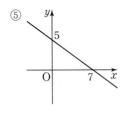

⑤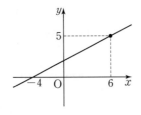

2 다음 중 일차방정식 $2x+3y-4=0$의 그래프에 대한 설명으로 옳지 <u>않은</u> 것은?

① 기울기는 $-\dfrac{2}{3}$이다.

② x절편은 2, y절편은 $\dfrac{4}{3}$이다.

③ x의 값이 증가하면 y의 값도 증가한다.

④ 오른쪽 아래로 향하는 직선이다.

⑤ 제3사분면을 지나지 않는다.

3 일차방정식 $x-ay+b=0$의 그래프가 오른쪽 그림과 같을 때, 상수 a, b에 대하여 $a-b$의 값을 구하시오.

4 일차방정식 $mx-2y+n=0$의 그래프가 일차방정식 $-3x+y-4=0$의 그래프와 평행하고 y절편이 -5일 때, 상수 m, n에 대하여 $m+n$의 값은?

① -5 ② -4 ③ -3
④ -2 ⑤ -1

5 다음 중 y축에 수직인 직선의 방정식을 모두 고르면?
(정답 2개)

① $x=-3$ ② $y=5$ ③ $2x+1=0$
④ $-4y=1$ ⑤ $7x=0$

6 다음 중 일차방정식 $3x-y+6=0$의 그래프와 x축 위에서 만나고, y축에 평행한 직선의 방정식은?

① $x=-2$ ② $x=2$ ③ $x-6=0$
④ $y=-2$ ⑤ $2y=6$

7 일차방정식 $4x-3=a$의 그래프가 오른쪽 그림과 같을 때, 상수 a의 값을 구하시오.

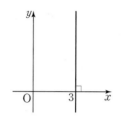

8 다음 네 일차방정식의 그래프로 둘러싸인 도형의 넓이는?

$$x-1=0, \quad 2x+6=0, \quad y=2, \quad y+5=0$$

① 20   ② 22   ③ 24
④ 28   ⑤ 30

9 오른쪽 그림과 같이 좌표평면 위에 세 직선 l, m, n이 있다. 점 A, B, C, D, E 중 연립방정식 $\begin{cases} x-3y=-1 \\ x-y=1 \end{cases}$ 의 해를 나타내는 점은?

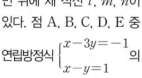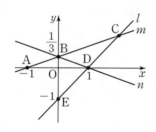

① 점 A   ② 점 B   ③ 점 C
④ 점 D   ⑤ 점 E

10 두 일차방정식 $3x+2y-5=0$과 $2x+y-3=0$의 그래프의 교점의 좌표를 (a, b)라 할 때, $a+b$의 값은?

① -2 ② -1 ③ 0
④ 1   ⑤ 2

11 오른쪽 그림은 연립방정식 $\begin{cases} ax+3y=1 \\ -x+by=3 \end{cases}$ 을 풀기 위해 두 일차방정식의 그래프를 각각 그린 것이다. 이때 상수 a, b에 대하여 $a+b$의 값은?

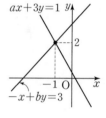

① 5   ② 6   ③ 7
④ 8   ⑤ 9

12 두 직선 $2x-y=-7$과 $ax+y=-5$의 교점이 존재하지 않을 때, 상수 a의 값을 구하시오.

memo

개념 ✛ 연산

정답과 해설

중등 수학

2·1

visang

pionada

visang

공부 습관에도
진단과 처방이
필수입니다

초4부터 중등까지는 공부 습관이 피어날 최적의 시기입니다.

공부 마음을 망치는 공부를 하고 있나요?
성공 습관을 무시한 공부를 하고 있나요?
더 이상 이제 그만!

지금은 피어나다와 함께 사춘기 공부 그릇을 키워야 할 때입니다.

강점코칭 무료체험

바로 지금,
마음 성장 기반 학습 코칭 서비스, **피어나다®**로
공부 생명력을 피어나게 해보세요.

상담
문의 **1833-3124**

www.pionada.com

공부 생명력이
pionada

일주일 단 1시간으로 심리 상담부터 학습 코칭까지 한번에!

상위권 공부 전략 체화 시스템	**공부력 향상 심리 솔루션**	**온택트 모둠 코칭**	**공인된 진단 검사**
공부 마인드 정착 및 자기주도적 공부 습관 완성	마음·공부·성공 습관 형성을 통한 마음 근력 강화 프로그램	주 1회 모둠 코칭 수업 및 상담과 특강 제공	서울대 교수진 감수 학습 콘텐츠와 한국심리학회 인증 진단 검사

N

1 유리수와 순환소수

8~17쪽

001 답 유

002 답 무

003 답 유

004 답 유

005 답 무

006 답 무

007 답 **0.6**, 유

$\dfrac{3}{5}=3\div 5=0.6 \Rightarrow$ 유한소수

008 답 **0.333···**, 무

$\dfrac{1}{3}=1\div 3=0.333\cdots \Rightarrow$ 무한소수

009 답 **−0.28**, 유

$-\dfrac{7}{25}=-(7\div 25)=-0.28 \Rightarrow$ 유한소수

010 답 **0.545454···**, 무

$\dfrac{6}{11}=6\div 11=0.545454\cdots \Rightarrow$ 무한소수

011 답 **−1.125**, 유

$-\dfrac{9}{8}=-(9\div 8)=-1.125 \Rightarrow$ 유한소수

012 답 **−2.1666···**, 무

$-\dfrac{13}{6}=-(13\div 6)=-2.1666\cdots \Rightarrow$ 무한소수

013 답

순환소수	순환마디	순환소수의 표현
1.555···	5	$1.\dot{5}$
7.4111···	1	$7.4\dot{1}$
0.1562562562···	562	$0.1\dot{5}6\dot{2}$
9.64595959···	59	$9.64\dot{5}\dot{9}$

014 답 $5.\dot{2}1\dot{5}$

순환마디는 소수점 아래에서 찾아야 하므로 $5.215\,215\,215\cdots=5.\dot{2}1\dot{5}$

015 답 ○

016 답 $0.\dot{4}5\dot{6}$

순환마디의 처음과 끝의 숫자 위에만 점을 찍어야 하므로
$0.456\,456\,456\cdots=0.\dot{4}5\dot{6}$

017 답 $3.\dot{6}\dot{3}$

순환마디는 소수점 아래에서 숫자의 배열이 가장 먼저 반복되는 부분
이므로 $3.636363\cdots=3.\dot{6}\dot{3}$

018 답 풀이 참조

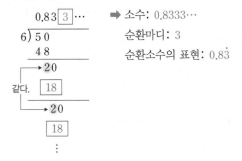

➡ 소수: $0.8333\cdots$
  순환마디: 3
  순환소수의 표현: $0.8\dot{3}$

019 답 **0.888···**, $0.\dot{8}$

$\dfrac{8}{9}=8\div 9=0.888\cdots=0.\dot{8}$

020 답 **0.41666···**, $0.41\dot{6}$

$\dfrac{5}{12}=5\div 12=0.41666\cdots=0.41\dot{6}$

021 답 **0.054054054···**, $0.\dot{0}5\dot{4}$

$\dfrac{2}{37}=2\div 37=0.054\,054\,054\cdots=0.\dot{0}5\dot{4}$

022 답 **0.3181818···**, $0.3\dot{1}\dot{8}$

$\dfrac{7}{22}=7\div 22=0.3181818\cdots=0.3\dot{1}\dot{8}$

023 답 **3, 3, 1, 1, 3**

024 답 **1**

$8=3\times 2+\boxed{2}$ 이므로 소수점 아래 8번째 자리의 숫자는 순환마디의
$\boxed{2}$ 번째 숫자와 같은 1이다.

참고 $8=\underset{\text{순환마디를 이루는 숫자의 개수}}{\underline{3}}\times 2+\underset{\text{2번째 숫자}}{\underline{2}} \Rightarrow 0.\dot{3}1\dot{6}=0.\underset{\text{순환마디의 반복 횟수: 2번}}{316\,316\,3}1\underset{\text{2번째 숫자}}{6}\cdots$

025 답 **6**

$21=\boxed{3}\times 7$이므로 소수점 아래 21번째 자리의 숫자는 순환마디의
$\boxed{3}$ 번째 숫자와 같은 6이다.

026 답 **3**

$1.9\dot{5}2\dot{3}$에서 순환마디를 이루는 숫자는 9, 5, 2, 3의 4개이다.
이때 $20=\boxed{4}\times 5$이므로 소수점 아래 20번째 자리의 숫자는 순환마
디의 $\boxed{4}$ 번째 숫자와 같은 3이다.

027 답 2

$35=4\times8+$ ③ 이므로 소수점 아래 35번째 자리의 숫자는 순환마디의 ③번째 숫자와 같은 2이다.

028 답 9

$57=4\times14+$ ① 이므로 소수점 아래 57번째 자리의 숫자는 순환마디의 ①번째 숫자와 같은 9이다.

029 답 8

$\dfrac{2}{11}=0.181818\cdots=0.\dot{1}\dot{8}$에서 순환마디를 이루는 숫자는 1, 8의 2개이다. 이때 $18=$ ② $\times9$이므로 소수점 아래 18번째 자리의 숫자는 순환마디의 ②번째 숫자와 같은 8이다.

030 답 1

$\dfrac{5}{33}=0.151515\cdots=0.\dot{1}\dot{5}$에서 순환마디를 이루는 숫자는 1, 5의 2개이다. 이때 $25=2\times12+$ ① 이므로 소수점 아래 25번째 자리의 숫자는 순환마디의 ①번째 숫자와 같은 1이다.

031 답 2

$\dfrac{10}{37}=0.270270270\cdots=0.\dot{2}7\dot{0}$에서 순환마디를 이루는 숫자는 2, 7, 0의 3개이다. 이때 $40=3\times13+$ ① 이므로 소수점 아래 40번째 자리의 숫자는 순환마디의 ①번째 숫자와 같은 2이다.

032 답 9

$\dfrac{8}{27}=0.296296296\cdots=0.\dot{2}9\dot{6}$에서 순환마디를 이루는 숫자는 2, 9, 6의 3개이다. 이때 $62=3\times20+$ ② 이므로 소수점 아래 62번째 자리의 숫자는 순환마디의 ②번째 숫자와 같은 9이다.

033 답 4

$\dfrac{1}{41}=0.024390243902439\cdots=0.\dot{0}243\dot{9}$에서 순환마디를 이루는 숫자는 0, 2, 4, 3, 9의 5개이다. 이때 $88=5\times17+$ ③ 이므로 소수점 아래 88번째 자리의 숫자는 순환마디의 ③번째 숫자와 같은 4이다.

034 답 7

$\dfrac{2}{7}=0.285714285714285714\cdots=0.\dot{2}8571\dot{4}$에서 순환마디를 이루는 숫자는 2, 8, 5, 7, 1, 4의 6개이다. 이때 $70=6\times11+$ ④ 이므로 소수점 아래 70번째 자리의 숫자는 순환마디의 ④번째 숫자와 같은 7이다.

035 답 풀이 참조

$\dfrac{1}{5}=\dfrac{1\times\boxed{2}}{5\times\boxed{2}}=\dfrac{\boxed{2}}{10}=\boxed{0.2}$

036 답 풀이 참조

$\dfrac{3}{4}=\dfrac{3}{2^2}=\dfrac{3\times\boxed{5^2}}{2^2\times\boxed{5^2}}=\dfrac{\boxed{75}}{100}=\boxed{0.75}$

037 답 풀이 참조

$\dfrac{6}{25}=\dfrac{6}{5^2}=\dfrac{6\times\boxed{2^2}}{5^2\times\boxed{2^2}}=\dfrac{\boxed{24}}{100}=\boxed{0.24}$

038 답 풀이 참조

$\dfrac{9}{20}=\dfrac{9}{2^2\times5}=\dfrac{9\times\boxed{5}}{2^2\times5\times\boxed{5}}=\dfrac{\boxed{45}}{100}=\boxed{0.45}$

039 답 풀이 참조

$\dfrac{3}{250}=\dfrac{3}{2\times5^3}=\dfrac{3\times\boxed{2^2}}{2\times5^3\times\boxed{2^2}}=\dfrac{\boxed{12}}{1000}=\boxed{0.012}$

040 답 $\dfrac{1}{2^2\times5}$, 없다, 있다

041 답 $\dfrac{5}{2\times3^2}$, 있다, 없다

042 답 $\dfrac{1}{4}$, $\dfrac{1}{2^2}$, 없다, 있다

043 답 $\dfrac{2}{15}$, $\dfrac{2}{3\times5}$, 있다, 없다

044 답 유한

045 답 순환

046 답 순환

$\dfrac{14}{3\times5\times7}=\dfrac{2}{3\times5}$

047 답 유한

$\dfrac{55}{2^2\times5^2\times11}=\dfrac{1}{2^2\times5}$

048 답 순환

$\dfrac{7}{120}=\dfrac{7}{2^3\times3\times5}$

049 답 유한

$\dfrac{9}{150}=\dfrac{3}{50}=\dfrac{3}{2\times5^2}$

050 답 유한

$\dfrac{77}{280}=\dfrac{11}{40}=\dfrac{11}{2^3\times5}$

051 답 2, 5, 3, 3

052 답 13

$\dfrac{6}{3\times5^2\times13}\times x=\dfrac{2}{5^2\times13}\times x$를 유한소수로 나타낼 수 있으려면 분모의 소인수가 2 또는 5뿐이어야 하므로 x는 13의 배수이어야 한다. 따라서 가장 작은 자연수 x의 값은 13이다.

053 답 **77**

$\dfrac{10}{2^4 \times 7 \times 11} \times x = \dfrac{5}{2^3 \times 7 \times 11} \times x$를 유한소수로 나타낼 수 있으려면 분모의 소인수가 2 또는 5뿐이어야 하므로 x는 7과 11의 공배수, 즉 77의 배수이어야 한다.
따라서 가장 작은 자연수 x의 값은 77이다.

054 답 **3**

$\dfrac{2}{15} \times x = \dfrac{2}{3 \times 5} \times x$를 유한소수로 나타낼 수 있으려면 분모의 소인수가 2 또는 5뿐이어야 하므로 x는 3의 배수이어야 한다.
따라서 가장 작은 자연수 x의 값은 3이다.

055 답 **9**

$\dfrac{7}{90} \times x = \dfrac{7}{2 \times 3^2 \times 5} \times x$를 유한소수로 나타낼 수 있으려면 분모의 소인수가 2 또는 5뿐이어야 하므로 x는 $3^2 = 9$의 배수이어야 한다.
따라서 가장 작은 자연수 x의 값은 9이다.

056 답 **11**

$\dfrac{21}{330} \times x = \dfrac{7}{110} \times x = \dfrac{7}{2 \times 5 \times 11} \times x$를 유한소수로 나타낼 수 있으려면 분모의 소인수가 2 또는 5뿐이어야 하므로 x는 11의 배수이어야 한다.
따라서 가장 작은 자연수 x의 값은 11이다.

057 답 **③**

$\dfrac{6}{315} \times x = \dfrac{2}{105} \times x = \dfrac{2}{3 \times 5 \times 7} \times x$를 소수로 나타내면 유한소수가 되므로 분모의 소인수가 2 또는 5뿐이어야 한다.
따라서 x는 3과 7의 공배수, 즉 21의 배수이어야 하므로 x의 값이 될 수 없는 것은 ③ 56이다.

058 답 $10, 9, 5, \dfrac{5}{9}$

059 답 $100, 99, 135, \dfrac{15}{11}$

060 답 $\dfrac{4}{3}$

$x = 1.\dot{3}$이라 하면 $x = 1.333\cdots$이므로
$10x = 13.333\cdots$
$-)\ \ x = 1.333\cdots$
$\ 9x = 12 \qquad \therefore x = \dfrac{12}{9} = \dfrac{4}{3}$

061 답 $\dfrac{8}{33}$

$x = 0.\dot{2}\dot{4}$라 하면 $x = 0.242424\cdots$이므로
$100x = 24.242424\cdots$
$-)\ \ \ x = 0.242424\cdots$
$\ 99x = 24 \qquad \therefore x = \dfrac{24}{99} = \dfrac{8}{33}$

062 답 $\dfrac{305}{99}$

$x = 3.\dot{0}\dot{8}$이라 하면 $x = 3.080808\cdots$이므로
$100x = 308.080808\cdots$
$-)\ \ \ x = 3.080808\cdots$
$\ 99x = 305 \qquad \therefore x = \dfrac{305}{99}$

063 답 $\dfrac{21}{37}$

$x = 0.\dot{5}6\dot{7}$이라 하면 $x = 0.567567567\cdots$이므로
$1000x = 567.567567567\cdots$
$-)\ \ \ \ \ \ x = 0.567567567\cdots$
$\ 999x = 567 \qquad \therefore x = \dfrac{567}{999} = \dfrac{21}{37}$

064 답 $100, 10, 90, 65, \dfrac{13}{18}$

065 답 $1000, 10, 990, 233, \dfrac{233}{990}$

066 답 $1000, 100, 900, 1824, \dfrac{152}{75}$

067 답 $\dfrac{73}{90}$

$x = 0.8\dot{1}$이라 하면 $x = 0.8111\cdots$이므로
$100x = 81.111\cdots$
$-)\ 10x = 8.111\cdots$
$\ 90x = 73 \qquad \therefore x = \dfrac{73}{90}$

068 답 $\dfrac{55}{18}$

$x = 3.0\dot{5}$라 하면 $x = 3.0555\cdots$이므로
$100x = 305.555\cdots$
$-)\ 10x = 30.555\cdots$
$\ 90x = 275 \qquad \therefore x = \dfrac{275}{90} = \dfrac{55}{18}$

069 답 $\dfrac{167}{110}$

$x = 1.5\dot{1}\dot{8}$이라 하면 $x = 1.5181818\cdots$이므로
$1000x = 1518.181818\cdots$
$-)\ \ \ 10x = 15.181818\cdots$
$\ 990x = 1503 \qquad \therefore x = \dfrac{1503}{990} = \dfrac{167}{110}$

070 답 $\dfrac{283}{300}$

$x = 0.94\dot{3}$이라 하면 $x = 0.94333\cdots$이므로
$1000x = 943.333\cdots$
$-)\ \ 100x = 94.333\cdots$
$\ 900x = 849 \qquad \therefore x = \dfrac{849}{900} = \dfrac{283}{300}$

071 답 (1) ㄹ (2) ㄷ (3) ㄴ (4) ㄱ

(1) $x=1.\dot{7}=1.777\cdots$에서
$$10x=17.777\cdots$$
$$-)\quad x=\ 1.777\cdots$$
$$\overline{10x-x=16}$$
따라서 가장 편리한 식은 ㄹ $10x-x$이다.

(2) $x=0.2\dot{3}=0.2333\cdots$에서
$$100x=23.333\cdots$$
$$-)\quad 10x=\ 2.333\cdots$$
$$\overline{100x-10x=21}$$
따라서 가장 편리한 식은 ㄷ $100x-10x$이다.

(3) $x=3.\dot{2}0\dot{6}=3.206206206\cdots$에서
$$1000x=3206.206206206\cdots$$
$$-)\qquad x=\ \quad 3.206206206\cdots$$
$$\overline{1000x-x=3203}$$
따라서 가장 편리한 식은 ㄴ $1000x-x$이다.

(4) $x=0.19\dot{4}=0.194 44\cdots$에서
$$1000x=194.444\cdots$$
$$-)\quad 100x=\ 19.444\cdots$$
$$\overline{1000x-100x=175}$$
따라서 가장 편리한 식은 ㄱ $1000x-100x$이다.

072 답 999

073 답 99, $\dfrac{9}{11}$

074 답 풀이 참조
$$3.\dot{0}\dot{4}=\frac{304-\boxed{3}}{\boxed{99}}=\boxed{\frac{301}{99}}$$

075 답 1534, 1, 1533, $\dfrac{511}{333}$

076 답 $\dfrac{1}{3}$
$$0.\dot{3}=\frac{3}{9}=\frac{1}{3}$$

077 답 $\dfrac{64}{99}$

078 답 $\dfrac{137}{333}$
$$0.\dot{4}1\dot{1}=\frac{411}{999}=\frac{137}{333}$$

079 답 $\dfrac{2032}{99}$
$$20.\dot{5}\dot{2}=\frac{2052-20}{99}=\frac{2032}{99}$$

080 답 $\dfrac{189}{37}$
$$5.\dot{1}0\dot{8}=\frac{5108-5}{999}=\frac{5103}{999}=\frac{189}{37}$$

081 답 3, $\dfrac{29}{90}$

082 답 풀이 참조
$$0.10\dot{4}=\frac{104-\boxed{1}}{\boxed{990}}=\boxed{\frac{103}{990}}$$

083 답 243, 24, 219, $\dfrac{73}{300}$

084 답 184, 18, 166, $\dfrac{83}{45}$

085 답 풀이 참조
$$2.93\dot{2}=\frac{2932-\boxed{293}}{\boxed{900}}=\boxed{\frac{2639}{900}}$$

086 답 $\dfrac{7}{45}$
$$0.1\dot{5}=\frac{15-1}{90}=\frac{14}{90}=\frac{7}{45}$$

087 답 $\dfrac{26}{55}$
$$0.4\dot{7}\dot{2}=\frac{472-4}{990}=\frac{468}{990}=\frac{26}{55}$$

088 답 $\dfrac{79}{225}$
$$0.35\dot{1}=\frac{351-35}{900}=\frac{316}{900}=\frac{79}{225}$$

089 답 $\dfrac{59}{18}$
$$3.2\dot{7}=\frac{327-32}{90}=\frac{295}{90}=\frac{59}{18}$$

090 답 $\dfrac{1241}{990}$
$$1.2\dot{5}\dot{3}=\frac{1253-12}{990}=\frac{1241}{990}$$

091 답 $\dfrac{2071}{450}$
$$4.60\dot{2}=\frac{4602-460}{900}=\frac{4142}{900}=\frac{2071}{450}$$

092 답 ④

① $0.\dot{1}=\dfrac{1}{9}$ ② $1.\dot{5}\dot{2}=\dfrac{152-1}{99}$

③ $0.1\dot{3}=\dfrac{13-1}{90}$ ④ $0.1\dot{2}\dot{3}=\dfrac{123-1}{990}$

⑤ $3.74\dot{2}=\dfrac{3742-374}{900}$

따라서 옳은 것은 ④이다.

093 답 ○

$1.25\dot{8}$은 순환소수이므로 유리수이다.

094 답 ○

0.54321은 유한소수이므로 유리수이다.

095 답 ×

$\pi=3.141592\cdots$는 순환소수가 아닌 무한소수이다.

따라서 $\pi-2=1.141592\cdots$는 순환소수가 아닌 무한소수이므로 유리수가 아니다.

096 답 ○

$-2.34878787\cdots=-2.34\dot{8}\dot{7}$은 순환소수이므로 유리수이다.

097 답 ×

$2.020020002\cdots$는 순환소수가 아닌 무한소수이므로 유리수가 아니다.

098 답 ○

$-5.1\dot{5}78\dot{6}$은 순환소수이므로 유리수이다.

099 답 ○

100 답 ○

101 답 ×

$\pi=3.141592\cdots$는 무한소수이지만 순환소수가 아니다.

102 답 ×

순환소수는 모두 유리수이다.

103 답 ×

순환소수가 아닌 무한소수는 유리수가 아니다.

104 답 ○

105 답 ×

정수가 아닌 유리수는 유한소수 또는 순환소수로 나타낼 수 있다.

(기본 문제 × 확인하기) 18~19쪽

1 (1) $1.333\cdots$, 무한소수 (2) 2.25, 유한소수
  (3) -0.375, 유한소수 (4) $0.777\cdots$, 무한소수
  (5) $-0.08333\cdots$, 무한소수

2 (1) 6, $0.\dot{6}$ (2) 235, $0.\dot{2}3\dot{5}$ (3) 84, $4.\dot{8}\dot{4}$ (4) 70, $7.0\dot{2}7\dot{0}$

3 (1) $0.222\cdots$, $0.\dot{2}$ (2) $0.909090\cdots$, $0.\dot{9}\dot{0}$
  (3) $0.2777\cdots$, $0.2\dot{7}$ (4) $0.148148148\cdots$, $0.\dot{1}4\dot{8}$

4 (1) 2 (2) 8 (3) 5   5 (1) 4 (2) 7 (3) 9

6 풀이 참조   7 ㄱ, ㄷ, ㅁ

8 (1) 21 (2) 33 (3) 9 (4) 13   9 (1) ㄴ (2) ㄹ (3) ㄱ (4) ㄷ

10 (1) $\dfrac{16}{33}$ (2) $\dfrac{31}{3}$ (3) $\dfrac{125}{111}$ (4) $\dfrac{59}{60}$ (5) $\dfrac{199}{66}$

11 ㄴ, ㅁ

12 (1) × (2) ○ (3) × (4) ○ (5) × (6) ○ (7) ○

---

1 (1) $\dfrac{4}{3}=4\div3=1.333\cdots$ ➡ 무한소수

(2) $\dfrac{9}{4}=9\div4=2.25$ ➡ 유한소수

(3) $-\dfrac{3}{8}=-(3\div8)=-0.375$ ➡ 유한소수

(4) $\dfrac{7}{9}=7\div9=0.777\cdots$ ➡ 무한소수

(5) $-\dfrac{1}{12}=-(1\div12)=-0.08333\cdots$ ➡ 무한소수

3 (1) $\dfrac{2}{9}=2\div9=0.\boxed{2}22\cdots=0.\dot{2}$

(2) $\dfrac{10}{11}=10\div11=0.\boxed{90}9090\cdots=0.\dot{9}\dot{0}$

(3) $\dfrac{5}{18}=5\div18=0.2\boxed{7}77\cdots=0.2\dot{7}$

(4) $\dfrac{4}{27}=4\div27=0.\boxed{148}148148\cdots=0.\dot{1}4\dot{8}$

4 $1.\dot{2}87\dot{5}$에서 순환마디를 이루는 숫자는 2, 8, 7, 5의 4개이다.

(1) $25=4\times6+\boxed{1}$이므로 소수점 아래 25번째 자리의 숫자는 순환마디의 $\boxed{1}$번째 숫자와 같은 2이다.

(2) $50=4\times12+\boxed{2}$이므로 소수점 아래 50번째 자리의 숫자는 순환마디의 $\boxed{2}$번째 숫자와 같은 8이다.

(3) $100=\boxed{4}\times25$이므로 소수점 아래 100번째 자리의 숫자는 순환마디의 $\boxed{4}$번째 숫자와 같은 5이다.

5 (1) $\dfrac{5}{11}=0.454545\cdots=0.\dot{4}\dot{5}$에서 순환마디를 이루는 숫자는 4, 5의 2개이다. 이때 $101=2\times50+\boxed{1}$이므로 소수점 아래 101번째 자리의 숫자는 순환마디의 $\boxed{1}$번째 숫자와 같은 4이다.

(2) $\dfrac{2}{27}=0.074074074\cdots=0.\dot{0}7\dot{4}$에서 순환마디를 이루는 숫자는 0, 7, 4의 3개이다. 이때 $101=3\times33+\boxed{2}$이므로 소수점 아래 101번째 자리의 숫자는 순환마디의 $\boxed{2}$번째 숫자와 같은 7이다.

(3) $\dfrac{4}{13}=0.307692307692307692\cdots=0.\dot{3}0769\dot{2}$에서 순환마디를 이루는 숫자는 3, 0, 7, 6, 9, 2의 6개이다. 이때 $101=6\times16+\boxed{5}$이므로 소수점 아래 101번째 자리의 숫자는 순환마디의 $\boxed{5}$번째 숫자와 같은 9이다.

6 (1) $\dfrac{1}{8}=\dfrac{1}{2^3}=\dfrac{1\times\boxed{5^3}}{2^3\times\boxed{5^3}}=\dfrac{\boxed{125}}{1000}=\boxed{0.125}$

(2) $\dfrac{11}{50}=\dfrac{11}{2\times5^2}=\dfrac{11\times\boxed{2}}{2\times5^2\times\boxed{2}}=\dfrac{\boxed{22}}{100}=\boxed{0.22}$

(3) $\dfrac{7}{200}=\dfrac{7}{2^3\times5^2}=\dfrac{7\times\boxed{5}}{2^3\times5^2\times\boxed{5}}=\dfrac{\boxed{35}}{1000}=\boxed{0.035}$

7 ㄱ. $\dfrac{3}{12}=\dfrac{1}{4}=\dfrac{1}{2^2}$ ㄴ. $\dfrac{1}{15}=\dfrac{1}{3\times5}$

ㄷ. $\dfrac{9}{2^4\times3^2}=\dfrac{1}{2^4}$ ㄹ. $\dfrac{5}{72}=\dfrac{5}{2^3\times3^2}$

ㅁ. $\dfrac{6}{2^2\times3\times5^2}=\dfrac{1}{2\times5^2}$ ㅂ. $\dfrac{21}{2^2\times3^3\times7}=\dfrac{1}{2^2\times3^2}$

따라서 유한소수로 나타낼 수 있는 것은 ㄱ, ㄷ, ㅁ이다.

8 (1) $\dfrac{1}{3\times5\times7}\times x$를 유한소수로 나타낼 수 있으려면 분모의 소인수가 2 또는 5뿐이어야 하므로 x는 3과 7의 공배수, 즉 21의 배수이어야 한다.

따라서 가장 작은 자연수 x의 값은 21이다.

(2) $\dfrac{30}{2^2\times3^2\times11}\times x=\dfrac{5}{2\times3\times11}\times x$를 유한소수로 나타낼 수 있으려면 분모의 소인수가 2 또는 5뿐이어야 하므로 x는 3과 11의 공배수, 즉 33의 배수이어야 한다.

따라서 가장 작은 자연수 x의 값은 33이다.

(3) $\dfrac{11}{180}\times x=\dfrac{11}{2^2\times3^2\times5}\times x$를 유한소수로 나타낼 수 있으려면 분모의 소인수가 2 또는 5뿐이어야 하므로 x는 $3^2=9$의 배수이어야 한다.

따라서 가장 작은 자연수 x의 값은 9이다.

(4) $\dfrac{15}{390}\times x=\dfrac{1}{2\times13}\times x$를 유한소수로 나타낼 수 있으려면 분모의 소인수가 2 또는 5뿐이어야 하므로 x는 13의 배수이어야 한다.

따라서 가장 작은 자연수 x의 값은 13이다.

9 (1) $x=0.7\dot{5}=0.755\cdots$에서

$$100x=75.555\cdots$$
$$-)\quad 10x=\ \ 7.555\cdots$$
$$100x-10x=68$$

따라서 가장 편리한 식은 ㄴ. $100x-10x$이다.

(2) $x=3.16\dot{4}=3.164\cdots$에서

$$1000x=3164.444\cdots$$
$$-)\quad 100x=\ \ 316.444\cdots$$
$$1000x-100x=2848$$

따라서 가장 편리한 식은 ㄹ. $1000x-100x$이다.

(3) $x=2.\dot{8}\dot{3}=2.838383\cdots$에서

$$100x=283.838383\cdots$$
$$-)\qquad x=\ \ \ 2.838383\cdots$$
$$100x-x=281$$

따라서 가장 편리한 식은 ㄱ. $100x-x$이다.

(4) $x=7.8\dot{5}\dot{1}=7.851\,5151\cdots$에서

$$1000x=7851.515151\cdots$$
$$-)\quad 10x=\ \ 78.515151\cdots$$
$$1000x-10x=7773$$

따라서 가장 편리한 식은 ㄷ. $1000x-10x$이다.

10 (1) $0.\dot{4}\dot{8}=\dfrac{48}{99}=\dfrac{16}{33}$

(2) $10.\dot{3}=\dfrac{103-10}{9}=\dfrac{93}{9}=\dfrac{31}{3}$

(3) $1.\dot{1}\dot{2}\dot{6}=\dfrac{1126-1}{999}=\dfrac{1125}{999}=\dfrac{125}{111}$

(4) $0.98\dot{3}=\dfrac{983-98}{900}=\dfrac{885}{900}=\dfrac{59}{60}$

(5) $3.0\dot{1}\dot{5}=\dfrac{3015-30}{990}=\dfrac{2985}{990}=\dfrac{199}{66}$

11 ㄴ, ㅁ. 순환소수가 아닌 무한소수이므로 유리수가 아니다.

12 (1) 0은 유리수이다.

(2) $1.\dot{3}7\dot{2}$는 순환소수이므로 유리수이다.

(3) 유리수는 모두 분수로 나타낼 수 있다.

(5) 무한소수 중 순환소수는 유리수이다.

학교 시험 문제 × 확인하기   20~21쪽

1 ①, ④	2 ⑤	3 ④	4 12	5 ④
6 ③	7 33	8 ④	9 ④	10 ②
11 ⑤	12 ③	13 ③	14 ③, ④	

1 ① $\dfrac{6}{7}$은 유리수이다.

④ $\dfrac{2}{3}=0.666\cdots$이므로 무한소수이다.

⑤ $\dfrac{5}{24}=0.208333\cdots$이므로 무한소수이다.

따라서 옳지 않은 것은 ①, ④이다.

2 ① $0.00\,90\,909\cdots=0.00\dot{9}$

② $-1.548\,548\,548\cdots=-1.\dot{5}4\dot{8}$

③ $0.123\,123\,123\cdots=0.\dot{1}2\dot{3}$

④ $2.62\,6262\cdots=2.\dot{6}\dot{2}$

⑤ $1.70\,50\,505\cdots=1.7\dot{0}\dot{5}$

따라서 옳은 것은 ⑤이다.

3 $\dfrac{7}{55}=0.127\,2727\cdots=0.1\dot{2}\dot{7}$

4 $\dfrac{5}{13}=0.3846153846153846153\cdots=0.\dot{3}8461\dot{5}$에서 순환마디를 이루는 숫자는 3, 8, 4, 6, 1, 5의 6개이므로 $a=6$

이때 $100=6\times16+4$이므로 소수점 아래 100번째 자리의 숫자는 순환마디의 4번째 숫자와 같은 6이다. $\therefore b=6$

$\therefore a+b=6+6=12$

5 $\dfrac{11}{40}=\dfrac{11}{2^3\times5}=\dfrac{11\times5^2}{2^3\times5\times5^2}=\dfrac{275}{1000}=0.275$

$\therefore a=5^2,\ b=275,\ c=0.275$

6 ① $\dfrac{11}{8}=\dfrac{11}{2^3}$ ② $\dfrac{9}{20}=\dfrac{9}{2^2\times5}$

③ $\dfrac{20}{75}=\dfrac{4}{15}=\dfrac{4}{3\times5}$ ⑤ $\dfrac{27}{2^2\times3^2\times5}=\dfrac{3}{2^2\times5}$

따라서 유한소수로 나타낼 수 없는 것은 ③이다.

7 $\dfrac{5}{660}=\dfrac{1}{132}=\dfrac{1}{2^2\times3\times11}$에 어떤 자연수를 곱하여 유한소수로 나타내려면 분모의 소인수가 2 또는 5뿐이어야 하므로 3과 11의 공배수, 즉 33의 배수를 곱해야 한다.

따라서 곱할 수 있는 가장 작은 자연수는 33이다.

8 $\dfrac{42}{2^5 \times 3^2 \times 7} \times x = \dfrac{1}{2^4 \times 3} \times x$를 소수로 나타내면 유한소수가 되므로 분모의 소인수가 2 또는 5뿐이어야 한다.

따라서 x는 ③의 배수이어야 하므로 x의 값이 될 수 없는 것은 ④ 35이다.

9 $x=3.7\dot{1}$이라 하면 $x=3.7111\cdots$ $\qquad$ ⋯㉠

㉠의 양변에 ① 100 을 곱하면

① 100 $x=371.111\cdots$ $\qquad$ ⋯㉡

㉠의 양변에 ② 10 을 곱하면

② 10 $x=37.111\cdots$ $\qquad$ ⋯㉢

㉡에서 ㉢을 변끼리 빼면

③ 90 $x=$ ④ 334

$\therefore x=\dfrac{334}{90}=$ ⑤ $\dfrac{167}{45}$

따라서 옳지 않은 것은 ④이다.

10 $x=1.5\dot{2}\dot{6}=1.5262626\cdots$에서

$$1000x=1526.262626\cdots$$
$$-)\qquad 10x=\quad 15.262626\cdots$$
$$\overline{\quad 1000x-10x=1511\quad}$$

따라서 가장 편리한 식은 ②이다.

11 ① x는 순환소수이므로 유리수이다.

② 순환마디를 이루는 숫자는 1, 4의 2개이다.

⑤

$$1000x=9014.141414\cdots$$
$$-)\qquad 10x=\quad 90.141414\cdots$$
$$\overline{\quad 1000x-10x=8924\quad}$$

따라서 옳지 않은 것은 ⑤이다.

12 ① $0.0\dot{4}=\dfrac{4}{90}=\dfrac{2}{45}$

② $0.3\dot{1}\dot{7}=\dfrac{317-3}{990}=\dfrac{314}{990}=\dfrac{157}{495}$

③ $3.5\dot{8}=\dfrac{358-35}{90}=\dfrac{323}{90}$

④ $1.\dot{2}\dot{1}=\dfrac{121-1}{99}=\dfrac{120}{99}=\dfrac{40}{33}$

⑤ $1.2\dot{3}\dot{5}=\dfrac{1235-12}{990}=\dfrac{1223}{990}$

따라서 옳지 않은 것은 ③이다.

13 $7.\dot{8}\dot{1}=\dfrac{781-7}{99}=\dfrac{774}{99}=\dfrac{86}{11}$이므로 구하는 합은

$86+11=97$

14 ① 순환소수는 무한소수이다.

② $\dfrac{1}{3}=0.333\cdots$과 같이 유한소수로 나타낼 수 없는 기약분수도 있다.

⑤ 기약분수의 분모의 소인수가 2 또는 5뿐이면 유한소수로 나타낼 수 있다.

따라서 옳은 것은 ③, ④이다.

---

001 답 a^9

$a^5 \times a^4 = a^{5+4} = a^9$

002 답 b^8

$b \times b^7 = b^{1+7} = b^8$

003 답 3^{12}

$3^3 \times 3^9 = 3^{3+9} = 3^{12}$

004 답 x^{12}

$x^4 \times x^2 \times x^6 = x^{4+2+6} = x^{12}$

005 답 y^{15}

$y^5 \times y^2 \times y^8 = y^{5+2+8} = y^{15}$

006 답 7^{17}

$7^3 \times 7^5 \times 7^8 \times 7 = 7^{3+5+8+1} = 7^{17}$

007 답 5

008 답 $x^{13}y^7$

$x^5 \times y^4 \times y^3 \times x^8 = x^5 \times x^8 \times y^4 \times y^3$
$\qquad\qquad\qquad = x^{5+8} \times y^{4+3} = x^{13}y^7$

009 답 $a^{10}b^4$

$b^3 \times a^7 \times b \times a^2 \times a = a^7 \times a^2 \times a \times b^3 \times b$
$\qquad\qquad\qquad = a^{7+2+1} \times b^{3+1} = a^{10}b^4$

010 답 풀이 참조

$3^2 + 3^2 + 3^2 = \boxed{3} \times 3^2 = 3^{\boxed{1}+2} = 3^{\boxed{3}}$

3^2이 $\boxed{3}$개

011 답 5^8

$5^7 + 5^7 + 5^7 + 5^7 + 5^7 = 5 \times 5^7 = 5^{1+7} = 5^8$

5^7이 5개

012 답 2^7

$2^5 + 2^5 + 2^5 + 2^5 = 4 \times 2^5 = 2^2 \times 2^5 = 2^{2+5} = 2^7$

2^5이 4개

013 답 3

$2^3 \times 2^x \times 2^2 = 2^{3+x+2} = 2^{x+5}$

$256 = 2^8$

따라서 $2^{x+5} = 2^8$이므로 $x+5=8$ $\qquad \therefore x=3$

014 답 x^{20}

$(x^5)^4 = x^{5 \times 4} = x^{20}$

015 답 y^{14}

$(y^7)^2=y^{7\times2}=y^{14}$

016 답 5^{18}

$(5^3)^6=5^{3\times6}=5^{18}$

017 답 x^{30}

$\{(x^3)^2\}^5=(x^{3\times2})^5=x^{3\times2\times5}=x^{30}$

018 답 12, 12, 14

019 답 b^{23}

$(b^4)^2\times(b^5)^3=b^{4\times2}\times b^{5\times3}=b^8\times b^{15}=b^{23}$

020 답 3^{22}

$(3^2)^5\times(3^6)^2=3^{2\times5}\times3^{6\times2}=3^{10}\times3^{12}=3^{22}$

021 답 12, 12, 12, 18

022 답 $x^{14}y^{12}$

$(x^2)^3\times(y^6)^2\times x^8=x^6\times y^{12}\times x^8$
$\qquad\qquad\qquad=x^{6+8}\times y^{12}=x^{14}y^{12}$

023 답 $a^{16}b^8$

$(a^5)^2\times(b^2)^4\times(a^3)^2=a^{10}\times b^8\times a^6$
$\qquad\qquad\qquad\qquad=a^{10+6}\times b^8=a^{16}b^8$

024 답 $x^{17}y^7$

$(x^3)^4\times y^3\times x^5\times(y^2)^2=x^{12}\times y^3\times x^5\times y^4$
$\qquad\qquad\qquad\qquad\qquad=x^{12+5}\times y^{3+4}=x^{17}y^7$

025 답 $a^{29}b^{13}$

$b^5\times(a^2)^7\times(b^4)^2\times(a^3)^5=b^5\times a^{14}\times b^8\times a^{15}$
$\qquad\qquad\qquad\qquad\qquad=a^{14+15}\times b^{5+8}=a^{29}b^{13}$

026 답 20

$(x^a)^2\times(y^5)^3=x^{2a}y^{15}=x^{10}y^b$

$x^{2a}=x^{10}$에서 $2a=10$이므로 $a=5$

$y^{15}=y^b$에서 $b=15$

$\therefore a+b=5+15=20$

027 답 3, 5

028 답 1

029 답 9, 2, 7

030 답 3^7

$3^{10}\div3^3=3^{10-3}=3^7$

031 답 1

032 답 $\dfrac{1}{2^9}$

$2\div2^{10}=\dfrac{1}{2^{10-1}}=\dfrac{1}{2^9}$

033 답 a^4

$a^6\div a^2=a^{6-2}=a^4$

034 답 1

035 답 $\dfrac{1}{b}$

$b^3\div b^4=\dfrac{1}{b^{4-3}}=\dfrac{1}{b}$

036 답 $\dfrac{1}{x^7}$

$x^5\div x^{12}=\dfrac{1}{x^{12-5}}=\dfrac{1}{x^7}$

037 답 14, 5, 9

038 답 1

$(y^2)^3\div y^6=y^6\div y^6=1$

039 답 $\dfrac{1}{a^7}$

$a\div(a^2)^4=a\div a^8=\dfrac{1}{a^{8-1}}=\dfrac{1}{a^7}$

040 답 b^7

$(b^5)^3\div(b^4)^2=b^{15}\div b^8=b^{15-8}=b^7$

041 답 1

$(x^3)^4\div(x^2)^6=x^{12}\div x^{12}=1$

042 답 $\dfrac{1}{y^{15}}$

$(y^3)^5\div(y^{10})^3=y^{15}\div y^{30}=\dfrac{1}{y^{30-15}}=\dfrac{1}{y^{15}}$

043 답 $\dfrac{1}{b^2}$

$(b^4)^4\div(b^2)^9=b^{16}\div b^{18}=\dfrac{1}{b^{18-16}}=\dfrac{1}{b^2}$

044 답 2, 7, 7, 2

045 답 5

$5^6\div5\div5^4=5^{6-1}\div5^4=5^5\div5^4=5^{5-4}=5$

046 답 1

$b^2\div(b^5\div b^3)=b^2\div b^{5-3}=b^2\div b^2=1$

047 답 x^5

$x^{12}\div(x^2)^3\div x=x^{12}\div x^6\div x=x^{12-6}\div x=x^6\div x=x^{6-1}=x^5$

048 답 $\dfrac{1}{a}$

$(a^2)^4\div(a^3)^2\div a^3=a^8\div a^6\div a^3=a^{8-6}\div a^3=a^2\div a^3=\dfrac{1}{a^{3-2}}=\dfrac{1}{a}$

049 답 $\dfrac{1}{y^{17}}$

$(y^6)^2 \div (y^3)^3 \div (y^4)^5 = y^{12} \div y^9 \div y^{20} = y^{12-9} \div y^{20}$
$ = y^3 \div y^{20} = \dfrac{1}{y^{20-3}} = \dfrac{1}{y^{17}}$

050 답 **4**

$3^4 \div 81^2 = 3^4 \div (3^4)^2 = 3^4 \div 3^8 = \dfrac{1}{3^{8-4}} = \dfrac{1}{3^4} = \dfrac{1}{3^x}$

$\therefore x = 4$

051 답 **2, 2, 36, 2**

052 답 $27x^3y^3$

$(3xy)^3 = 3^3 x^3 y^3 = 27x^3 y^3$

053 답 **2, 2, 4, 8**

054 답 $a^7 b^{21}$

$(ab^3)^7 = a^7 b^{3 \times 7} = a^7 b^{21}$

055 답 **3, 3, 15**

056 답 $16x^8 y^4$

$(-2x^2 y)^4 = (-2)^4 x^{2 \times 4} y^4 = 16x^8 y^4$

057 답 풀이 참조

$\left(\dfrac{x^4}{y^3}\right)^5 = \dfrac{x^{4 \times \boxed{5}}}{y^{3 \times \boxed{5}}} = \dfrac{x^{\boxed{20}}}{y^{\boxed{15}}}$

058 답 $\dfrac{y^{12}}{x^4}$

$\left(\dfrac{y^3}{x}\right)^4 = \dfrac{y^{3 \times 4}}{x^4} = \dfrac{y^{12}}{x^4}$

059 답 $\dfrac{64y^{15}}{x^6}$

$\left(\dfrac{4y^5}{x^2}\right)^3 = \dfrac{4^3 y^{5 \times 3}}{x^{2 \times 3}} = \dfrac{64y^{15}}{x^6}$

060 답 풀이 참조

$\left(\dfrac{-a^2}{b}\right)^5 = \dfrac{(-1)^{\boxed{5}} a^{2 \times \boxed{5}}}{b^{\boxed{5}}} = -\dfrac{a^{\boxed{10}}}{b^{\boxed{5}}}$

061 답 $-\dfrac{8a^6}{125b^{12}}$

$\left(-\dfrac{2a^2}{5b^4}\right)^3 = (-1)^3 \times \dfrac{2^3 a^{2 \times 3}}{5^3 b^{4 \times 3}} = -\dfrac{8a^6}{125b^{12}}$

062 답 **16**

$\left(\dfrac{y^b}{2x^a}\right)^3 = \dfrac{y^{3b}}{8x^{3a}} = \dfrac{y^6}{cx^{18}}$

$y^{3b} = y^6$에서 $3b = 6$이므로 $b = 2$

$c = 8$

$x^{3a} = x^{18}$에서 $3a = 18$이므로 $a = 6$

$\therefore a + b + c = 6 + 2 + 8 = 16$

063 답 **6, 3, 3**

064 답 **8, 4, 4**

065 답 **4, 12, 6, 6**

066 답 **4, 3, 3**

067 답 **5, 2, 9**

068 답 **2, 8, 5, 243**

069 답 **3, 3, 3, 3, 16000, 5**

070 답 **6자리**

$2^8 \times 5^5 = 2^{3+5} \times 5^5 = 2^3 \times 2^5 \times 5^5 = 2^3 \times (2 \times 5)^5$
$ = 2^3 \times 10^5 \to a \times 10^n$ 꼴로 나타내기
$ = 800000$
$\underset{5개}{\underbrace{}}$
따라서 $2^8 \times 5^5$은 6자리의 자연수이다.

071 답 **8자리**

$2^6 \times 5^8 = 2^6 \times 5^{6+2} = 2^6 \times 5^6 \times 5^2 = (2 \times 5)^6 \times 5^2$
$ = 5^2 \times 10^6 \to a \times 10^n$ 꼴로 나타내기
$ = 25000000$
$\underset{6개}{\underbrace{}}$
따라서 $2^6 \times 5^8$은 8자리의 자연수이다.

072 답 **9자리**

$3 \times 2^{10} \times 5^7 = 3 \times 2^{3+7} \times 5^7 = 3 \times 2^3 \times 2^7 \times 5^7 = 3 \times 2^3 \times (2 \times 5)^7$
$\phantom{3 \times 2^{10} \times 5^7} = 3 \times 2^3 \times 10^7 \to a \times 10^n$ 꼴로 나타내기
$\phantom{3 \times 2^{10} \times 5^7} = 2400 \cdots 0$
$\phantom{3 \times 2^{10} \times 5^7 = 240}\underset{7개}{\underbrace{}}$
따라서 $3 \times 2^{10} \times 5^7$은 9자리의 자연수이다.

073 답 $2, b, 10ab$

074 답 $-20x^4 y^4$

075 답 $\dfrac{1}{2} a^6 b^7$

076 답 $15x^3 y^3$

$5x \times y^3 \times 3x^2 = 5 \times x \times y^3 \times 3 \times x^2$
$ = 5 \times 3 \times x \times x^2 \times y^3 = 15x^3 y^3$

077 답 $-10a^4 b^8$

$\dfrac{2}{3} ab^5 \times (-2ab^3) \times \dfrac{15}{2} a^2 = \dfrac{2}{3} \times a \times b^5 \times (-2) \times a \times b^3 \times \dfrac{15}{2} \times a^2$
$\phantom{\dfrac{2}{3} ab^5 \times (-2ab^3)} = \dfrac{2}{3} \times (-2) \times \dfrac{15}{2} \times a \times a \times a^2 \times b^5 \times b^3$
$\phantom{\dfrac{2}{3} ab^5 \times (-2ab^3)} = -10a^4 b^8$

078 답 2, 2, 2, $9x^2y^7$

079 답 $24a^4b$

$(-2a)^2 \times 6a^2b = (-2)^2a^2 \times 6a^2b = 4a^2 \times 6a^2b = 24a^4b$

080 답 $-2x^{13}y^8$

$(4x^2y)^2 \times \left(-\dfrac{1}{2}x^3y^2\right)^3 = 4^2x^4y^2 \times \left(-\dfrac{1}{2}\right)^3x^9y^6$

$\qquad\qquad = 16x^4y^2 \times \left(-\dfrac{1}{8}x^9y^6\right) = -2x^{13}y^8$

081 답 $-20a^4b^{18}$

$(-ab^3)^3 \times 5ab \times (2b^4)^2 = (-1)^3a^3b^9 \times 5ab \times 2^2b^8$

$\qquad\qquad = (-a^3b^9) \times 5ab \times 4b^8 = -20a^4b^{18}$

082 답 $-3x^{21}y^{10}$

$(-x^3y)^4 \times \left(\dfrac{x^3}{3}\right)^2 \times (-3xy^2)^3$

$= (-1)^4 \times x^{12}y^4 \times \dfrac{x^6}{3^2} \times (-3)^3 \times x^3y^6$

$= x^{12}y^4 \times \dfrac{x^6}{9} \times (-27x^3y^6) = -3x^{21}y^{10}$

083 답 5, a, $2a^2$

084 답 $-\dfrac{4}{x^7}$

$(-24x^2) \div 6x^9 = \dfrac{-24x^2}{6x^9} = -\dfrac{4}{x^7}$

085 답 $3a^4$

$(-9a^6) \div (-3a^2) = \dfrac{-9a^6}{-3a^2} = 3a^4$

086 답 $4y$

$16x^2y \div 4x^2 = \dfrac{16x^2y}{4x^2} = 4y$

087 답 $-\dfrac{2a^2}{b^4}$

$8a^4b^4 \div (-4a^2b^8) = \dfrac{8a^4b^4}{-4a^2b^8} = -\dfrac{2a^2}{b^4}$

088 답 $\dfrac{4}{3a^2}$, $\dfrac{4}{3}$, $\dfrac{1}{a^2}$, $8a^3$

089 답 $\dfrac{1}{4y^2}$

$\dfrac{2}{3}y \div \dfrac{8}{3}y^3 = \dfrac{2}{3}y \div \dfrac{8y^3}{3} = \dfrac{2}{3}y \times \dfrac{3}{8y^3} = \dfrac{1}{4y^2}$

090 답 $-10y$

$(-5xy^2) \div \dfrac{xy}{2} = (-5xy^2) \times \dfrac{2}{xy} = -10y$

091 답 $\dfrac{3}{4}a$

$\dfrac{2}{5}a^2b \div \dfrac{8}{15}ab = \dfrac{2}{5}a^2b \div \dfrac{8ab}{15} = \dfrac{2}{5}a^2b \times \dfrac{15}{8ab} = \dfrac{3}{4}a$

092 답 $-6xy$

$27x^4y^2 \div \left(-\dfrac{9}{2}x^3y\right) = 27x^4y^2 \div \left(-\dfrac{9x^3y}{2}\right)$

$\qquad\qquad = 27x^4y^2 \times \left(-\dfrac{2}{9x^3y}\right) = -6xy$

093 답 4, 6, 4, $4x^6y^4$, $\dfrac{1}{4x}$

094 답 $-27a^8b$

$(-3a^4b^3)^3 \div (ab^2)^4 = (-27a^{12}b^9) \div a^4b^8 = \dfrac{-27a^{12}b^9}{a^4b^8} = -27a^8b$

095 답 $\dfrac{16}{y^4}$

$(4xy)^2 \div (-xy^3)^2 = 16x^2y^2 \div x^2y^6 = \dfrac{16x^2y^2}{x^2y^6} = \dfrac{16}{y^4}$

096 답 $250ab^4$

$2ab^7 \div \left(\dfrac{1}{5}b\right)^3 = 2ab^7 \div \dfrac{1}{125}b^3 = 2ab^7 \times \dfrac{125}{b^3} = 250ab^4$

097 답 $\dfrac{1}{9x}$

$\left(-\dfrac{2}{9}x^2y\right)^2 \div \dfrac{4}{9}x^5y^2 = \dfrac{4}{81}x^4y^2 \div \dfrac{4}{9}x^5y^2$

$\qquad\qquad = \dfrac{4}{81}x^4y^2 \times \dfrac{9}{4x^5y^2} = \dfrac{1}{9x}$

098 답 $-\dfrac{32a}{b^3}$

$(-2ab)^3 \div \left(\dfrac{ab^3}{2}\right)^2 = (-8a^3b^3) \div \dfrac{a^2b^6}{4}$

$\qquad\qquad = (-8a^3b^3) \times \dfrac{4}{a^2b^6} = -\dfrac{32a}{b^3}$

099 답 x, $4x^2$, 16, x^2, $4x$

100 답 $-15a$

$10a^3b \div 2a \div \left(-\dfrac{1}{3}ab\right) = 10a^3b \times \dfrac{1}{2a} \times \left(-\dfrac{3}{ab}\right) = -15a$

101 답 $10y^3$

$(-8x^6y^9) \div (-x^2y^5) \div \dfrac{4}{5}x^4y$

$= (-8x^6y^9) \times \left(-\dfrac{1}{x^2y^5}\right) \times \dfrac{5}{4x^4y} = 10y^3$

102 답 $\dfrac{1}{32ab^{10}}$

$(-a)^6 \div (2a^2b)^3 \div 4ab^7 = a^6 \div 8a^6b^3 \div 4ab^7$

$\qquad\qquad = a^6 \times \dfrac{1}{8a^6b^3} \times \dfrac{1}{4ab^7} = \dfrac{1}{32ab^{10}}$

103 답 $8x^3$

$(4x^2y^3)^2 \div 12y^6 \div \dfrac{1}{6}x = 16x^4y^6 \div 12y^6 \div \dfrac{1}{6}x$

$\qquad\qquad = 16x^4y^6 \times \dfrac{1}{12y^6} \times \dfrac{6}{x} = 8x^3$

104 답 $90a^{10}b^3$

$(-3a^4b^2)^3 \div (-ab)^2 \div \left(-\dfrac{3}{10}b\right) = (-27a^{12}b^6) \div a^2b^2 \div \left(-\dfrac{3}{10}b\right)$

$\qquad = (-27a^{12}b^6) \times \dfrac{1}{a^2b^2} \times \left(-\dfrac{10}{3b}\right)$

$\qquad = 90a^{10}b^3$

105 답 $2b^2,\ \dfrac{1}{2},\ \dfrac{1}{b^2},\ 3a^{13}$

106 답 $-3x^{12}$

$12x^8 \times (-2x^6) \div 8x^2 = 12x^8 \times (-2x^6) \times \dfrac{1}{8x^2} = -3x^{12}$

107 답 $-20a^2b^2$

$(-10a^2b) \div 2a \times 4ab = (-10a^2b) \times \dfrac{1}{2a} \times 4ab = -20a^2b^2$

108 답 $15x^6y$

$5x^6y^3 \div (-3xy^2) \times (-9x) = 5x^6y^3 \times \left(-\dfrac{1}{3xy^2}\right) \times (-9x) = 15x^6y$

109 답 $-\dfrac{b^2}{4a^3}$

$ab^2 \div 6a^4b^2 \times \left(-\dfrac{3}{2}b^2\right) = ab^2 \times \dfrac{1}{6a^4b^2} \times \left(-\dfrac{3}{2}b^2\right) = -\dfrac{b^2}{4a^3}$

110 답 $4x^8y^6,\ -\dfrac{3}{4x^5},\ 4x^8y^6,\ -\dfrac{3}{4},\ \dfrac{1}{x^5},\ x^8y^6,\ -3x^3y^9$

111 답 $\dfrac{6b^2}{a}$

$8a^2b^2 \div 12a^3b^2 \times (-3b)^2 = 8a^2b^2 \times \dfrac{1}{12a^3b^2} \times 9b^2 = \dfrac{6b^2}{a}$

112 답 $\dfrac{x^2y^4}{5}$

$(x^2)^3 \times (y^2)^4 \div 5x^4y^4 = x^6 \times y^8 \times \dfrac{1}{5x^4y^4} = \dfrac{x^2y^4}{5}$

113 답 $\dfrac{a^6b^5}{3}$

$(-6a^2b^3)^2 \times \left(\dfrac{a^2}{3}\right)^3 \div 4a^4b = 36a^4b^6 \times \dfrac{a^6}{27} \times \dfrac{1}{4a^4b} = \dfrac{a^6b^5}{3}$

114 답 $-40x^6y^5$

$5xy^2 \div \left(-\dfrac{1}{2}xy^3\right)^3 \times (-x^2y^3)^4 = 5xy^2 \div \left(-\dfrac{1}{8}x^3y^9\right) \times x^8y^{12}$

$\qquad = 5xy^2 \times \left(-\dfrac{8}{x^3y^9}\right) \times x^8y^{12}$

$\qquad = -40x^6y^5$

115 답 $-4x^4y$

$\boxed{} \times 3xy^3 = -12x^5y^4$

➡ $\boxed{} = (-12x^5y^4) \div 3xy^3 = \dfrac{-12x^5y^4}{3xy^3} = -4x^4y$

116 답 $\dfrac{2}{3}x^4$

$(-6x^2y) \times \boxed{} = -4x^6y$

➡ $\boxed{} = (-4x^6y) \div (-6x^2y) = \dfrac{-4x^6y}{-6x^2y} = \dfrac{2}{3}x^4$

117 답 $-3a^3b^5$

$\boxed{} \div (-21a^2b) = \dfrac{1}{7}ab^4$

➡ $\boxed{} = \dfrac{1}{7}ab^4 \times (-21a^2b) = -3a^3b^5$

118 답 $16a^3b^3$

$40a^4b^6 \div \boxed{} = \dfrac{5}{2}ab^3$

➡ $40a^4b^6 \times \dfrac{1}{\boxed{}} = \dfrac{5}{2}ab^3$

➡ $\boxed{} = 40a^4b^6 \div \dfrac{5}{2}ab^3 = 40a^4b^6 \times \dfrac{2}{5ab^3} = 16a^3b^3$

119 답 $-18a$

$6a^3b \div \boxed{} = -\dfrac{1}{3}a^2b$

➡ $6a^3b \times \dfrac{1}{\boxed{}} = -\dfrac{1}{3}a^2b$

➡ $\boxed{} = 6a^3b \div \left(-\dfrac{1}{3}a^2b\right) = 6a^3b \times \left(-\dfrac{3}{a^2b}\right) = -18a$

120 답 $3xy^5$

$8x^2y \times \boxed{} \div 4xy^3 = 6x^2y^3$

➡ $8x^2y \times \boxed{} \times \dfrac{1}{4xy^3} = 6x^2y^3$

➡ $\boxed{} = 6x^2y^3 \div 8x^2y \times 4xy^3$

$\qquad = 6x^2y^3 \times \dfrac{1}{8x^2y} \times 4xy^3 = 3xy^5$

121 답 $-\dfrac{1}{7}x^3y$

$14x^2y^2 \times \boxed{} \div x^3y = -2x^2y^2$

➡ $14x^2y^2 \times \boxed{} \times \dfrac{1}{x^3y} = -2x^2y^2$

➡ $\boxed{} = (-2x^2y^2) \div 14x^2y^2 \times x^3y$

$\qquad = (-2x^2y^2) \times \dfrac{1}{14x^2y^2} \times x^3y = -\dfrac{1}{7}x^3y$

122 답 $\dfrac{1}{3}x^2y$

$(3x^2y)^2 \div \boxed{} \times \dfrac{1}{3xy} = 9x$

➡ $(3x^2y)^2 \times \dfrac{1}{\boxed{}} \times \dfrac{1}{3xy} = 9x$

➡ $\boxed{} = (3x^2y)^2 \times \dfrac{1}{3xy} \div 9x$

$\qquad = 9x^4y^2 \times \dfrac{1}{3xy} \times \dfrac{1}{9x} = \dfrac{1}{3}x^2y$

123 답 $12x^{11}y^{10}$

$(2x^3y^2)^3 \div \boxed{} \times (-3xy^4)^2 = 6y^4$

➡ $(2x^3y^2)^3 \times \dfrac{1}{\boxed{}} \times (-3xy^4)^2 = 6y^4$

➡ $\boxed{} = (2x^3y^2)^3 \times (-3xy^4)^2 \div 6y^4$

$\qquad = 8x^9y^6 \times 9x^2y^8 \times \dfrac{1}{6y^4} = 12x^{11}y^{10}$

124 답 $12x^5y^4$

(직사각형의 넓이)$= 4x^2y^3 \times 3x^3y = 12x^5y^4$

125 답 $5a^3b^9$

(삼각형의 넓이)$= \dfrac{1}{2} \times 5a^2b^4 \times 2ab^5 = 5a^3b^9$

126 답 $8x^7y$

(삼각형의 넓이)$= \dfrac{1}{2} \times$ (밑변의 길이) $\times$ (높이)이므로

$\dfrac{1}{2} \times$ (밑변의 길이) $\times 8x^5y^3 = 32x^{12}y^4$

(밑변의 길이) $\times 4x^5y^3 = 32x^{12}y^4$

$\therefore$ (밑변의 길이) $= 32x^{12}y^4 \div 4x^5y^3 = \dfrac{32x^{12}y^4}{4x^5y^3} = 8x^7y$

127 답 $15a^4b^3$

(삼각기둥의 부피)$= \left(\dfrac{1}{2} \times 2ab \times 5a^2\right) \times 3ab^2 = 15a^4b^3$

128 답 $36\pi x^4y^3$

(원기둥의 부피)$= \{\pi \times (2x^2)^2\} \times 9y^3 = \pi \times 4x^4 \times 9y^3 = 36\pi x^4y^3$

129 답 $3a^2b^2$

(원뿔의 부피)$= \dfrac{1}{3} \times$ (밑넓이) $\times$ (높이)이므로

$\dfrac{1}{3} \times \{\pi \times (4a^2b)^2\} \times$ (높이) $= 16\pi a^6b^4$

$\dfrac{16\pi a^4b^2}{3} \times$ (높이) $= 16\pi a^6b^4$

$\therefore$ (높이) $= 16\pi a^6b^4 \div \dfrac{16\pi a^4b^2}{3} = 16\pi a^6b^4 \times \dfrac{3}{16\pi a^4b^2} = 3a^2b^2$

130 답 $5x+y$

131 답 $11a-6b$

132 답 $6x-3y$

133 답 $3b+2$

134 답 $-5x-6y-5$

$(x+2y-5) + 2(-3x-4y) = x+2y-5-6x-8y$

$\qquad\qquad = -5x-6y-5$

135 답 $-2a+3b+4$

$4(-a+b+2) + \dfrac{1}{3}(6a-3b-12) = -4a+4b+8+2a-b-4$

$\qquad\qquad = -2a+3b+4$

136 답 $2, 2, 4, \dfrac{5a-7b}{6}$

137 답 $\dfrac{13x+4y}{12}$

$\dfrac{x+2y}{4} + \dfrac{5x-y}{6} = \dfrac{3(x+2y)+2(5x-y)}{12}$

$\qquad\qquad = \dfrac{3x+6y+10x-2y}{12}$

$\qquad\qquad = \dfrac{13x+4y}{12}$

138 답 $\dfrac{-11a-5b}{8}$

$\dfrac{-3a+b}{2} + \dfrac{a-9b}{8} = \dfrac{4(-3a+b)+(a-9b)}{8}$

$\qquad\qquad = \dfrac{-12a+4b+a-9b}{8}$

$\qquad\qquad = \dfrac{-11a-5b}{8}$

139 답 $\dfrac{4x+32y}{15}$

$\dfrac{8x-y}{5} + \dfrac{-4x+7y}{3} = \dfrac{3(8x-y)+5(-4x+7y)}{15}$

$\qquad\qquad = \dfrac{24x-3y-20x+35y}{15}$

$\qquad\qquad = \dfrac{4x+32y}{15}$

140 답 $2x+9y$

$(3x+4y)-(x-5y) = 3x+4y-x+5y$

$\qquad\qquad = 2x+9y$

141 답 $-8a-2b$

$(-6a+b)-(2a+3b) = -6a+b-2a-3b$

$\qquad\qquad = -8a-2b$

142 답 $12x-11y$

$(5x-3y)-(-7x+8y) = 5x-3y+7x-8y = 12x-11y$

143 답 $-3a+2b+3$

$(-a+3b+2)-(2a+b-1) = -a+3b+2-2a-b+1$

$\qquad\qquad = -3a+2b+3$

144 답 $10x-17y$

$(4x-8y-3)-3(-2x+3y-1) = 4x-8y-3+6x-9y+3$

$\qquad\qquad = 10x-17y$

145 답 $-a+10b-18$

$(9a+5b-3) - \dfrac{5}{2}(4a-2b+6) = 9a+5b-3-10a+5b-15$

$\qquad\qquad = -a+10b-18$

146 답 3, 3, 15, $\dfrac{-a-13b}{6}$

147 답 $\dfrac{x+3}{4}$

$$\dfrac{3x-1}{4}-\dfrac{x-2}{2}=\dfrac{(3x-1)-2(x-2)}{4}$$
$$=\dfrac{3x-1-2x+4}{4}$$
$$=\dfrac{x+3}{4}$$

148 답 $\dfrac{17a+13b}{10}$

$$\dfrac{a+3b}{2}-\dfrac{-6a+b}{5}=\dfrac{5(a+3b)-2(-6a+b)}{10}$$
$$=\dfrac{5a+15b+12a-2b}{10}$$
$$=\dfrac{17a+13b}{10}$$

149 답 $\dfrac{x-7y}{12}$

$$\dfrac{3x-y}{4}-\dfrac{2x+y}{3}=\dfrac{3(3x-y)-4(2x+y)}{12}$$
$$=\dfrac{9x-3y-8x-4y}{12}$$
$$=\dfrac{x-7y}{12}$$

150 답 $\dfrac{a-24b+17}{20}$

$$\dfrac{4a-b+3}{5}-\dfrac{3a+4b-1}{4}=\dfrac{4(4a-b+3)-5(3a+4b-1)}{20}$$
$$=\dfrac{16a-4b+12-15a-20b+5}{20}$$
$$=\dfrac{a-24b+17}{20}$$

151 답 $\dfrac{7}{3}$

$$\dfrac{x+2y}{3}-\dfrac{2(3x-2y)}{5}=\dfrac{5(x+2y)-6(3x-2y)}{15}$$
$$=\dfrac{5x+10y-18x+12y}{15}$$
$$=\dfrac{-13x+22y}{15}$$
$$=-\dfrac{13}{15}x+\dfrac{22}{15}y=ax+by$$

따라서 $a=-\dfrac{13}{15}$, $b=\dfrac{22}{15}$이므로

$$b-a=\dfrac{22}{15}-\left(-\dfrac{13}{15}\right)=\dfrac{22}{15}+\dfrac{13}{15}=\dfrac{35}{15}=\dfrac{7}{3}$$

152 답 ×

$2a-3$은 a에 대한 일차식이다.

153 답 ○

154 답 ×

$\dfrac{1}{4}x-2y+5$는 x 또는 y에 대한 일차식이다.

155 답 ○

156 답 ×

$\dfrac{1}{x^2}-x-8$은 x^2이 분모에 있으므로 이차식이 아니다.

157 답 ×

$-x^2+5x^3$은 가장 큰 차수가 3이므로 이차식이 아니다.

158 답 $3x^2-2x-1$

159 답 $8a^2-a+13$

160 답 $-x^2-x-3$

161 답 $\dfrac{3}{4}a^2+3a$

$$\left(\dfrac{1}{4}a^2+4\right)+\left(\dfrac{1}{2}a^2+3a-4\right)=\dfrac{1}{4}a^2+\dfrac{1}{2}a^2+3a+4-4$$
$$=\dfrac{1}{4}a^2+\dfrac{2}{4}a^2+3a$$
$$=\dfrac{3}{4}a^2+3a$$

162 답 $2x^2+10x+18$

$$(6x^2-4x+8)+2(-2x^2+7x+5)$$
$$=6x^2-4x+8-4x^2+14x+10$$
$$=2x^2+10x+18$$

163 답 $2x^2+3x-2$

164 답 a^2-8a

$$(2a^2-3a+1)-(a^2+5a+1)=2a^2-3a+1-a^2-5a-1$$
$$=a^2-8a$$

165 답 $9x^2-3x-10$

$$(8x^2-3x-4)-(-x^2+6)=8x^2-3x-4+x^2-6$$
$$=9x^2-3x-10$$

166 답 $10a^2-a-16$

$$\left(6a^2+\dfrac{1}{2}a-9\right)-\left(-4a^2+\dfrac{3}{2}a+7\right)$$
$$=6a^2+\dfrac{1}{2}a-9+4a^2-\dfrac{3}{2}a-7$$
$$=6a^2+4a^2+\dfrac{1}{2}a-\dfrac{3}{2}a-9-7$$
$$=10a^2-a-16$$

167 답 $-7x^2+6x-27$

$(x^2+2x+5)-4(2x^2-x+8)=x^2+2x+5-8x^2+4x-32$
$\qquad\qquad\qquad\qquad\qquad\quad=-7x^2+6x-27$

168 답 $-a^2-6a+1$

$2(-2a^2+3a-1)-3(-a^2+4a-1)$
$=-4a^2+6a-2+3a^2-12a+3$
$=-a^2-6a+1$

169 답 $6x-y$

$5x-\{x-(2x-y)\}=5x-(x-2x+y)$
$\qquad\qquad\qquad\quad=5x-(-x+y)$
$\qquad\qquad\qquad\quad=5x+x-y$
$\qquad\qquad\qquad\quad=6x-y$

170 답 $5x^2-2x-4$

$7x^2-\{2x^2+5x-(3x-4)\}=7x^2-(2x^2+5x-3x+4)$
$\qquad\qquad\qquad\qquad\qquad=7x^2-(2x^2+2x+4)$
$\qquad\qquad\qquad\qquad\qquad=7x^2-2x^2-2x-4$
$\qquad\qquad\qquad\qquad\qquad=5x^2-2x-4$

171 답 $2a-3b$

$(2a-b)+\{a-(2b+a)\}=2a-b+(a-2b-a)$
$\qquad\qquad\qquad\qquad\quad=2a-b-2b$
$\qquad\qquad\qquad\qquad\quad=2a-3b$

172 답 $4a^2-6$

$3a^2-\{(a+7)-(a^2+1)\}+a=3a^2-(a+7-a^2-1)+a$
$\qquad\qquad\qquad\qquad\qquad\quad=3a^2-(-a^2+a+6)+a$
$\qquad\qquad\qquad\qquad\qquad\quad=3a^2+a^2-a-6+a$
$\qquad\qquad\qquad\qquad\qquad\quad=4a^2-6$

173 답 $-4x-y$

$y-[x-\{2y-(3x+4y)\}]=y-\{x-(2y-3x-4y)\}$
$\qquad\qquad\qquad\qquad\qquad=y-\{x-(-3x-2y)\}$
$\qquad\qquad\qquad\qquad\qquad=y-(x+3x+2y)$
$\qquad\qquad\qquad\qquad\qquad=y-(4x+2y)$
$\qquad\qquad\qquad\qquad\qquad=y-4x-2y$
$\qquad\qquad\qquad\qquad\qquad=-4x-y$

174 답 $-2x^2+6x+1$

$2x+[3-x^2-\{2x^2-(x^2+4x-2)\}]$
$=2x+\{3-x^2-(2x^2-x^2-4x+2)\}$
$=2x+\{3-x^2-(x^2-4x+2)\}$
$=2x+(3-x^2-x^2+4x-2)$
$=2x+(-2x^2+4x+1)$
$=-2x^2+6x+1$

175 답 -19

$3x-2[\{2x-(x-5)\}+5]=3x-2\{(2x-x+5)+5\}$
$\qquad\qquad\qquad\qquad\qquad=3x-2(x+5+5)$
$\qquad\qquad\qquad\qquad\qquad=3x-2(x+10)$
$\qquad\qquad\qquad\qquad\qquad=3x-2x-20$
$\qquad\qquad\qquad\qquad\qquad=x-20$

따라서 x의 계수는 1, 상수항은 -20이므로 그 합은
$1+(-20)=-19$

176 답 $-4a-b$

$(\boxed{})+(5a+3b)=a+2b$
➡ $\boxed{}=(a+2b)-(5a+3b)=a+2b-5a-3b=-4a-b$

177 답 $8x+y-3$

$(-7x+4y)+(\boxed{})=x+5y-3$
➡ $\boxed{}=(x+5y-3)-(-7x+4y)$
$\qquad\quad=x+5y-3+7x-4y=8x+y-3$

178 답 a^2-4a+4

$(\boxed{})-(-6a^2+a+1)=7a^2-5a+3$
➡ $\boxed{}=(7a^2-5a+3)+(-6a^2+a+1)=a^2-4a+4$

179 답 $6x^2-8x+1$

$(4x^2-5x+2)-(\boxed{})=-2x^2+3x+1$
➡ $\boxed{}=(4x^2-5x+2)-(-2x^2+3x+1)$
$\qquad\quad=4x^2-5x+2+2x^2-3x-1=6x^2-8x+1$

180 답 $-9x^2-x+1$

어떤 식을 A라 하면
$A+(2x^2+3x-6)=-7x^2+2x-5$
$\therefore A=(-7x^2+2x-5)-(2x^2+3x-6)$
$\qquad=-7x^2+2x-5-2x^2-3x+6=-9x^2-x+1$

181 답 ❶ $-$, $+$, $5x-2y$ ❷ $5x-2y$, $+$, $6x-y-1$

182 답 어떤 식: $3x^2+2$, 바르게 계산한 식: $4x^2+3x$

어떤 식을 A라 하면
$A-(x^2+3x-2)=2x^2-3x+4$
$\therefore A=(2x^2-3x+4)+(x^2+3x-2)=3x^2+2$
따라서 바르게 계산한 식은
$(3x^2+2)+(x^2+3x-2)=4x^2+3x$

183 답 어떤 식: $5x+8y-21$
　　　　바르게 계산한 식: $2x+15y-30$

어떤 식을 A라 하면
$A+(3x-7y+9)=8x+y-12$
$\therefore A=(8x+y-12)-(3x-7y+9)$
$\qquad=8x+y-12-3x+7y-9=5x+8y-21$
따라서 바르게 계산한 식은
$(5x+8y-21)-(3x-7y+9)=5x+8y-21-3x+7y-9$
$\qquad\qquad\qquad\qquad\qquad\qquad=2x+15y-30$

184 답 어떤 식: $3x^2+x-3$
바르게 계산한 식: x^2+6x-4

어떤 식을 A라 하면
$A+(2x^2-5x+1)=5x^2-4x-2$
$\therefore A=(5x^2-4x-2)-(2x^2-5x+1)$
$\quad\quad =5x^2-4x-2-2x^2+5x-1=3x^2+x-3$
따라서 바르게 계산한 식은
$(3x^2+x-3)-(2x^2-5x+1)=3x^2+x-3-2x^2+5x-1$
$\quad\quad\quad\quad\quad\quad\quad\quad\quad\quad =x^2+6x-4$

185 답 x, $2y$, $3x^2+6xy$

186 답 $-5a^2-4a$

187 답 $2x^2-8xy+4x$

$2x(x-4y+2)=2x\times x-2x\times 4y+2x\times 2=2x^2-8xy+4x$

188 답 $-35a^3-10a^2b+5a^2$

$-5a^2(7a+2b-1)=(-5a^2)\times 7a+(-5a^2)\times 2b-(-5a^2)\times 1$
$\quad\quad\quad\quad\quad\quad\quad =-35a^3-10a^2b+5a^2$

189 답 $4x^2-3xy-x$

$\frac{1}{3}x(12x-9y-3)=\frac{1}{3}x\times 12x-\frac{1}{3}x\times 9y-\frac{1}{3}x\times 3$
$\quad\quad\quad\quad\quad\quad\quad =4x^2-3xy-x$

190 답 $-2a^2-4ab+5a$

$-\frac{1}{2}a(4a+8b-10)$
$=\left(-\frac{1}{2}a\right)\times 4a+\left(-\frac{1}{2}a\right)\times 8b-\left(-\frac{1}{2}a\right)\times 10$
$=-2a^2-4ab+5a$

191 답 $-2x$, $-2x$, $-10x^2-6xy$

주의 다음 두 식은 서로 다르므로 주의한다.
  • $(5x+3y)(-2x)=(5x+3y)\times(-2x)$
  • $(5x+3y)-2x=(5x+3y)+(-2x)$

192 답 $9a^2-3a$

$\left(a-\frac{1}{3}\right)\times 9a=a\times 9a-\frac{1}{3}\times 9a=9a^2-3a$

193 답 $-3x^2+15xy-3x$

$(x-5y+1)(-3x)=x\times(-3x)-5y\times(-3x)+1\times(-3x)$
$\quad\quad\quad\quad\quad\quad =-3x^2+15xy-3x$

194 답 $-12a^3+4a^2b+16a^2$

$(3a-b-4)(-4a^2)=3a\times(-4a^2)-b\times(-4a^2)-4\times(-4a^2)$
$\quad\quad\quad\quad\quad\quad\quad =-12a^3+4a^2b+16a^2$

195 답 $-9x^2y+12xy^2-21xy$

$(-6x+8y-14)\times\frac{3}{2}xy=-6x\times\frac{3}{2}xy+8y\times\frac{3}{2}xy-14\times\frac{3}{2}xy$
$\quad\quad\quad\quad\quad\quad\quad\quad =-9x^2y+12xy^2-21xy$

196 답 $-4a^3+a^2b+5a^2$

$(16a^2-4ab-20a)\times\left(-\frac{1}{4}a\right)$
$=16a^2\times\left(-\frac{1}{4}a\right)-4ab\times\left(-\frac{1}{4}a\right)-20a\times\left(-\frac{1}{4}a\right)$
$=-4a^3+a^2b+5a^2$

197 답 -2

$-12x\left(\frac{1}{2}x^2-\frac{2}{3}x+1\right)$
$=(-12x)\times\frac{1}{2}x^2-(-12x)\times\frac{2}{3}x+(-12x)\times 1$
$=-6x^3+8x^2-12x$
따라서 $a=-6$, $b=8$, $c=-12$이므로
$a-b-c=-6-8-(-12)=-2$

198 답 $3x$, $3x$, $3x$, $y-2$

199 답 $3a+2b$

$(6a^2+4ab)\div 2a=\frac{6a^2+4ab}{2a}=\frac{6a^2}{2a}+\frac{4ab}{2a}=3a+2b$

200 답 $\frac{x}{3}-1$

$(-2xy+6y)\div(-6y)=\frac{-2xy+6y}{-6y}$
$\quad\quad\quad\quad\quad\quad\quad =\frac{-2xy}{-6y}+\frac{6y}{-6y}=\frac{x}{3}-1$

201 답 $-a^3b^2+a$

$(a^4b^3-a^2b)\div(-ab)=\frac{a^4b^3-a^2b}{-ab}=\frac{a^4b^3}{-ab}-\frac{a^2b}{-ab}=-a^3b^2+a$

202 답 $3x^2-x-5$

$(9x^2y-3xy-15y)\div 3y=\frac{9x^2y-3xy-15y}{3y}=3x^2-x-5$

203 답 $\frac{2}{x}$, $\frac{2}{x}$, $\frac{2}{x}$, $12x-24y$

204 답 $10a+15$

$(8ab+12b)\div\frac{4}{5}b=(8ab+12b)\times\frac{5}{4b}$
$\quad\quad\quad\quad\quad\quad =8ab\times\frac{5}{4b}+12b\times\frac{5}{4b}=10a+15$

205 답 $-3y+6$

$(xy^2-2xy)\div\left(-\frac{1}{3}xy\right)=(xy^2-2xy)\times\left(-\frac{3}{xy}\right)$
$\quad\quad\quad\quad\quad\quad =xy^2\times\left(-\frac{3}{xy}\right)-2xy\times\left(-\frac{3}{xy}\right)$
$\quad\quad\quad\quad\quad\quad =-3y+6$

206 답 $-9a^2+6b^2$

$(-6a^3b+4ab^3)\div\frac{2}{3}ab=(-6a^3b+4ab^3)\times\frac{3}{2ab}$
$\quad\quad\quad\quad\quad\quad =(-6a^3b)\times\frac{3}{2ab}+4ab^3\times\frac{3}{2ab}$
$\quad\quad\quad\quad\quad\quad =-9a^2+6b^2$

207 답 $-12xy^2-24y+20$

$(3x^2y^3+6xy^2-5xy)\div\left(-\dfrac{1}{4}xy\right)$

$=(3x^2y^3+6xy^2-5xy)\times\left(-\dfrac{4}{xy}\right)$

$=3x^2y^3\times\left(-\dfrac{4}{xy}\right)+6xy^2\times\left(-\dfrac{4}{xy}\right)-5xy\times\left(-\dfrac{4}{xy}\right)$

$=-12xy^2-24y+20$

208 답 $2y-4$

$(\boxed{})\times4x=8xy-16x$

➡ $\boxed{}=(8xy-16x)\div4x=\dfrac{8xy-16x}{4x}=2y-4$

209 답 $-4x^2+12xy-10y^2$

$(\boxed{})\times\left(-\dfrac{1}{2}y\right)=2x^2y-6xy^2+5y^3$

➡ $\boxed{}=(2x^2y-6xy^2+5y^3)\div\left(-\dfrac{1}{2}y\right)$

$=(2x^2y-6xy^2+5y^3)\times\left(-\dfrac{2}{y}\right)=-4x^2+12xy-10y^2$

210 답 $-a^3b+10ab$

$(\boxed{})\div(-5ab)=\dfrac{1}{5}a^2-2$

➡ $\boxed{}=\left(\dfrac{1}{5}a^2-2\right)\times(-5ab)=-a^3b+10ab$

211 답 $4a^4b^3-6a^2b^4$

$(\boxed{})\div\dfrac{2a^2b^3}{3}=6a^2-9b$

➡ $\boxed{}=(6a^2-9b)\times\dfrac{2a^2b^3}{3}=4a^4b^3-6a^2b^4$

212 답 $3x+5y-12$

어떤 다항식을 A라 하면

$A\times\dfrac{1}{3}xy=x^2y+\dfrac{5}{3}xy^2-4xy$

$\therefore A=\left(x^2y+\dfrac{5}{3}xy^2-4xy\right)\div\dfrac{1}{3}xy$

$=\left(x^2y+\dfrac{5}{3}xy^2-4xy\right)\times\dfrac{3}{xy}=3x+5y-12$

213 답 ❶ $\div$, $\times$, $6x^2+8xy-2x$

❷ $6x^2+8xy-2x$, $\times$, $12x^3+16x^2y-4x^2$

214 답 어떤 식: $-\dfrac{1}{2}x^3y^2+6x^2y^3$

바르게 계산한 식: $x^5y^3-12x^4y^4$

어떤 식을 A라 하면

$A\div(-2x^2y)=\dfrac{1}{4}xy-3y^2$

$\therefore A=\left(\dfrac{1}{4}xy-3y^2\right)\times(-2x^2y)=-\dfrac{1}{2}x^3y^2+6x^2y^3$

따라서 바르게 계산한 식은

$\left(-\dfrac{1}{2}x^3y^2+6x^2y^3\right)\times(-2x^2y)=x^5y^3-12x^4y^4$

215 답 어떤 식: $5a^3b^2+3ab$, 바르게 계산한 식: $\dfrac{5}{3}a^2b+1$

어떤 식을 A라 하면

$A\times3ab=15a^4b^3+9a^2b^2$

$\therefore A=(15a^4b^3+9a^2b^2)\div3ab=\dfrac{15a^4b^3+9a^2b^2}{3ab}=5a^3b^2+3ab$

따라서 바르게 계산한 식은

$(5a^3b^2+3ab)\div3ab=\dfrac{5a^3b^2+3ab}{3ab}=\dfrac{5a^3b^2}{3ab}+\dfrac{3ab}{3ab}=\dfrac{5}{3}a^2b+1$

216 답 어떤 식: $2a^4b^2-4a^3b^3+3a^3b$

바르게 계산한 식: $4ab-8b^2+6$

어떤 식을 A라 하면

$A\times\dfrac{1}{2}a^3b=a^7b^3-2a^6b^4+\dfrac{3}{2}a^6b^2$

$\therefore A=\left(a^7b^3-2a^6b^4+\dfrac{3}{2}a^6b^2\right)\div\dfrac{1}{2}a^3b$

$=\left(a^7b^3-2a^6b^4+\dfrac{3}{2}a^6b^2\right)\times\dfrac{2}{a^3b}=2a^4b^2-4a^3b^3+3a^3b$

따라서 바르게 계산한 식은

$(2a^4b^2-4a^3b^3+3a^3b)\div\dfrac{1}{2}a^3b=(2a^4b^2-4a^3b^3+3a^3b)\times\dfrac{2}{a^3b}$

$=4ab-8b^2+6$

217 답 $6x^2-5xy$

$-2x(3x+y)+3x(4x-y)=-6x^2-2xy+12x^2-3xy$

$=6x^2-5xy$

218 답 $-4a^2+23a$

$\left(\dfrac{1}{3}a-\dfrac{1}{2}\right)(-6a)-4a\left(\dfrac{1}{2}a-5\right)=-2a^2+3a-2a^2+20a$

$=-4a^2+23a$

219 답 $-3x+7y$

$\dfrac{4x^2+6xy}{2x}+\dfrac{12y^2-15xy}{3y}=2x+3y+4y-5x$

$=-3x+7y$

220 답 $-a-3b$

$\dfrac{12a^2-16ab}{4a}-\dfrac{28ab-7b^2}{7b}=3a-4b-(4a-b)$

$=3a-4b-4a+b$

$=-a-3b$

221 답 $4xy+3y$

$(6x^2y-12xy)\div3x+(10xy^2+35y^2)\div5y$

$=\dfrac{6x^2y-12xy}{3x}+\dfrac{10xy^2+35y^2}{5y}$

$=2xy-4y+2xy+7y=4xy+3y$

222 답 $-20a-2$

$(4a^2+6a)\div(-a)-(8a^2-2a)\div\dfrac{a}{2}$

$=\dfrac{4a^2+6a}{-a}-(8a^2-2a)\times\dfrac{2}{a}$

$=-4a-6-(16a-4)$

$=-4a-6-16a+4=-20a-2$

223 답 $4x^2+8x-2y$

$$4x(x+1)+(2xy-y^2)\div\frac{1}{2}y=4x^2+4x+(2xy-y^2)\times\frac{2}{y}$$
$$=4x^2+4x+4x-2y$$
$$=4x^2+8x-2y$$

224 답 $5a^2-a$

$$3a(2a-1)-(2a^3b-4a^2b)\div 2ab=6a^2-3a-\frac{2a^3b-4a^2b}{2ab}$$
$$=6a^2-3a-(a^2-2a)$$
$$=6a^2-3a-a^2+2a$$
$$=5a^2-a$$

225 답 $-2x+y$

$$\frac{9x^2y-3xy^2}{3xy}+(4xy-10x^2)\div 2x=3x-y+\frac{4xy-10x^2}{2x}$$
$$=3x-y+2y-5x$$
$$=-2x+y$$

226 답 $-8ab^2+12b^3$

$$(-2b)\div\frac{7}{2}a\times(14a^2b-21ab^2)=(-2b)\times\frac{2}{7a}\times(14a^2b-21ab^2)$$
$$=\left(-\frac{4b}{7a}\right)\times(14a^2b-21ab^2)$$
$$=-8ab^2+12b^3$$

참고 $\times$, $\div$는 앞에서부터 차례로 계산한다.

227 답 $12xy^3-48y^4$

$$(2x^2-8xy)\div\frac{9}{2}x\times(3y)^3=(2x^2-8xy)\times\frac{2}{9x}\times 27y^3$$
$$=(2x^2-8xy)\times\frac{6y^3}{x}$$
$$=12xy^3-48y^4$$

228 답 $40a^2-20a-9b$

$$(16a^4b^2-4a^2b^3)\div\left(-\frac{2}{3}ab\right)^2+4a(a-5)$$
$$=(16a^4b^2-4a^2b^3)\div\frac{4}{9}a^2b^2+4a(a-5)$$
$$=(16a^4b^2-4a^2b^3)\times\frac{9}{4a^2b^2}+4a^2-20a$$
$$=36a^2-9b+4a^2-20a$$
$$=40a^2-20a-9b$$

229 답 $3x^3-6xy$, -27

$$(-x^2+2y)(-3x)=3x^3-6xy$$
$$=3\times 1^3-6\times 1\times 5 \quad\rceil{\scriptstyle x=1,\,y=5를\ 대입}$$
$$=3-30=-27$$

230 답 0

$$(5a^2-10ab^2)\div 5a=\frac{5a^2-10ab^2}{5a}$$
$$=a-2b^2$$
$$=2-2\times(-1)^2 \quad\rceil{\scriptstyle a=2,\,b=-1을\ 대입}$$
$$=2-2=0$$

231 답 10

$$3x-4\{(x+5y)-6y\}=3x-4(x-y)$$
$$=3x-4x+4y$$
$$=-x+4y$$
$$=-6+4\times 4 \quad\rceil{\scriptstyle x=6,\,y=4를\ 대입}$$
$$=-6+16=10$$

232 답 -4

$$\frac{4a^2b-6ab^2}{2ab}-\frac{15ab-10b^2}{5b}=2a-3b-(3a-2b)$$
$$=2a-3b-3a+2b$$
$$=-a-b$$
$$=-(-3)-7 \quad\rceil{\scriptstyle a=-3,\,b=7을\ 대입}$$
$$=-4$$

233 답 1

$$2(x-3y)-(4x^2y-xy^2)\div xy$$
$$=2x-6y-\frac{4x^2y-xy^2}{xy}$$
$$=2x-6y-(4x-y)$$
$$=2x-6y-4x+y$$
$$=-2x-5y$$
$$=-2\times\left(-\frac{3}{2}\right)-5\times\frac{2}{5} \quad\rceil{\scriptstyle x=-\frac{3}{2},\,y=\frac{2}{5}를\ 대입}$$
$$=3-2=1$$

234 답 $20x^2y-15y^3$

(직사각형의 넓이)=(가로의 길이)×(세로의 길이)이므로

$$(가로의 길이)\times\frac{2}{5}xy=8x^3y^2-6xy^4$$

$$\therefore (가로의 길이)=(8x^3y^2-6xy^4)\div\frac{2}{5}xy$$
$$=(8x^3y^2-6xy^4)\times\frac{5}{2xy}=20x^2y-15y^3$$

235 답 $5x-1$

$$(사다리꼴의 넓이)=\frac{1}{2}\times\{(윗변의 길이)+(아랫변의 길이)\}\times(높이)$$

이므로

$$\frac{1}{2}\times\{(윗변의 길이)+(2x+3y+1)\}\times 2xy=7x^2y+3xy^2$$
$$\{(윗변의 길이)+(2x+3y+1)\}\times xy=7x^2y+3xy^2$$
$$(윗변의 길이)+(2x+3y+1)=(7x^2y+3xy^2)\div xy$$
$$=\frac{7x^2y+3xy^2}{xy}=7x+3y$$

$$\therefore (윗변의 길이)=7x+3y-(2x+3y+1)$$
$$=7x+3y-2x-3y-1=5x-1$$

236 답 $2a^2-3b$

(직육면체의 부피)=(밑넓이)×(높이)이므로

$$(4a\times 3b)\times(높이)=24a^3b-36ab^2$$
$$12ab\times(높이)=24a^3b-36ab^2$$

$$\therefore (높이)=(24a^3b-36ab^2)\div 12ab=\frac{24a^3b-36ab^2}{12ab}=2a^2-3b$$

237 답 $a+2b$

(원기둥의 부피)=(밑넓이)×(높이)이므로

$\{\pi\times(2a)^2\}\times(높이)=4\pi a^3+8\pi a^2 b$

$4\pi a^2\times(높이)=4\pi a^3+8\pi a^2 b$

$\therefore (높이)=(4\pi a^3+8\pi a^2 b)\div 4\pi a^2$

$\qquad =\dfrac{4\pi a^3+8\pi a^2 b}{4\pi a^2}=a+2b$

기본 문제 × 확인하기   46~47쪽

1 (1) 7^7　(2) a^{10}　(3) $x^8 y^8$　(4) b^{15}　(5) 5^{14}　(6) $x^{17}y^{19}$

　(7) $\dfrac{1}{a^4}$　(8) 11^4　(9) $\dfrac{1}{x^{13}}$　(10) $64b^3$　(11) $\dfrac{1}{16}x^8y^4$　(12) $\dfrac{25b^{12}}{9a^6}$

2 (1) 7, 4, 16　(2) 2, 18, 6, 6　(3) 5, 30, 10, 10

3 (1) 11자리　(2) 12자리

4 (1) $10x^5y^3$　(2) $-56x^{11}y^4$　(3) $-15a^5b^7$

　(4) $-\dfrac{1}{2b}$　(5) $12x^2y^6$　(6) $32x^2y$

5 (1) $-3xy^2$　(2) $\dfrac{12b}{a}$　(3) $81ab$

6 (1) $14a^2$　(2) $-20x^4$　(3) $-8a^4b^3$　(4) $3x^5y^4$

7 (1) $5x-y$　(2) $2a+3b$　(3) $11x-12y+1$

　(4) $5a-25b-1$　(5) $\dfrac{13x-15y}{12}$　(6) $\dfrac{-7a+6b}{20}$

8 (1) $13x^2+3x-11$　(2) $-x^2-2x+1$

9 (1) $x-2y+8$　(2) $-21x^2+7x-10$

10 (1) $6x-y$　(2) $8x-2y-3$

　(3) $11x^2-7x+6$　(4) $-4x^2+5x+9$

11 (1) $8a^2-24ab$　(2) $-6x^2+4xy-10x$

　(3) $3a-7b$　(4) $-12x-16y-8$

12 (1) $3x^2-7xy$　(2) $6a-12b-9$　(3) $-32x^2y+8xy^2$

13 (1) $-a^2+5ab$　(2) $-4xy-y$

　(3) $-11xy+x$　(4) $22x^2+5x-4y$

---

1 (1) $7^2\times 7^5=7^{2+5}=7^7$

(2) $a^5\times a\times a^4=a^{5+1+4}=a^{10}$

(3) $x^2\times y^5\times x^6\times y^3=x^{2+6}\times y^{5+3}=x^8y^8$

(4) $(b^3)^5=b^{3\times 5}=b^{15}$

(5) $(5^4)^2\times(5^2)^3=5^8\times 5^6=5^{8+6}=5^{14}$

(6) $x^5\times(y^3)^4\times(x^6)^2\times y^7=x^5\times y^{12}\times x^{12}\times y^7$

$\qquad\qquad\qquad =x^{5+12}\times y^{12+7}=x^{17}y^{19}$

(7) $a^4\div a^8=\dfrac{1}{a^{8-4}}=\dfrac{1}{a^4}$

(8) $11^9\div 11^2\div 11^3=11^{9-2}\div 11^3$

$\qquad\qquad\qquad =11^7\div 11^3=11^{7-3}=11^4$

---

(9) $(x^3)^2\div x^4\div(x^5)^3=x^6\div x^4\div x^{15}=x^{6-4}\div x^{15}$

$\qquad\qquad =x^2\div x^{15}=\dfrac{1}{x^{15-2}}=\dfrac{1}{x^{13}}$

(10) $(4b)^3=4^3b^3=64b^3$

(11) $\left(\dfrac{1}{2}x^2y\right)^4=\left(\dfrac{1}{2}\right)^4\times x^{2\times 4}y^4=\dfrac{1}{16}x^8y^4$

(12) $\left(-\dfrac{5b^6}{3a^3}\right)^2=(-1)^2\times\dfrac{5^2b^{6\times 2}}{3^2a^{3\times 2}}=\dfrac{25b^{12}}{9a^6}$

2 (1) $128=2^{\boxed{7}}=2^{\boxed{4}}\times 2^3=\boxed{16}A$

(2) $4^9=(2^{\boxed{2}})^9=2^{\boxed{18}}=(2^3)^{\boxed{6}}=A^{\boxed{6}}$

(3) $32^6=(2^{\boxed{5}})^6=2^{\boxed{30}}=(2^3)^{\boxed{10}}=A^{\boxed{10}}$

3 (1) $2^8\times 5^{11}=2^8\times 5^{8+3}=2^8\times 5^8\times 5^3=(2\times 5)^8\times 5^3$

$\qquad\quad =5^3\times 10^8\longrightarrow a\times 10^n$ 꼴로 나타내기

$\qquad\quad =12500\underbrace{\cdots 0}_{8개}$

따라서 $2^8\times 5^{11}$은 11자리의 자연수이다.

(2) $2^{12}\times 3^2\times 5^{10}=3^2\times 2^{2+10}\times 5^{10}=3^2\times 2^2\times 2^{10}\times 5^{10}$

$\qquad\qquad =3^2\times 2^2\times(2\times 5)^{10}$

$\qquad\qquad =3^2\times 2^2\times 10^{10}\longrightarrow a\times 10^n$ 꼴로 나타내기

$\qquad\qquad =3600\underbrace{\cdots 0}_{10개}$

따라서 $2^{12}\times 3^2\times 5^{10}$은 12자리의 자연수이다.

4 (1) $5x^5\times 2y^3=5\times 2\times x^5\times y^3=10x^5y^3$

(2) $7x^2y\times(-2x^3y)^3=7x^2y\times(-2)^3x^9y^3$

$\qquad\qquad\qquad =7x^2y\times(-8x^9y^3)=-56x^{11}y^4$

(3) $\dfrac{3}{2}ab^4\times(-6ab^3)\times\dfrac{5}{3}a^3=\dfrac{3}{2}\times(-6)\times\dfrac{5}{3}\times a\times a\times a^3\times b^4\times b^3$

$\qquad\qquad\qquad\qquad =-15a^5b^7$

(4) $(-6a^3b^2)\div 12a^3b^3=\dfrac{-6a^3b^2}{12a^3b^3}=-\dfrac{1}{2b}$

(5) $(-3x^2y^3)^3\div\left(-\dfrac{9}{4}x^4y^3\right)=(-27x^6y^9)\div\left(-\dfrac{9}{4}x^4y^3\right)$

$\qquad\qquad\qquad =(-27x^6y^9)\times\left(-\dfrac{4}{9x^4y^3}\right)=12x^2y^6$

(6) $(-2x^3y^5)^2\div(xy)^3\div\dfrac{1}{8}xy^6=4x^6y^{10}\div x^3y^3\div\dfrac{1}{8}xy^6$

$\qquad\qquad\qquad =4x^6y^{10}\times\dfrac{1}{x^3y^3}\times\dfrac{8}{xy^6}$

$\qquad\qquad\qquad =32x^2y$

5 (1) $7x^5y^3\div(-14x^{10}y^2)\times 6x^6y=7x^5y^3\times\left(-\dfrac{1}{14x^{10}y^2}\right)\times 6x^6y$

$\qquad\qquad\qquad =-3xy^2$

(2) $24a^2b^2\div 8a^3b^3\times(-2b)^2=24a^2b^2\times\dfrac{1}{8a^3b^3}\times 4b^2$

$\qquad\qquad\qquad =\dfrac{12b}{a}$

(3) $(-6ab)^2\times a^5b^3\div\left(-\dfrac{2}{3}a^3b^2\right)^2=36a^2b^2\times a^5b^3\div\dfrac{4}{9}a^6b^4$

$\qquad\qquad\qquad =36a^2b^2\times a^5b^3\times\dfrac{9}{4a^6b^4}$

$\qquad\qquad\qquad =81ab$

6 (1) $5a^4 \times \boxed{} = 70a^6$

$\Rightarrow \boxed{} = 70a^6 \div 5a^4 = \dfrac{70a^6}{5a^4} = 14a^2$

(2) $(-12x^7) \div \boxed{} = \dfrac{3}{5}x^3$

$\Rightarrow (-12x^7) \times \dfrac{1}{\boxed{}} = \dfrac{3}{5}x^3$

$\Rightarrow \boxed{} = (-12x^7) \div \dfrac{3}{5}x^3 = (-12x^7) \times \dfrac{5}{3x^3} = -20x^4$

(3) $2a^3b \times \boxed{} \div (-16a^6b^2) = ab^2$

$\Rightarrow 2a^3b \times \boxed{} \times \left(-\dfrac{1}{16a^6b^2}\right) = ab^2$

$\Rightarrow \boxed{} = ab^2 \div 2a^3b \times (-16a^6b^2)$

$\qquad = ab^2 \times \dfrac{1}{2a^3b} \times (-16a^6b^2) = -8a^4b^3$

(4) $(-9x^2y^3)^2 \div \boxed{} \times \left(-\dfrac{1}{27}x^2y\right) = -xy^3$

$\Rightarrow (-9x^2y^3)^2 \times \dfrac{1}{\boxed{}} \times \left(-\dfrac{1}{27}x^2y\right) = -xy^3$

$\Rightarrow \boxed{} = (-9x^2y^3)^2 \times \left(-\dfrac{1}{27}x^2y\right) \div (-xy^3)$

$\qquad = 81x^4y^6 \times \left(-\dfrac{1}{27}x^2y\right) \times \left(-\dfrac{1}{xy^3}\right) = 3x^5y^4$

7 (1) $(2x-3y)+(3x+2y)=5x-y$

(2) $(-a+4b)-(-3a+b)=-a+4b+3a-b=2a+3b$

(3) $3(3x-2y-1)+2(x-3y+2)=9x-6y-3+2x-6y+4$
$\qquad\qquad\qquad\qquad\qquad\quad =11x-12y+1$

(4) $7(a-3b+1)-4\left(\dfrac{a}{2}+b+2\right)=7a-21b+7-2a-4b-8$
$\qquad\qquad\qquad\qquad\qquad\quad =5a-25b-1$

(5) $\dfrac{x-3y}{3}+\dfrac{3x-y}{4}=\dfrac{4(x-3y)+3(3x-y)}{12}$

$\qquad\qquad\qquad\quad =\dfrac{4x-12y+9x-3y}{12}$

$\qquad\qquad\qquad\quad =\dfrac{13x-15y}{12}$

(6) $\dfrac{a+2b}{4}-\dfrac{3a+b}{5}=\dfrac{5(a+2b)-4(3a+b)}{20}$

$\qquad\qquad\qquad\quad =\dfrac{5a+10b-12a-4b}{20}$

$\qquad\qquad\qquad\quad =\dfrac{-7a+6b}{20}$

8 (1) $5(x^2+3x-5)+2(4x^2-6x+7)$
$\quad =5x^2+15x-25+8x^2-12x+14$
$\quad =13x^2+3x-11$

(2) $3(x^2-4x+3)-2(2x^2-5x+4)$
$\quad =3x^2-12x+9-4x^2+10x-8$
$\quad =-x^2-2x+1$

9 (1) $3x-y-\{(2x-y-5)-(-2y+3)\}$
$\quad =3x-y-(2x-y-5+2y-3)$
$\quad =3x-y-(2x+y-8)$
$\quad =3x-y-2x-y+8$
$\quad =x-2y+8$

(2) $2x^2-7x-[3x^2-\{4(2x-5x^2)+6x-10\}]$
$\quad =2x^2-7x-\{3x^2-(8x-20x^2+6x-10)\}$
$\quad =2x^2-7x-\{3x^2-(-20x^2+14x-10)\}$
$\quad =2x^2-7x-(3x^2+20x^2-14x+10)$
$\quad =2x^2-7x-(23x^2-14x+10)$
$\quad =2x^2-7x-23x^2+14x-10$
$\quad =-21x^2+7x-10$

10 (1) $(\boxed{})+(3x-2y)=9x-3y$

$\Rightarrow \boxed{} = (9x-3y)-(3x-2y)$

$\qquad =9x-3y-3x+2y=6x-y$

(2) $(15x+4y)-(\boxed{})=7x+6y+3$

$\Rightarrow \boxed{} = (15x+4y)-(7x+6y+3)$

$\qquad =15x+4y-7x-6y-3=8x-2y-3$

(3) $(\boxed{})+(-9x^2+3x-5)=2x^2-4x+1$

$\Rightarrow \boxed{} = (2x^2-4x+1)-(-9x^2+3x-5)$

$\qquad =2x^2-4x+1+9x^2-3x+5=11x^2-7x+6$

(4) $(8x^2+3x-1)-(\boxed{})=12x^2-2x-10$

$\Rightarrow \boxed{} = (8x^2+3x-1)-(12x^2-2x-10)$

$\qquad =8x^2+3x-1-12x^2+2x+10=-4x^2+5x+9$

11 (1) $8a(a-3b)=8a \times a-8a \times 3b=8a^2-24ab$

(2) $(15x-10y+25) \times \left(-\dfrac{2}{5}x\right)$

$\quad =15x \times \left(-\dfrac{2}{5}x\right)-10y \times \left(-\dfrac{2}{5}x\right)+25 \times \left(-\dfrac{2}{5}x\right)$

$\quad =-6x^2+4xy-10x$

(3) $(9ab^2-21b^3) \div 3b^2=\dfrac{9ab^2-21b^3}{3b^2}=\dfrac{9ab^2}{3b^2}-\dfrac{21b^3}{3b^2}=3a-7b$

(4) $(27x^2+36xy+18x) \div \left(-\dfrac{9}{4}x\right)$

$\quad =(27x^2+36xy+18x) \times \left(-\dfrac{4}{9x}\right)$

$\quad =27x^2 \times \left(-\dfrac{4}{9x}\right)+36xy \times \left(-\dfrac{4}{9x}\right)+18x \times \left(-\dfrac{4}{9x}\right)$

$\quad =-12x-16y-8$

12 (1) $(\boxed{}) \times (-2xy)=-6x^3y+14x^2y^2$

$\Rightarrow \boxed{} = (-6x^3y+14x^2y^2) \div (-2xy)$

$\qquad =\dfrac{-6x^3y+14x^2y^2}{-2xy}=3x^2-7xy$

(2) $(\boxed{}) \times \dfrac{1}{3}b=2ab-4b^2-3b$

$\Rightarrow \boxed{} = (2ab-4b^2-3b) \div \dfrac{1}{3}b$

$\qquad =(2ab-4b^2-3b) \times \dfrac{3}{b}=6a-12b-9$

(3) $(\boxed{}) \div \left(-\dfrac{4}{5}xy\right)=40x-10y$

$\Rightarrow \boxed{} = (40x-10y) \times \left(-\dfrac{4}{5}xy\right)=-32x^2y+8xy^2$

13 (1) $\frac{1}{7}a(14a-7b+42)-6a\left(\frac{1}{2}a-b+1\right)$

$\quad=2a^2-ab+6a-3a^2+6ab-6a$

$\quad=-a^2+5ab$

(2) $\dfrac{-28x^2y^2+20xy^2}{4xy}-\dfrac{18xy-9x^2y}{3x}$

$\quad=-7xy+5y-(6y-3xy)$

$\quad=-7xy+5y-6y+3xy$

$\quad=-4xy-y$

(3) $3x(-5y+2)+(30x^2-24x^2y)\div(-6x)$

$\quad=-15xy+6x+\dfrac{30x^2-24x^2y}{-6x}$

$\quad=-15xy+6x-5x+4xy$

$\quad=-11xy+x$

(4) $(54x^4y^2-9x^2y^3)\div\left(-\dfrac{3}{2}xy\right)^2-x(2x-5)$

$\quad=(54x^4y^2-9x^2y^3)\div\dfrac{9}{4}x^2y^2-x(2x-5)$

$\quad=(54x^4y^2-9x^2y^3)\times\dfrac{4}{9x^2y^2}-2x^2+5x$

$\quad=24x^2-4y-2x^2+5x$

$\quad=22x^2+5x-4y$

학교 시험 문제 × 확인하기   48~49쪽

1 ④	2 44	3 ③	4 36	5 ④
6 ③	7 ④	8 ②	9 $4x^2$	10 $\frac{4}{3}b^2$
11 ⑤	12 ①	13 $-2x^2-3x-16$	14 ③, ⑤	
15 2	16 ③			

1 ① $x^2\times x^\square=x^{2+\square}=x^7$이므로

$\quad 2+\square=7 \quad \therefore \square=5$

② $a^2\times b^3\times a\times b^2=a^3b^5=a^3b^\square$이므로 $\square=5$

③ $x\times x\times x\times y=x^3y=x^\square y$이므로 $\square=3$

④ $a\times a^\square\times a\times a^2=a^{4+\square}=a^{10}$이므로

$\quad 4+\square=10 \quad \therefore \square=6$

⑤ $x^2\times y^3\times x^\square\times y=x^{2+\square}y^4=x^5y^4$이므로

$\quad 2+\square=5 \quad \therefore \square=3$

따라서 $\square$ 안에 알맞은 수가 가장 큰 것은 ④이다.

2 ㈎ $2^3+2^3+2^3+2^3=4\times 2^3=2^2\times 2^3=2^{2+3}=2^5 \quad \therefore a=5$

㈏ $2^3\times 2^3\times 2^3\times 2^3=(2^3)^4=2^{3\times 4}=2^{12} \quad \therefore b=12$

㈐ $\{(2^3)^3\}^3=(2^{3\times 3})^3=2^{3\times 3\times 3}=2^{27} \quad \therefore c=27$

$\therefore a+b+c=5+12+27=44$

3 ① $(x^4)^2\div x^3=x^8\div x^3=x^{8-3}=x^5$

② $x\times x^6\div x^2=x^{1+6}\div x^2=x^7\div x^2=x^{7-2}=x^5$

③ $x^{12}\div x^{10}\div x^3=x^{12-10}\div x^3=x^2\div x^3=\dfrac{1}{x^{3-2}}=\dfrac{1}{x}$

④ $(x^7)^2\div(x^3)^2\div x^3=x^{14}\div x^6\div x^3=x^{14-6}\div x^3$

$\qquad=x^8\div x^3=x^{8-3}=x^5$

⑤ $(x^5)^3\div(x^2)^7\times x^4=x^{15}\div x^{14}\times x^4=x^{15-14}\times x^4$

$\qquad=x\times x^4=x^{1+4}=x^5$

따라서 식을 간단히 한 결과가 나머지 넷과 다른 하나는 ③이다.

4 $\left(\dfrac{-3x^3}{y^2}\right)^a=\dfrac{(-3)^a x^{3a}}{y^{2a}}=\dfrac{-cx^9}{y^b}$

즉, $(-3)^a=-c$, $3a=9$, $2a=b$

$3a=9$에서 $a=3$

$2a=b$에서 $b=6$

$(-3)^a=-c$에서 $(-3)^3=-c \quad \therefore c=27$

$\therefore a+b+c=3+6+27=36$

5 $25^9=(5^2)^9=5^{18}=(5^3)^6=A^6$

6 $2^8\times 7\times 5^6=7\times 2^{2+6}\times 5^6=7\times 2^2\times 2^6\times 5^6$

$\qquad=7\times 2^2\times(2\times 5)^6=7\times 2^2\times 10^6$

$\qquad=28\underset{\underset{\text{6개}}{\rule{1.2em}{0.4pt}}}{000000}$

따라서 $2^8\times 7\times 5^6$은 8자리의 자연수이므로 $n=8$

7 ① $4ab^2\times(-2a^2)\div 4b=4ab^2\times(-2a^2)\times\dfrac{1}{4b}=-2a^3b$

② $5ab^2\times(-2a^2b)^2\div(-10a^3b^2)=5ab^2\times 4a^4b^2\times\left(-\dfrac{1}{10a^3b^2}\right)$

$\qquad=-2a^2b^2$

③ $8x^4y\div 4x^6y^2\times(-2x^3y^4)=8x^4y\times\dfrac{1}{4x^6y^2}\times(-2x^3y^4)=-4xy^3$

④ $(-24a^2b)\div 6ab^2\times(-2ab)=(-24a^2b)\times\dfrac{1}{6ab^2}\times(-2ab)$

$\qquad=8a^2$

⑤ $12a^2b^3\div 24a^5b^6\times(-2a^2b^3)^2=12a^2b^3\times\dfrac{1}{24a^5b^6}\times 4a^4b^6=2ab^3$

따라서 옳지 않은 것은 ④이다.

8 $x^2y^a\div 2x^by\times 6x^5y=x^2y^a\times\dfrac{1}{2x^by}\times 6x^5y=3x^{7-b}y^a=cx^4y^5$

즉, $3=c$, $7-b=4$, $a=5$이므로 $a=5$, $b=3$, $c=3$

$\therefore a+b+c=5+3+3=11$

9 $\left(-\dfrac{3}{2}xy^2\right)^2\times A\div 18x^3y=\dfrac{1}{2}xy^3$에서

$\dfrac{9}{4}x^2y^4\times A\times\dfrac{1}{18x^3y}=\dfrac{1}{2}xy^3$

$\therefore A=\dfrac{1}{2}xy^3\div\dfrac{9}{4}x^2y^4\times 18x^3y=\dfrac{1}{2}xy^3\times\dfrac{4}{9x^2y^4}\times 18x^3y=4x^2$

10 (사각뿔의 부피)$=\frac{1}{3}\times$(밑넓이)$\times$(높이)이므로

$\frac{1}{3}\times(2ab\times5a^2)\times$(높이)$=\frac{40}{9}a^3b^3$

$\frac{10a^3b}{3}\times$(높이)$=\frac{40}{9}a^3b^3$

$\therefore$ (높이)$=\frac{40}{9}a^3b^3\div\frac{10a^3b}{3}=\frac{40}{9}a^3b^3\times\frac{3}{10a^3b}=\frac{4}{3}b^2$

11 ④ $(-9a+11b)+\frac{5}{3}(6a-9b)=-9a+11b+10a-15b$
$\qquad\qquad\qquad\qquad\qquad=a-4b$

⑤ $\frac{4x-y}{3}-\frac{3x-y}{2}=\frac{2(4x-y)-3(3x-y)}{6}$
$\qquad\qquad\qquad=\frac{8x-2y-9x+3y}{6}=\frac{-x+y}{6}$

따라서 옳지 않은 것은 ⑤이다.

12 $2(3x^2+x-6)-5(2x^2-x-2)$
$\quad=6x^2+2x-12-10x^2+5x+10$
$\quad=-4x^2+7x-2$

x^2의 계수는 -4, 상수항은 -2이므로 그 합은
$-4+(-2)=-6$

13 어떤 식을 A라 하면
$(x^2-2x-5)-A=4x^2-x+6$
$\therefore A=(x^2-2x-5)-(4x^2-x+6)$
$\qquad=x^2-2x-5-4x^2+x-6=-3x^2-x-11$

따라서 바르게 계산한 식은
$(x^2-2x-5)+(-3x^2-x-11)=-2x^2-3x-16$

14 ① $2a(a-2b)=2a^2-4ab$

② $(4a+3b)(-3a)=-12a^2-9ab$

③ $-a(3a+2b-1)=-3a^2-2ab+a$

④ $(20ab^2-15ab)\div5ab=\frac{20ab^2-15ab}{5ab}=4b-3$

⑤ $(-2a^2+7a)\div\left(-\frac{1}{7}a\right)=(-2a^2+7a)\times\left(-\frac{7}{a}\right)=14a-49$

따라서 옳은 것은 ③, ⑤이다.

15 $-x(4y-2)+(2x^2y-5xy)\div\frac{1}{3}x$
$\quad=-4xy+2x+(2x^2y-5xy)\times\frac{3}{x}$
$\quad=-4xy+2x+6xy-15y$
$\quad=2xy+2x-15y$

따라서 xy의 계수는 2이다.

16 $\frac{6a^2b-3ab}{3b}-\frac{20a^2b+25ab^2}{5b}$
$\quad=2a^2-a-(4a^2+5ab)$
$\quad=2a^2-a-4a^2-5ab$
$\quad=-2a^2-5ab-a$
$\quad=-2\times2^2-5\times2\times(-1)-2$ $\;\leftarrow a=2,\,b=-1$을 대입
$\quad=-8+10-2=0$

001 답 ○

002 답 ×

$x+3=0$은 등식이다.

003 답 ×

$1-2x+y$는 다항식이다.

004 답 ○

005 답 ○

006 답 ×

$y=x-8$은 등식이다.

007 답 >

008 답 ≤

009 답 ≥

010 답 <

011 답 ≥

012 답 ≤

013 답 $2x+4>9$

x를 2배한 후 4를 더하면 / 9보다 크다.

$\quad\quad 2x+4 \quad\quad > \quad 9$

014 답 $3x-5\leq-2$

x의 3배에서 5를 뺀 수는 / -2 이하이다.
$\quad\quad 3x-5 \quad\quad \leq \quad -2$

015 답 $x\leq4$

어떤 냉장고의 냉장실 온도 x℃는 / 4 ℃를 넘지 않는다.
$\quad\quad\quad x \quad\quad\quad \leq \quad 4$

016 답 $2x\geq5000$

한 자루에 x원인 펜 2자루의 가격은 / 5000원 이상이다.

$\quad\quad\quad 2x \quad\quad\quad \geq \quad 5000$

017 답 $x-5\leq5$

길이가 x m인 끈에서 5 m를 잘라 내고 남은 길이는 / 5 m 이하이다.
$\quad\quad\quad x-5 \quad\quad\quad \leq \quad 5$

018 답 $3x<40$

한 변의 길이가 x cm인 정삼각형의 둘레의 길이는 / 40 cm보다 짧다.

$3x$ $<$ 40

019 답 $1+0.5x>8$

무게가 1 kg인 가방에 한 권에 0.5 kg인 책을 x권 넣었더니 / 8 kg이

$1+0.5x$ $>$ 8

넘었다.

020 답 표는 풀이 참조, 2

x의 값	$2x+3$의 값	부등호	5	참 / 거짓
-1	$2\times(-1)+3=1$	$<$	5	거짓
0	$2\times0+3=3$	$<$	5	거짓
1	$2\times1+3=5$	$=$	5	거짓
2	$2\times2+3=7$	$>$	5	참

➡ 부등식 $2x+3>5$의 해: 2

021 답 -1, 0

$-5x+6\geq4$에 대하여

x의 값	$-5x+6$의 값	부등호	4	참 / 거짓
-1	$-5\times(-1)+6=11$	$>$	4	참
0	$-5\times0+6=6$	$>$	4	참
1	$-5\times1+6=1$	$<$	4	거짓
2	$-5\times2+6=-4$	$<$	4	거짓

➡ 부등식 $-5x+6\geq4$의 해: -1, 0

022 답 0, 1, 2

$x-5<7x$에 대하여

x의 값	$x-5$의 값	부등호	$7x$의 값	참 / 거짓
-1	$-1-5=-6$	$>$	$7\times(-1)=-7$	거짓
0	$0-5=-5$	$<$	$7\times0=0$	참
1	$1-5=-4$	$<$	$7\times1=7$	참
2	$2-5=-3$	$<$	$7\times2=14$	참

➡ 부등식 $x-5<7x$의 해: 0, 1, 2

023 답 -1, 0, 1, 2

$-3x-5\leq2x$에 대하여

x의 값	$-3x-5$의 값	부등호	$2x$의 값	참 / 거짓
-1	$-3\times(-1)-5=-2$	$=$	$2\times(-1)=-2$	참
0	$-3\times0-5=-5$	$<$	$2\times0=0$	참
1	$-3\times1-5=-8$	$<$	$2\times1=2$	참
2	$-3\times2-5=-11$	$<$	$2\times2=4$	참

➡ 부등식 $-3x-5\leq2x$의 해: -1, 0, 1, 2

024 답 ④, ⑤

각 부등식에 [ ] 안의 수를 대입하면

① $4x+1>15$에서 $4\times2+1<15$ (거짓)

② $5x-8<x$에서 $5\times3-8>3$ (거짓)

③ $-2x-5>0$에서 $-2\times(-1)-5<0$ (거짓)

④ $3-6x\geq2$에서 $3-6\times(-2)>2$ (참)

⑤ $\dfrac{x-1}{4}-\dfrac{x}{2}\leq1$에서 $\dfrac{1-1}{4}-\dfrac{1}{2}<1$ (참)

따라서 [ ] 안의 수가 주어진 부등식의 해인 것은 ④, ⑤이다.

025 답 $<$

026 답 $<$

027 답 $>$

028 답 $<$

029 답 $\geq$

$a\geq b$
$3a\geq3b$ $\times3$
$3a+1\geq3b+1$ $+1$

030 답 $\geq$

$a\geq b$
$\dfrac{2}{3}a\geq\dfrac{2}{3}b$ $\times\dfrac{2}{3}$
$\dfrac{2}{3}a-1\geq\dfrac{2}{3}b-1$ -1

031 답 $\leq$

$a\geq b$
$-a\leq-b$ $\times(-1)$
$-a+2\leq-b+2$ $+2$

032 답 $\leq$

$a\geq b$
$-\dfrac{a}{5}\leq-\dfrac{b}{5}$ $\div(-5)$
$-\dfrac{a}{5}-4\leq-\dfrac{b}{5}-4$ -4

033 답 $<$ / $>$, $<$

034 답 $\leq$

$a+5\leq b+5$
$a\leq b$ -5

035 답 $>$

$4a-2>4b-2$
$4a>4b$ $+2$
$a>b$ $\div4$

036 답 $\leq$

$$-\frac{4}{3}a+3 \geq -\frac{4}{3}b+3 \quad\rbrack{-3}$$
$$-\frac{4}{3}a \geq -\frac{4}{3}b \quad\rbrack{\times\left(-\frac{3}{4}\right)}$$
$$a \leq b$$

037 답 $>$

$$8-a < 8-b \quad\rbrack{-8}$$
$$-a < -b \quad\rbrack{\times(-1)}$$
$$a > b$$

038 답 $\leq$

$$\frac{a+1}{4} \leq \frac{b+1}{4} \quad\rbrack{\times 4}$$
$$a+1 \leq b+1 \quad\rbrack{-1}$$
$$a \leq b$$

039 답 $-10,\ 4,\ -11,\ 3$

040 답 $-28 \leq 6x+2 < 14$

$$-5 \leq \quad x \quad < 2 \quad\rbrack{\times 6}$$
$$-30 \leq \quad 6x \quad < 12 \quad\rbrack{+2}$$
$$-28 \leq 6x+2 < 14$$

041 답 $-19 \leq 4x+1 < 9$

$$-5 \leq \quad x \quad < 2 \quad\rbrack{\times 4}$$
$$-20 \leq \quad 4x \quad < 8 \quad\rbrack{+1}$$
$$-19 \leq 4x+1 < 9$$

042 답 $-3 \leq \frac{1}{5}x-2 < -\frac{8}{5}$

$$-5 \leq \quad x \quad < 2 \quad\rbrack{\times \frac{1}{5}}$$
$$-1 \leq \quad \frac{1}{5}x \quad < \frac{2}{5} \quad\rbrack{-2}$$
$$-3 \leq \frac{1}{5}x-2 < -\frac{8}{5}$$

043 답 $-5 \leq \frac{3x+5}{2} < \frac{11}{2}$

$$-5 \leq \quad x \quad < 2 \quad\rbrack{\times 3}$$
$$-15 \leq \quad 3x \quad < 6 \quad\rbrack{+5}$$
$$-10 \leq 3x+5 < 11 \quad\rbrack{\div 2}$$
$$-5 \leq \frac{3x+5}{2} < \frac{11}{2}$$

044 답 $-6,\ 1,\ -3,\ 4$

045 답 $-30 \leq -5x < 5$

$$-1 < \quad x \quad \leq 6 \quad\rbrack{\times(-5)}$$
$$-30 \leq -5x < 5$$

046 답 $-25 \leq -3x-7 < -4$

$$-1 < \quad x \quad \leq 6 \quad\rbrack{\times(-3)}$$
$$-18 \leq \quad -3x \quad < 3 \quad\rbrack{-7}$$
$$-25 \leq -3x-7 < -4$$

047 답 $1 \leq 4-\frac{1}{2}x < \frac{9}{2}$

$$-1 < \quad x \quad \leq 6 \quad\rbrack{\times\left(-\frac{1}{2}\right)}$$
$$-3 \leq \quad -\frac{1}{2}x \quad < \frac{1}{2} \quad\rbrack{+4}$$
$$1 \leq 4-\frac{1}{2}x < \frac{9}{2}$$

048 답 $-\frac{5}{3} \leq \frac{-x+1}{3} < \frac{2}{3}$

$$-1 < \quad x \quad \leq 6 \quad\rbrack{\times(-1)}$$
$$-6 \leq \quad -x \quad < 1 \quad\rbrack{+1}$$
$$-5 \leq \quad -x+1 \quad < 2 \quad\rbrack{\div 3}$$
$$-\frac{5}{3} \leq \frac{-x+1}{3} < \frac{2}{3}$$

049 답 $1,\ \bigcirc$

050 답 $-x+9 \leq 0,\ \bigcirc$

051 답 $3 \geq 0,\ \times$

$x+1 \geq x-2$에서 $x+1-x+2 \geq 0$ $\quad\therefore 3 \geq 0$

➡ 좌변에 상수항만 남으므로 일차부등식이 아니다.

052 답 $-5 \leq 0,\ \times$

$7x-12 \leq 7(x-1)$에서 $7x-12 \leq 7x-7$

$7x-12-7x+7 \leq 0$ $\quad\therefore -5 \leq 0$

➡ 좌변에 상수항만 남으므로 일차부등식이 아니다.

053 답 $2x+1 < 0,\ \bigcirc$

054 답 $-3x^2-3x > 0,\ \times$

$-3x+5 > 3x^2+5$에서 $-3x+5-3x^2-5 > 0$ $\quad\therefore -3x^2-3x > 0$

➡ 좌변이 일차식이 아니므로 일차부등식이 아니다.

055 답 $\bigcirc$

$4-x \leq 3$에서 $4-x-3 \leq 0$ $\quad\therefore -x+1 \leq 0$

➡ 좌변이 일차식이므로 일차부등식이다.

056 답 $\times$

$11-2x > 7-2x$에서 $11-2x-7+2x > 0$ $\quad\therefore 4 > 0$

➡ 좌변에 상수항만 남으므로 일차부등식이 아니다.

057 답 $\bigcirc$

$5x-8 < 4x+5$에서 $5x-8-4x-5 < 0$ $\quad\therefore x-13 < 0$

➡ 좌변이 일차식이므로 일차부등식이다.

058 답 ○

$10-3x\geq3(x+1)$에서 $10-3x\geq3x+3$

$10-3x-3x-3\geq0$ ∴ $-6x+7\geq0$

➡ 좌변이 일차식이므로 일차부등식이다.

059 답 ×

$2x(1-x)<2x^2$에서 $2x-2x^2<2x^2$

$2x-2x^2-2x^2<0$ ∴ $-4x^2+2x<0$

➡ 좌변이 일차식이 아니므로 일차부등식이 아니다.

060 답 ③, ⑤

① $x-2<5+x$에서 $-7<0$

　➡ 좌변에 상수항만 남으므로 일차부등식이 아니다.

② $-2(x-1)\geq-2x$에서 $-2x+2\geq-2x$ ∴ $2\geq0$

　➡ 좌변에 상수항만 남으므로 일차부등식이 아니다.

③ $x+2\leq-3x-1$에서 $4x+3\leq0$

　➡ 좌변이 일차식이므로 일차부등식이다.

④ $2x^2+1>0$ ➡ 좌변이 일차식이 아니므로 일차부등식이 아니다.

⑤ $x^2-3(x-2)>x^2+3x$에서

　$x^2-3x+6>x^2+3x$ ∴ $-6x+6>0$

　➡ 좌변이 일차식이므로 일차부등식이다.

따라서 일차부등식인 것은 ③, ⑤이다.

061 답 10, 10, −2,

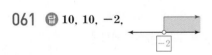

062 답 $x\geq3$,

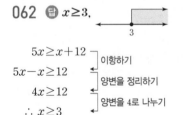

$5x\geq x+12$ ┐ 이항하기

$5x-x\geq12$ ┤ 양변을 정리하기

$4x\geq12$ ┤ 양변을 4로 나누기

∴ $x\geq3$ ┘

063 답 $x<-1$,

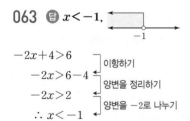

$-2x+4>6$ ┐ 이항하기

$-2x>6-4$ ┤ 양변을 정리하기

$-2x>2$ ┤ 양변을 −2로 나누기

∴ $x<-1$ ┘

064 답 $x\leq\dfrac{1}{3}$,

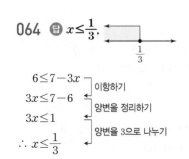

$6\leq7-3x$ ┐ 이항하기

$3x\leq7-6$ ┤ 양변을 정리하기

$3x\leq1$ ┤ 양변을 3으로 나누기

∴ $x\leq\dfrac{1}{3}$ ┘

065 답 $x>-4$,

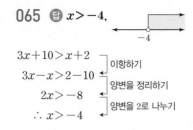

$3x+10>x+2$ ┐ 이항하기

$3x-x>2-10$ ┤ 양변을 정리하기

$2x>-8$ ┤ 양변을 2로 나누기

∴ $x>-4$ ┘

066 답 $x\leq11$,

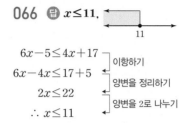

$6x-5\leq4x+17$ ┐ 이항하기

$6x-4x\leq17+5$ ┤ 양변을 정리하기

$2x\leq22$ ┤ 양변을 2로 나누기

∴ $x\leq11$ ┘

067 답 $x>-3$,

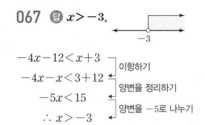

$-4x-12<x+3$ ┐ 이항하기

$-4x-x<3+12$ ┤ 양변을 정리하기

$-5x<15$ ┤ 양변을 −5로 나누기

∴ $x>-3$ ┘

068 답 $x\leq6$,

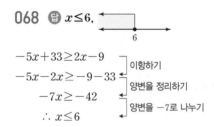

$-5x+33\geq2x-9$ ┐ 이항하기

$-5x-2x\geq-9-33$ ┤ 양변을 정리하기

$-7x\geq-42$ ┤ 양변을 −7로 나누기

∴ $x\leq6$ ┘

069 답 ⑤

주어진 그림에서 해는 $x>5$이다.

① $-5x>25$에서 $x<-5$

② $\dfrac{x}{2}>10$에서 $x>20$

③ $4x-3<7+2x$에서 $2x<10$ ∴ $x<5$

④ $-8-x<-3$에서 $-x<5$ ∴ $x>-5$

⑤ $6-x<x-4$에서 $-2x<-10$ ∴ $x>5$

따라서 해를 수직선 위에 나타내었을 때, 주어진 그림과 같은 것은 ⑤이다.

070 답 2, 2, 9, −9

071 답 $x<4$

$3x-4<2(8-x)$에서 괄호를 풀면 $3x-4<16-2x$

$5x<20$ ∴ $x<4$

072 답 $x>-10$

$4(x+1)>3(x-2)$에서 괄호를 풀면 $4x+4>3x-6$

∴ $x>-10$

073 답 $x \leq -21$

$5(x-4)-2(3x-1) \geq 3$에서 괄호를 풀면 $5x-20-6x+2 \geq 3$
$-x \geq 21$ ∴ $x \leq -21$

074 답 $x \geq \dfrac{3}{2}$

$2-3\left(2x-\dfrac{1}{3}\right) \leq 4(x-3)$에서 괄호를 풀면

$2-6x+1 \leq 4x-12$, $-10x \leq -15$

∴ $x \geq \dfrac{3}{2}$

075 답 풀이 참조

$$0.2x \leq 0.4x-0.8$$
$$2x \leq 4x - \boxed{8}$$
$$2x - \boxed{4x} \leq \boxed{-8}$$
$$\boxed{-2}x \leq \boxed{-8}$$
$$\therefore x \geq \boxed{4}$$

양변에 $\boxed{10}$을 곱하기
이항하기
양변을 정리하기
양변을 x의 계수로 나누기

076 답 $x \geq \dfrac{15}{2}$

$0.7x-3.5 \geq 0.3x-0.5$의 양변에 10을 곱하면

$7x-35 \geq 3x-5$, $4x \geq 30$ ∴ $x \geq \dfrac{15}{2}$

077 답 $x > 3$

$0.02x > -0.1x+0.36$의 양변에 100을 곱하면
$2x > -10x+36$, $12x > 36$ ∴ $x > 3$

078 답 $x \geq 18$

$0.3x+1.2 \leq 0.2(2x-3)$의 양변에 10을 곱하면
$3x+12 \leq 2(2x-3)$, $3x+12 \leq 4x-6$
$-x \leq -18$ ∴ $x \geq 18$

079 답 $x > -\dfrac{8}{3}$

$0.14(x-2) < 0.26x+0.04$의 양변에 100을 곱하면
$14(x-2) < 26x+4$, $14x-28 < 26x+4$
$-12x < 32$ ∴ $x > -\dfrac{8}{3}$

080 답 풀이 참조

$$\dfrac{3}{2}x > \dfrac{1}{4}x-5$$
$$\boxed{6}x > x - \boxed{20}$$
$$\boxed{6}x-x > \boxed{-20}$$
$$\boxed{5}x > \boxed{-20}$$
$$\therefore x > \boxed{-4}$$

양변에 분모의 최소공배수 $\boxed{4}$를 곱하기
이항하기
양변을 정리하기
양변을 x의 계수로 나누기

081 답 $x \geq -\dfrac{4}{3}$

$\dfrac{1}{4}x+\dfrac{5}{6} \geq \dfrac{1}{2}$의 양변에 분모의 최소공배수 12를 곱하면

$3x+10 \geq 6$, $3x \geq -4$ ∴ $x \geq -\dfrac{4}{3}$

082 답 $x > 4$

$\dfrac{x+1}{6}+\dfrac{1}{2} < \dfrac{x}{3}$의 양변에 분모의 최소공배수 6을 곱하면

$x+1+3 < 2x$, $-x < -4$ ∴ $x > 4$

083 답 $x \leq 2$

$\dfrac{1}{2}x \leq \dfrac{1}{5}(x+3)$의 양변에 분모의 최소공배수 10을 곱하면

$5x \leq 2(x+3)$, $5x \leq 2x+6$

$3x \leq 6$ ∴ $x \leq 2$

084 답 $x \leq -1$

$\dfrac{x-2}{3}-\dfrac{3x+8}{5} \geq -2$의 양변에 분모의 최소공배수 15를 곱하면

$5(x-2)-3(3x+8) \geq -30$, $5x-10-9x-24 \geq -30$
$-4x \geq 4$ ∴ $x \leq -1$

085 답 풀이 참조

$$\dfrac{1}{4}x-3 > 0.4x$$
$$\dfrac{1}{4}x-3 > \dfrac{\boxed{2}}{5}x$$
$$5x-60 > \boxed{8}x$$
$$5x - \boxed{8}x > 60$$
$$\boxed{-3}x > 60$$
$$\therefore x < \boxed{-20}$$

소수를 분수로 나타내기
양변에 분모의 최소공배수 $\boxed{20}$을 곱하기
이항하기
양변을 정리하기
양변을 x의 계수로 나누기

086 답 $x \geq 6$

$0.2-0.9x \leq -\dfrac{1}{5}x-4$에서 소수를 분수로 나타내면

$\dfrac{1}{5}-\dfrac{9}{10}x \leq -\dfrac{1}{5}x-4$

이 식의 양변에 분모의 최소공배수 10을 곱하면
$2-9x \leq -2x-40$, $-7x \leq -42$ ∴ $x \geq 6$

087 답 $x \geq 5$

$\dfrac{2x-4}{3}-1 \geq -0.2x+2$에서 소수를 분수로 나타내면

$\dfrac{2x-4}{3}-1 \geq -\dfrac{1}{5}x+2$

이 식의 양변에 분모의 최소공배수 15를 곱하면
$5(2x-4)-15 \geq -3x+30$
$10x-20-15 \geq -3x+30$, $13x \geq 65$ ∴ $x \geq 5$

088 답 ④

$0.5x+4 < \dfrac{1}{9}(6x-3)$에서 소수를 분수로 나타내면

$\dfrac{1}{2}x+4 < \dfrac{1}{9}(6x-3)$, $\dfrac{1}{2}x+4 < \dfrac{2}{3}x-\dfrac{1}{3}$

이 식의 양변에 분모의 최소공배수 6을 곱하면
$3x+24 < 4x-2$, $-x < -26$ ∴ $x > 26$
따라서 이 해를 수직선 위에 나타내면 오른쪽
그림과 같다.

089 답 5, $\dfrac{5}{a}$

090 답 $x>-\dfrac{11}{a}$

$ax+7>-4$에서 $ax>-11$

이때 $a>0$이므로 $ax>-11$의 양변을 a로 나누면

$x>-\dfrac{11}{a}$

091 답 $x<-2$

$ax+2a<0$에서 $ax<-2a$

이때 $a>0$이므로 $ax<-2a$의 양변을 a로 나누면

$x<-2$

092 답 $x\geq6$

$ax-6a\geq0$에서 $ax\geq6a$

이때 $a>0$이므로 $ax\geq6a$의 양변을 a로 나누면

$x\geq6$

093 답 1, $\dfrac{1}{a}$

094 답 $x\leq-1$

$ax+a\geq0$에서 $ax\geq-a$

이때 $a<0$이므로 $ax\geq-a$의 양변을 a로 나누면

$x\leq-1$

095 답 $x<4$

$ax-4a>0$에서 $ax>4a$

이때 $a<0$이므로 $ax>4a$의 양변을 a로 나누면

$x<4$

096 답 $x\geq\dfrac{5}{a}$

$ax-8\leq2-ax$에서 $2ax\leq10$

이때 $a<0$에서 $2a<0$이므로 $2ax\leq10$의 양변을 $2a$로 나누면

$x\geq\dfrac{5}{a}$

097 답 $-a$, $-\dfrac{a}{3}$, $-\dfrac{a}{3}$, 3

098 답 32

$2x-a\leq-6x$에서 $8x\leq a$ $\therefore x\leq\dfrac{a}{8}$

이때 주어진 부등식의 해가 $x\leq4$이므로 $\dfrac{a}{8}=4$

$\therefore a=32$

099 답 -6

$x+a>3x+4$에서 $-2x>-a+4$ $\therefore x<\dfrac{a-4}{2}$

이때 주어진 부등식의 해가 $x<-5$이므로 $\dfrac{a-4}{2}=-5$

$a-4=-10$ $\therefore a=-6$

100 답 5

$3-4x\leq3(2-a)$에서 $3-4x\leq6-3a$

$-4x\leq-3a+3$ $\therefore x\geq\dfrac{3a-3}{4}$

이때 주어진 부등식의 해가 $x\geq3$이므로 $\dfrac{3a-3}{4}=3$

$3a-3=12$, $3a=15$ $\therefore a=5$

101 답 8

$\dfrac{5x-a}{2}>x-7$의 양변에 2를 곱하면

$5x-a>2x-14$, $3x>a-14$ $\therefore x>\dfrac{a-14}{3}$

이때 주어진 부등식의 해가 $x>-2$이므로 $\dfrac{a-14}{3}=-2$

$a-14=-6$ $\therefore a=8$

102 답 ❶ -4, 1 ❷ 4, 4, 1, 2

103 답 3

$9x+4<5x-8$에서 $4x<-12$ $\therefore x<-3$

$-4x-6>a-x$에서 $-3x>a+6$ $\therefore x<-\dfrac{a+6}{3}$

따라서 $-\dfrac{a+6}{3}=-3$이므로

$a+6=9$ $\therefore a=3$

104 답 -11

$x-3\geq2(x+1)$에서 $x-3\geq2x+2$

$-x\geq5$ $\therefore x\leq-5$

$8x-1\leq6x+a$에서 $2x\leq a+1$ $\therefore x\leq\dfrac{a+1}{2}$

따라서 $\dfrac{a+1}{2}=-5$이므로

$a+1=-10$ $\therefore a=-11$

105 답 4

$1.5x+2.6>0.2x$의 양변에 10을 곱하면

$15x+26>2x$, $13x>-26$ $\therefore x>-2$

$4x-a<5x-2$에서 $-x<a-2$ $\therefore x>-a+2$

따라서 $-a+2=-2$이므로

$-a=-4$ $\therefore a=4$

106 답 -1

$\dfrac{x-1}{2}\leq\dfrac{4x+1}{3}$의 양변에 6을 곱하면

$3(x-1)\leq2(4x+1)$, $3x-3\leq8x+2$

$-5x\leq5$ $\therefore x\geq-1$

$2(3x+2)\geq x+a$에서 $6x+4\geq x+a$

$5x\geq a-4$ $\therefore x\geq\dfrac{a-4}{5}$

따라서 $\dfrac{a-4}{5}=-1$이므로

$a-4=-5$ $\therefore a=-1$

107 답 $2x-10<30$

108 답 $x<20$

$2x-10<30$에서 $2x<40$ $\therefore x<20$

109 답 19

$x<20$을 만족시키는 정수 x의 값은 19, 18, 17, …이므로 구하는 가장 큰 정수는 19이다.

110 답 6

어떤 정수를 x라 하면 $3x+6\geq24$

$3x\geq18$ $\therefore x\geq6$

따라서 구하는 가장 작은 정수는 6이다.

111 답 7

어떤 정수를 x라 하면 $4x+2>5x-6$

$-x>-8$ $\therefore x<8$

따라서 구하는 가장 큰 정수는 7이다.

112 답 $x-1$, $x+1$, $(x-1)+x+(x+1)>27$

113 답 $x>9$

$(x-1)+x+(x+1)>27$에서 $3x>27$ $\therefore x>9$

114 답 9, 10, 11

$x>9$를 만족시키는 x의 값 중 가장 작은 자연수는 10이므로 연속하는 가장 작은 세 자연수는 9, 10, 11이다.

115 답 13, 14, 15

연속하는 세 자연수를 $x-1$, x, $x+1$이라 하면

$(x-1)+x+(x+1)\leq42$

$3x\leq42$ $\therefore x\leq14$

이를 만족시키는 x의 값 중 가장 큰 자연수는 14이므로 연속하는 가장 큰 세 자연수는 13, 14, 15이다.

116 답 24, 25, 26

연속하는 세 자연수를 $x-1$, x, $x+1$이라 하면

$(x-1)+x+(x+1)<76$

$3x<76$ $\therefore x<\dfrac{76}{3}\left(=25\dfrac{1}{3}\right)$

이를 만족시키는 x의 값 중 가장 큰 자연수는 25이므로 연속하는 가장 큰 세 자연수는 24, 25, 26이다.

117 답 $\dfrac{80+82+x}{3}$, $\dfrac{80+82+x}{3}\geq85$

118 답 $x\geq93$

$\dfrac{80+82+x}{3}\geq85$에서 $162+x\geq255$ $\therefore x\geq93$

119 답 93점

120 답 94점

세 번째 수행 평가에서 x점을 받는다고 하면

$\dfrac{84+92+x}{3}\geq90$, $176+x\geq270$ $\therefore x\geq94$

따라서 세 번째 수행 평가에서 94점 이상을 받아야 한다.

121 답 6.7초

네 번째 50 m 달리기 기록을 x초라 하면

$\dfrac{7.1\times3+x}{4}\leq7$, $21.3+x\leq28$ $\therefore x\leq6.7$

따라서 네 번째 50 m 달리기 기록은 6.7초 이내여야 한다.

122 답 표는 풀이 참조, $1500x+1000(12-x)\leq16000$

	초콜릿	아이스크림	합계
개수	x개	$(12-x)$개	12개
총가격	$1500x$원	$1000(12-x)$원	16000원 이하

(초콜릿의 총가격)+(아이스크림의 총가격)≤16000(원)이므로

$1500x+1000(12-x)\leq16000$

123 답 $x\leq8$

$1500x+1000(12-x)\leq16000$에서

$1500x+12000-1000x\leq16000$, $500x\leq4000$ $\therefore x\leq8$

124 답 8개

$x\leq8$을 만족시키는 자연수 x의 값은 8, 7, 6, …이므로 초콜릿은 최대 8개까지 살 수 있다.

125 답 12자루

펜을 x자루 산다고 하면

	필통	펜	합계
개수	1개	x자루	
총가격	5000원	$1200x$원	20000원 이하

(필통의 가격)+(펜의 총가격)≤20000(원)이므로

$5000+1200x\leq20000$, $1200x\leq15000$ $\therefore x\leq\dfrac{25}{2}\left(=12\dfrac{1}{2}\right)$

이를 만족시키는 자연수 x의 값은 12, 11, 10, …이므로 펜은 최대 12자루까지 살 수 있다.

126 답 11명

어른이 x명 입장한다고 하면

	어른	어린이	합계
사람 수	x명	$(14-x)$명	14명
총비용	$4500x$원	$2500(14-x)$원	57000원 이하

(어른의 총비용)+(어린이의 총비용) $\leq$ 57000(원)이므로

└ (넘지 않는다.)=(작거나 같다.)

$4500x+2500(14-x)\leq57000$

$4500x+35000-2500x\leq57000$

$2000x\leq22000$ $\therefore x\leq11$

따라서 어른은 최대 11명까지 입장할 수 있다.

127 답 표는 풀이 참조, $3000+2000x>10000+1000x$

	형	동생
현재 예금액	3000원	10000원
매달 예금하는 금액	2000원	1000원
x개월 후 예금액	$(3000+2000x)$원	$(10000+1000x)$원

(x개월 후 형의 예금액)>(x개월 후 동생의 예금액)이므로
$$3000+2000x>10000+1000x$$

128 답 $x>7$

$3000+2000x>10000+1000x$에서

$1000x>7000$　　∴ $x>7$

129 답 8개월 후

$x>7$을 만족시키는 자연수 x의 값은 8, 9, 10, …이므로 형의 예금액이 동생의 예금액보다 많아지는 것은 8개월 후부터이다.

130 답 13개월 후

x개월 후부터 슬이의 예금액이 건이의 예금액보다 많아진다고 하면

	슬이	건이
현재 예금액	11000원	35000원
매달 예금하는 금액	5000원	3000원
x개월 후 예금액	$(11000+5000x)$원	$(35000+3000x)$원

(x개월 후 슬이의 예금액)>(x개월 후 건이의 예금액)이므로
$$11000+5000x>35000+3000x$$
$$2000x>24000　　∴ x>12$$
이를 만족시키는 자연수 x의 값은 13, 14, 15, …이므로 슬이의 예금액이 건이의 예금액보다 많아지는 것은 13개월 후부터이다.

131 답 9주 후

x주 후부터 은수의 저금액이 준기의 저금액보다 많아진다고 하면

	은수	준기
현재 저금액	2000원	8000원
매주 저금하는 금액	1300원	600원
x주 후 저금액	$(2000+1300x)$원	$(8000+600x)$원

(x주 후 은수의 저금액)>(x주 후 준기의 저금액)이므로
$$2000+1300x>8000+600x$$
$$700x>6000　　∴ x>\frac{60}{7}\left(=8\frac{4}{7}\right)$$
이를 만족시키는 자연수 x의 값은 9, 10, 11, …이므로 은수의 저금액이 준기의 저금액보다 많아지는 것은 9주 후부터이다.

132 답 표는 풀이 참조, $1000x>700x+1600$

	집 근처 가게	대형 할인점
과자의 총가격	1000x원	700x원
교통비	0원	1600원
총비용	1000x원	$(700x+1600)$원

(집 근처 가게에서 살 때 총비용)>(대형 할인점에서 살 때 총비용)이므로 $1000x>700x+1600$

133 답 $x>\dfrac{16}{3}$

$1000x>700x+1600$에서

$300x>1600$　　∴ $x>\dfrac{16}{3}$

134 답 6개

$x>\dfrac{16}{3}\left(=5\dfrac{1}{3}\right)$을 만족시키는 자연수 x의 값은 6, 7, 8, …이므로 과자를 6개 이상 사야 대형 할인점에서 사는 것이 유리하다.

135 답 12개

휴지를 x개 산다고 하면

	집 앞 편의점	인터넷 쇼핑몰
휴지의 총가격	1200x원	980x원
배송비	0원	2500원
총비용	1200x원	$(980x+2500)$원

(집 앞 편의점에서 살 때 총비용)>(인터넷 쇼핑몰에서 살 때 총비용)이므로
$$1200x>980x+2500$$
$$220x>2500　　∴ x>\frac{125}{11}\left(=11\frac{4}{11}\right)$$
이를 만족시키는 자연수 x의 값은 12, 13, 14, …이므로 휴지를 12개 이상 사야 인터넷 쇼핑몰에서 사는 것이 유리하다.

136 답 14곡

음악을 x곡 내려받는다고 하면

	정액제인 경우	정액제가 아닌 경우
정액 요금	10900원	0원
1곡당 요금	0원	800x원
총비용	10900원	800x원

(정액제인 경우 총비용)<(정액제가 아닌 경우 총비용)이므로
$$10900<800x　　∴ x>\frac{109}{8}\left(=13\frac{5}{8}\right)$$
이를 만족시키는 자연수 x의 값은 14, 15, 16, …이므로 음악을 14곡 이상 내려받아야 정액제를 이용하는 것이 유리하다.

137 답 $12-x$, $\dfrac{12-x}{8}$, $\dfrac{x}{2}+\dfrac{12-x}{8}\leq3$

138 답 $x\leq4$

$\dfrac{x}{2}+\dfrac{12-x}{8}\leq3$의 양변에 8을 곱하면

$4x+12-x\leq24$, $3x\leq12$　　∴ $x\leq4$

139 답 4 km

140 답 **3 km**

자전거를 타고 간 거리를 x km라 하면

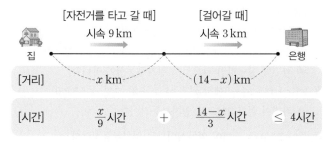

즉, $\dfrac{x}{9}+\dfrac{14-x}{3}\le 4$

이 식의 양변에 9를 곱하면 $x+3(14-x)\le 36$

$x+42-3x\le 36$, $-2x\le -6$ $\therefore x\ge 3$

따라서 자전거가 고장난 지점은 집에서 최소 3 km 떨어진 지점이다.

141 답 $\dfrac{x}{2}+\dfrac{1}{4}+\dfrac{x}{2}\le 1$

	갈 때	물을 살 때	올 때	합계
거리	x km		x km	
속력	시속 2 km		시속 2 km	
시간	$\dfrac{x}{2}$시간	$\dfrac{15}{60}$시간	$\dfrac{x}{2}$시간	1시간 이내

$\left(\begin{array}{c}\text{갈 때}\\\text{걸린 시간}\end{array}\right)+\left(\begin{array}{c}\text{물을 살 때}\\\text{걸린 시간}\end{array}\right)+\left(\begin{array}{c}\text{올 때}\\\text{걸린 시간}\end{array}\right)\le 1(시간)$이므로

$\dfrac{x}{2}+\dfrac{15}{60}+\dfrac{x}{2}\le 1$, 즉 $\dfrac{x}{2}+\dfrac{1}{4}+\dfrac{x}{2}\le 1$

142 답 $x\le \dfrac{3}{4}$

$\dfrac{x}{2}+\dfrac{1}{4}+\dfrac{x}{2}\le 1$의 양변에 4를 곱하면

$2x+1+2x\le 4$, $4x\le 3$ $\therefore x\le \dfrac{3}{4}$

143 답 $\dfrac{3}{4}$ km

144 답 **800 m**

영화관에서 매점까지의 거리를 x m라 하면

	갈 때	팝콘을 살 때	올 때	합계
거리	x m		x m	
속력	분속 50 m		분속 50 m	
시간	$\dfrac{x}{50}$분	8분	$\dfrac{x}{50}$분	40분 이내

$\left(\begin{array}{c}\text{갈 때}\\\text{걸린 시간}\end{array}\right)+\left(\begin{array}{c}\text{팝콘을 살 때}\\\text{걸린 시간}\end{array}\right)+\left(\begin{array}{c}\text{올 때}\\\text{걸린 시간}\end{array}\right)\le 40(분)$이므로

$\dfrac{x}{50}+8+\dfrac{x}{50}\le 40$

이 식의 양변에 50을 곱하면 $x+400+x\le 2000$

$2x\le 1600$ $\therefore x\le 800$

따라서 영화관에서 최대 800 m 떨어진 매점까지 다녀올 수 있다.

---

1 (1) $4x-5<11$ (2) $2(x+10)\ge 36$
  (3) $8x\le 20000$ (4) $2x-3>15$

2 (1) -2, -1, 0 (2) -1, 0, 1, 2

3 (1) $\le$ (2) $\ge$ (3) $\ge$ (4) $\le$

4 (1) $>$ (2) $\ge$ (3) $<$ (4) $\le$

5 (1) $3<5x-2<18$ (2) $2\le \dfrac{1}{2}x+3<4$

  (3) $5\le -8x+7<15$ (4) $-1<\dfrac{-x+5}{2}\le 4$

6 ㄴ, ㄹ, ㅁ

7 ㄱ, ㄷ

8 (1) $x\le -4$, [그래프] (2) $x<-2$, [그래프]
  (3) $x\ge 5$, [그래프] (4) $x>-6$, [그래프]

9 (1) $x\ge 3$ (2) $x<-4$ (3) $x\le 2$ (4) $x>-3$

10 (1) $(x-1)+x+(x+1)<117$ (2) $x<39$ (3) 37, 38, 39

11 (1) $4200x+2700(10-x)\le 33000$ (2) $x\le 4$ (3) 4조각

12 (1) $750000+15000x<25000x$ (2) $x>75$ (3) 76개월

13 (1) $\dfrac{x}{4}+\dfrac{16-x}{60}\le \dfrac{5}{3}$ (2) $x\le 6$ (3) 6 km

---

1 (1) x의 4배에서 5를 뺀 수는 11 미만이다.
  ➡ $4x-5<11$

(2) 가로의 길이가 x cm, 세로의 길이가 10 cm인 직사각형의 둘레의
  길이는 36 cm 이상이다.
  ➡ $2(x+10)\ge 36$

(3) 학생 8명이 각각 x원씩 내서 모은 총액은 20000원을 넘지 않는다.
  ➡ $8x\le 20000$

(4) 한 봉지에 x개씩 들어 있는 초콜릿 두 봉지에서 초콜릿 3개를 꺼
  내 먹었을 때, 남은 초콜릿은 15개보다 많다.
  ➡ $2x-3>15$

2 (1) $-2x+9>7$에서
  $x=-2$일 때, $-2\times(-2)+9>7$ (참)
  $x=-1$일 때, $-2\times(-1)+9>7$ (참)
  $x=0$일 때, $-2\times 0+9>7$ (참)
  $x=1$일 때, $-2\times 1+9=7$ (거짓)
  $x=2$일 때, $-2\times 2+9<7$ (거짓)
  따라서 주어진 부등식의 해는 -2, -1, 0이다.

(2) $4x\le 5x+1$에서
  $x=-2$일 때, $4\times(-2)>5\times(-2)+1$ (거짓)
  $x=-1$일 때, $4\times(-1)=5\times(-1)+1$ (참)
  $x=0$일 때, $4\times 0<5\times 0+1$ (참)
  $x=1$일 때, $4\times 1<5\times 1+1$ (참)
  $x=2$일 때, $4\times 2<5\times 2+1$ (참)
  따라서 주어진 부등식의 해는 -1, 0, 1, 2이다.

3 (1) $a \geq b$
$$-3a \leq -3b \quad \left.\right] \times(-3)$$
$$-3a+7 \leq -3b+7 \quad \left.\right] +7$$

(2) $a \geq b$
$$4a \geq 4b \quad \left.\right] \times 4$$
$$4a-1 \geq 4b-1 \quad \left.\right] -1$$

(3) $a \geq b$
$$\frac{a}{2} \geq \frac{b}{2} \quad \left.\right] \div 2$$
$$\frac{a}{2}+5 \geq \frac{b}{2}+5 \quad \left.\right] +5$$

(4) $a \geq b$
$$-\frac{a}{7} \leq -\frac{b}{7} \quad \left.\right] \div(-7)$$
$$10-\frac{a}{7} \leq 10-\frac{b}{7} \quad \left.\right] +10$$

4 (1) $2a-3 > 2b-3$
$$2a > 2b \quad \left.\right] +3$$
$$a > b \quad \left.\right] \div 2$$

(2) $10-4a \leq 10-4b$
$$-4a \leq -4b \quad \left.\right] -10$$
$$a \geq b \quad \left.\right] \div(-4)$$

(3) $\frac{a}{2}-6 < \frac{b}{2}-6$
$$\frac{a}{2} < \frac{b}{2} \quad \left.\right] +6$$
$$a < b \quad \left.\right] \times 2$$

(4) $\frac{3-a}{8} \geq \frac{3-b}{8}$
$$3-a \geq 3-b \quad \left.\right] \times 8$$
$$-a \geq -b \quad \left.\right] -3$$
$$a \leq b \quad \left.\right] \times(-1)$$

5 (1) $1 < x < 4$
$$5 < 5x < 20 \quad \left.\right] \times 5$$
$$3 < 5x-2 < 18 \quad \left.\right] -2$$

(2) $-2 \leq x < 2$
$$-1 \leq \frac{1}{2}x < 1 \quad \left.\right] \times \frac{1}{2}$$
$$2 \leq \frac{1}{2}x+3 < 4 \quad \left.\right] +3$$

(3) $-1 < x \leq \frac{1}{4}$
$$-2 \leq -8x < 8 \quad \left.\right] \times(-8)$$
$$5 \leq -8x+7 < 15 \quad \left.\right] +7$$

(4) $-3 \leq x < 7$
$$-7 < -x \leq 3 \quad \left.\right] \times(-1)$$
$$-2 < -x+5 \leq 8 \quad \left.\right] +5$$
$$-1 < \frac{-x+5}{2} \leq 4 \quad \left.\right] \div 2$$

6 ㄱ. $9+3 > 10$에서 $2 > 0$
  ➡ 좌변에 상수항만 남으므로 일차부등식이 아니다.

ㄴ. $3x+8 \leq 5x$에서 $-2x+8 \leq 0$
  ➡ 좌변이 일차식이므로 일차부등식이다.

ㄷ. $2x+4 < 2(x+7)$에서 $2x+4 < 2x+14$ $\therefore -10 < 0$
  ➡ 좌변에 상수항만 남으므로 일차부등식이 아니다.

ㄹ. $x(x+1) \geq x^2-3$에서 $x^2+x \geq x^2-3$ $\therefore x+3 \geq 0$
  ➡ 좌변이 일차식이므로 일차부등식이다.

ㅁ. $\frac{x}{5}-7 > 0$ ➡ 좌변이 일차식이므로 일차부등식이다.

ㅂ. $6x-1=2$는 등식이다. ➡ 일차부등식이 아니다.
따라서 일차부등식인 것은 ㄴ, ㄹ, ㅁ이다.

7 (가) 부등식의 양변에서 3을 뺀다.
  ➡ $a > b$이면 $a-c > b-c$
(나) 부등식의 양변을 -8로 나눈다.
  ➡ $a > b$, $c < 0$이면 $\frac{a}{c} < \frac{b}{c}$
따라서 (가), (나)에 이용된 부등식의 성질은 차례로 ㄱ, ㄷ이다.

8 (1) $4x+9 \leq -7$에서
  $4x \leq -16$ $\therefore x \leq -4$
  따라서 이 해를 수직선 위에 나타내면 오른쪽
  그림과 같다.

(2) $2x > 5x+6$에서
  $-3x > 6$ $\therefore x < -2$
  따라서 이 해를 수직선 위에 나타내면 오른쪽
  그림과 같다.

(3) $8x-11 \geq 3x+14$에서
  $5x \geq 25$ $\therefore x \geq 5$
  따라서 이 해를 수직선 위에 나타내면 오른쪽
  그림과 같다.

(4) $13x-10 < 15x+2$에서
  $-2x < 12$ $\therefore x > -6$
  따라서 이 해를 수직선 위에 나타내면 오른쪽
  그림과 같다.

9 (1) $x-3(x-2) \leq 2(x-3)$에서 괄호를 풀면
  $x-3x+6 \leq 2x-6$, $-4x \leq -12$ $\therefore x \geq 3$

(2) $0.8x+4.8 < 1.2-0.1x$의 양변에 10을 곱하면
  $8x+48 < 12-x$, $9x < -36$ $\therefore x < -4$

(3) $\frac{x}{3}+1 \geq \frac{3}{4}x+\frac{1}{6}$의 양변에 12를 곱하면
  $4x+12 \geq 9x+2$, $-5x \geq -10$ $\therefore x \leq 2$

(4) $0.2(3x+4) > \frac{x-1}{4}$에서 소수를 분수로 나타내면
  $\frac{1}{5}(3x+4) > \frac{x-1}{4}$
  이 식의 양변에 20을 곱하면
  $4(3x+4) > 5(x-1)$, $12x+16 > 5x-5$
  $7x > -21$ $\therefore x > -3$

10 (1) 연속하는 세 자연수를 $x-1$, x, $x+1$이라 하면
$(x-1)+x+(x+1)<117$

(2) $(x-1)+x+(x+1)<117$에서 $3x<117$ $\quad\therefore x<39$

(3) $x<39$를 만족시키는 x의 값 중 가장 큰 자연수는 38이므로 연속하는 가장 큰 세 자연수는 37, 38, 39이다.

11 (1) 치즈 케이크를 x조각 산다고 하면 호두 파이는 $(10-x)$조각 살 수 있으므로
$4200x+2700(10-x)\le33000$

(2) $4200x+2700(10-x)\le33000$에서
$4200x+27000-2700x\le33000$
$1500x\le6000$ $\quad\therefore x\le4$

(3) 치즈 케이크는 최대 4조각까지 살 수 있다.

12 (1) 공기청정기를 x개월 사용한다고 하면
(구입하는 경우 총비용)<(대여하는 경우 총비용)이므로
$750000+15000x<25000x$

(2) $750000+15000x<25000x$에서
$-10000x<-750000$ $\quad\therefore x>75$

(3) 공기청정기를 76개월 이상 사용해야 구입하는 것이 유리하다.

13 (1) 걸어간 거리를 $x\,$km라 하면 택시를 타고 간 거리는
$(16-x)\,$km이므로
$\dfrac{x}{4}+\dfrac{16-x}{60}\le\dfrac{5}{3}$
$\quad\quad$1시간 40분$=1\dfrac{40}{60}$시간$=\dfrac{5}{3}$시간

(2) $\dfrac{x}{4}+\dfrac{16-x}{60}\le\dfrac{5}{3}$의 양변에 60을 곱하면
$15x+16-x\le100$, $14x\le84$ $\quad\therefore x\le6$

(3) 걸어간 거리는 최대 6km이다.

학교 시험 문제 × 확인하기 　　68~69쪽

1 ④	2 ①	3 ⑤	4 ④	5 ②
6 3	7 ③	8 ⑤	9 -1	10 ③
11 ⑤	12 ④	13 31일 후	14 1700 MB	
15 ②				

1 ④ 전교생 320명 중 남학생이 x명일 때, 여학생은 150명보다 많지 않다. ➡ $320-x\le150$

2 $-3x+1<5$에 $x=-2$, -1, 0, 1, 2를 차례로 대입하면
① $x=-2$일 때, $-3\times(-2)+1>5$ (거짓)
② $x=-1$일 때, $-3\times(-1)+1<5$ (참)
③ $x=0$일 때, $-3\times0+1<5$ (참)
④ $x=1$일 때, $-3\times1+1<5$ (참)
⑤ $x=2$일 때, $-3\times2+1<5$ (참)
따라서 주어진 부등식의 해가 아닌 것은 ① -2이다.

3 ① $a<b$에서 $3a<3b$이므로 $3a+1<3b+1$
② $a<b$에서 $2a<2b$이므로 $2a-3<2b-3$
③ $a<b$에서 $a-\dfrac{1}{2}<b-\dfrac{1}{2}$
④ $a<b$에서 $\dfrac{a}{5}<\dfrac{b}{5}$이므로 $\dfrac{a}{5}-1<\dfrac{b}{5}-1$
⑤ $a<b$에서 $-a>-b$이므로 $4-a>4-b$
$\quad\therefore \dfrac{4-a}{3}>\dfrac{4-b}{3}$
따라서 부등호의 방향이 나머지 넷과 다른 하나는 ⑤이다.

4 $\begin{array}{c}-1<\ \ \ x\ \ \le3\\ -6\le-2x<2\\ -2\le4-2x<6\end{array}\ \left.\begin{array}{l}\\ \times(-2)\\ +4\end{array}\right.$
$\therefore -2\le A<6$

5 $3x+1\ge5(x-1)$에서 괄호를 풀면
$3x+1\ge5x-5$, $-2x\ge-6$ $\quad\therefore x\le3$
따라서 이 해를 수직선 위에 나타내면 오른쪽 그림과 같다.

6 $\dfrac{x}{2}-\dfrac{2x-3}{5}<1$의 양변에 10을 곱하면
$5x-2(2x-3)<10$, $5x-4x+6<10$ $\quad\therefore x<4$
이를 만족시키는 정수 x의 값은 3, 2, 1, …이므로 구하는 가장 큰 정수는 3이다.

7 $\dfrac{1}{6}x+2.5>0.4x-\dfrac{1}{3}$에서 소수를 분수로 나타내면
$\dfrac{1}{6}x+\dfrac{5}{2}>\dfrac{2}{5}x-\dfrac{1}{3}$
이 식의 양변에 30을 곱하면
$5x+75>12x-10$
$-7x>-85$ $\quad\therefore x<\dfrac{85}{7}\left(=12\dfrac{1}{7}\right)$
따라서 이를 만족시키는 자연수 x는 1, 2, 3, …, 12의 12개이다.

8 $5(ax-2)\ge2ax-1$에서 $5ax-10\ge2ax-1$, $3ax\ge9$
이때 $a<0$에서 $3a<0$이므로 $3ax\ge9$의 양변을 $3a$로 나누면
$x\le\dfrac{3}{a}$

9 $2x-3<3x+a$에서 $-x<a+3$ $\quad\therefore x>-a-3$
이때 주어진 부등식의 해가 $x>-2$이므로 $-a-3=-2$
$-a=1$ $\quad\therefore a=-1$

10 $\dfrac{2x-3}{4}>\dfrac{x-2}{3}$의 양변에 12를 곱하면
$3(2x-3)>4(x-2)$, $6x-9>4x-8$
$2x>1$ $\quad\therefore x>\dfrac{1}{2}$
$2(4x-7)>a+6x$에서 $8x-14>a+6x$
$2x>a+14$ $\quad\therefore x>\dfrac{a+14}{2}$
따라서 $\dfrac{a+14}{2}=\dfrac{1}{2}$이므로
$a+14=1$ $\quad\therefore a=-13$

11 어떤 자연수를 x라 하면

$3x-4\leq 2x+3$ ∴ $x\leq 7$

따라서 이를 만족시키는 자연수 x의 값은 1, 2, 3, …, 7이므로 구하는 자연수가 될 수 없는 것은 ⑤ 8이다.

12 영어 시험에서 x점을 받는다고 하면

$\dfrac{83+91+96+x}{4}\geq 92,\ 270+x\geq 368$ ∴ $x\geq 98$

따라서 영어 시험에서 최소 98점을 받아야 한다.

13 x일 후에 신발을 살 수 있다고 하면

$12500+1500x\geq 59000$

$1500x\geq 46500$ ∴ $x\geq 31$

따라서 최소 31일 후에 신발을 살 수 있다.

14 추가 데이터를 $x\,\mathrm{MB}$ 쓴다고 하면

$35000+20x>69000$

$20x>34000$ ∴ $x>1700$

따라서 추가 데이터를 $1700\,\mathrm{MB}$ 초과하여 써야 B 요금제를 이용하는 것이 유리하다.

15 기차역에서 상점까지의 거리를 $x\,\mathrm{km}$라 하면

$\dfrac{x}{3}+\dfrac{10}{60}+\dfrac{x}{3}\leq \dfrac{50}{60}$, 즉 $\dfrac{x}{3}+\dfrac{1}{6}+\dfrac{x}{3}\leq \dfrac{5}{6}$

이 식의 양변에 6을 곱하면 $2x+1+2x\leq 5$

$4x\leq 4$ ∴ $x\leq 1$

따라서 기차역에서 최대 $1\,\mathrm{km}$ 떨어진 상점까지 다녀올 수 있다.

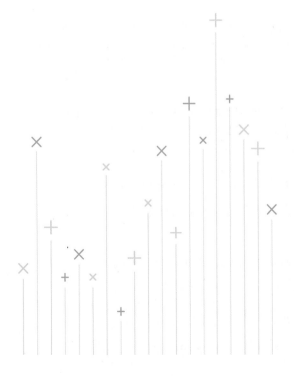

4 연립일차방정식

001 답 ×

등식이 아니므로 일차방정식이 아니다.

002 답 ○

003 답 ×

x의 차수가 2이므로 일차방정식이 아니다.

004 답 ×

x, y가 분모에 있으므로 일차방정식이 아니다.

005 답 ×

xy는 x, y에 대한 차수가 2이므로 일차방정식이 아니다.

006 답 ○

$x+\dfrac{y}{2}=10-x$에서 $2x+\dfrac{1}{2}y-10=0$

007 답 ×

$3(x+1)=3x+2y-3$에서 $3x+3=3x+2y-3$ ∴ $-2y+6=0$

➡ 미지수가 1개인 일차방정식이다.

008 답 $3x+4y=46$

009 답 $2a+3b=27$

010 답 $2(x+y)=30$

011 답 $4x+2y=32$

012 답 $1200a=4000b-2000$

013 답 풀이 참조

$3x+y=15$에 $x=1$, 2, 3, 4, 5를 차례로 대입하면 y의 값은 다음 표와 같다.

x	1	2	3	4	5
y	12	9	6	3	0

➡ 해: $(1, 12)$, $(2, 9)$, $(3, 6)$, $(4, 3)$

014 답 풀이 참조

$x+4y=17$에 $y=1$, 2, 3, 4, 5를 차례로 대입하면 x의 값은 다음 표와 같다.

x	13	9	5	1	-3
y	1	2	3	4	5

➡ 해: $(13, 1)$, $(9, 2)$, $(5, 3)$, $(1, 4)$

015 답 풀이 참조

$x+2y=12$에 $y=1$, 2, 3, 4, 5, 6을 차례로 대입하면 x의 값은 다음 표와 같다.

x	10	8	6	4	2	0
y	1	2	3	4	5	6

➡ 해: $(10, 1)$, $(8, 2)$, $(6, 3)$, $(4, 4)$, $(2, 5)$

016 답 풀이 참조

$4x+3y=22$에 $x=1$, 2, 3, 4, 5, 6을 차례로 대입하면 y의 값은 다음 표와 같다.

x	1	2	3	4	5	6
y	6	$\frac{14}{3}$	$\frac{10}{3}$	2	$\frac{2}{3}$	$-\frac{2}{3}$

➡ 해: $(1, 6)$, $(4, 2)$

017 답 ③

$2x+3y=19$에 $y=1$, 2, 3, $\cdots$을 차례로 대입하면 x의 값은 다음 표와 같다.

x	8	$\frac{13}{2}$	5	$\frac{7}{2}$	2	$\frac{1}{2}$	-1	$\cdots$
y	1	2	3	4	5	6	7	$\cdots$

이때 x, y의 값이 자연수이므로 $2x+3y=19$의 해는 $(8, 1)$, $(5, 3)$, $(2, 5)$의 3개이다.

018 답 4, 3, 4, 3, -2

019 답 2

$x=1$, $y=2$를 $2x+ay=6$에 대입하면
$2+2a=6$, $2a=4$ ∴ $a=2$

020 답 $-\frac{4}{3}$

$x=2$, $y=-6$을 $5x-ay-2=0$에 대입하면
$10+6a-2=0$, $6a=-8$ ∴ $a=-\frac{4}{3}$

021 답 a, 3, a, 3, 5

022 답 1

$x=-5$, $y=a$를 $-2x+3y=13$에 대입하면
$10+3a=13$, $3a=3$ ∴ $a=1$

023 답 7

$x=a$, $y=1$을 $3x+4y-25=0$에 대입하면
$3a+4-25=0$, $3a=21$ ∴ $a=7$

024 답 풀이 참조

➡ ㉠의 해

x	1	2	3	4	$\cdots$
y	6	7	8	9	$\cdots$

➡ ㉡의 해

x	1	2	3	4
y	10	7	4	1

➡ 연립방정식의 해: $(2, 7)$

025 답 풀이 참조

➡ ㉠의 해

x	1	2	3	4	5
y	5	4	3	2	1

➡ ㉡의 해

x	7	5	3	1
y	1	2	3	4

➡ 연립방정식의 해: $(3, 3)$

026 답 ○ / -2, 1, -2, 1, -2, 1, 해이다

027 답 ×

$x=-2$, $y=1$을 두 일차방정식에 각각 대입하면
$\begin{cases} -2-1 \neq 3 \\ -2+2 \times 1 = 0 \end{cases}$
따라서 $(-2, 1)$은 주어진 연립방정식의 해가 아니다.

028 답 ×

$x=-2$, $y=1$을 두 일차방정식에 각각 대입하면
$\begin{cases} 5 \times (-2)-1=-11 \\ -2+4 \times 1 \neq 4 \end{cases}$
따라서 $(-2, 1)$은 주어진 연립방정식의 해가 아니다.

029 답 ○

$x=-2$, $y=1$을 두 일차방정식에 각각 대입하면
$\begin{cases} 4 \times (-2)+9 \times 1=1 \\ 2 \times (-2)+3 \times 1=-1 \end{cases}$
등식이 모두 성립하므로 $(-2, 1)$은 주어진 연립방정식의 해이다.

030 답 1, 2, 1, 2, 2, 1, 2, 1, 2, -1

031 답 $a=3$, $b=-1$

$x=1$, $y=3$을 $ax+2y=9$에 대입하면
$a+6=9$ ∴ $a=3$
$x=1$, $y=3$을 $x+by=-2$에 대입하면
$1+3b=-2$, $3b=-3$ ∴ $b=-1$

032 답 $a=1$, $b=2$

$x=2$, $y=1$을 $x+ay=3$에 대입하면
$2+a=3$ ∴ $a=1$
$x=2$, $y=1$을 $bx+y=5$에 대입하면
$2b+1=5$, $2b=4$ ∴ $b=2$

033 답 $a=5$, $b=5$

$x=3$, $y=-1$을 $2x+y=a$에 대입하면
$6-1=a$ $\therefore a=5$
$x=3$, $y=-1$을 $x-by=8$에 대입하면
$3+b=8$ $\therefore b=5$

034 답 $a=11$, $b=16$

$x=-8$, $y=4$를 $3x+ay=20$에 대입하면
$-24+4a=20$, $4a=44$ $\therefore a=11$
$x=-8$, $y=4$를 $x+6y=b$에 대입하면
$-8+24=b$ $\therefore b=16$

035 답 b, 3, b, 3, 2, 2, 3, 2, 3, 2

036 답 $a=-1$, $b=7$

$x=3$, $y=b$를 $3x-y=2$에 대입하면
$9-b=2$, $-b=-7$ $\therefore b=7$
$x=3$, $y=7$을 $x+ay=-4$에 대입하면
$3+7a=-4$, $7a=-7$ $\therefore a=-1$

037 답 $a=9$, $b=2$

$x=b$, $y=-1$을 $y=3x-7$에 대입하면
$-1=3b-7$, $-3b=-6$ $\therefore b=2$
$x=2$, $y=-1$을 $2x-5y=a$에 대입하면
$4+5=a$ $\therefore a=9$

038 답 $a=-4$, $b=3$

$x=2$, $y=b$를 $2x-5y=-11$에 대입하면
$4-5b=-11$, $-5b=-15$ $\therefore b=3$
$x=2$, $y=3$을 $7x+ay=2$에 대입하면
$14+3a=2$, $3a=-12$ $\therefore a=-4$

039 답 $a=-5$, $b=2$

$x=b$, $y=1$을 $3x+y=7$에 대입하면
$3b+1=7$, $3b=6$ $\therefore b=2$
$x=2$, $y=1$을 $3x-11y=a$에 대입하면
$6-11=a$ $\therefore a=-5$

040 답 $y+3$, -2, -2, 1, 1, -2

041 답 $x=5$, $y=10$

$\begin{cases} y=2x & \cdots \text{㉠} \\ 5x-y=15 & \cdots \text{㉡} \end{cases}$
㉠을 ㉡에 대입하면 $5x-2x=15$
$3x=15$ $\therefore x=5$
$x=5$를 ㉠에 대입하면 $y=10$

042 답 $x=3$, $y=0$

$\begin{cases} y=-x+3 & \cdots \text{㉠} \\ 4x+3y=12 & \cdots \text{㉡} \end{cases}$

㉠을 ㉡에 대입하면 $4x+3(-x+3)=12$
$4x-3x+9=12$ $\therefore x=3$
$x=3$을 ㉠에 대입하면 $y=-3+3=0$

043 답 $x=4$, $y=5$

$\begin{cases} y=x+1 & \cdots \text{㉠} \\ y=-2x+13 & \cdots \text{㉡} \end{cases}$
㉠을 ㉡에 대입하면 $x+1=-2x+13$
$3x=12$ $\therefore x=4$
$x=4$를 ㉠에 대입하면 $y=4+1=5$

044 답 ❶ $-x+2$ ❷ $-x+2$, -1 ❸ -1, 3, -1, 3

045 답 $x=2$, $y=8$

$\begin{cases} -6x+y=-4 & \cdots \text{㉠} \\ -3x+y=2 & \cdots \text{㉡} \end{cases}$
㉠에서 y를 x에 대한 식으로 나타내면
$y=6x-4$ $\cdots \text{㉢}$
㉢을 ㉡에 대입하면 $-3x+(6x-4)=2$
$3x=6$ $\therefore x=2$
$x=2$를 ㉢에 대입하면 $y=12-4=8$

046 답 $x=7$, $y=3$

$\begin{cases} 3x-5y=6 & \cdots \text{㉠} \\ 4y=x+5 & \cdots \text{㉡} \end{cases}$
㉡에서 x를 y에 대한 식으로 나타내면
$x=4y-5$ $\cdots \text{㉢}$
㉢을 ㉠에 대입하면 $3(4y-5)-5y=6$
$12y-15-5y=6$, $7y=21$ $\therefore y=3$
$y=3$을 ㉢에 대입하면 $x=12-5=7$

047 답 $x=-1$, $y=2$

$\begin{cases} x+4y=7 & \cdots \text{㉠} \\ 2x+3y=4 & \cdots \text{㉡} \end{cases}$
㉠에서 x를 y에 대한 식으로 나타내면
$x=-4y+7$ $\cdots \text{㉢}$
㉢을 ㉡에 대입하면 $2(-4y+7)+3y=4$
$-8y+14+3y=4$, $-5y=-10$ $\therefore y=2$
$y=2$를 ㉢에 대입하면 $x=-8+7=-1$

048 답 ❷ 7, 3 ❸ 3, 3, 3, 3

049 답 $x=1$, $y=2$

$\begin{cases} x+y=3 & \cdots \text{㉠} \\ x-y=-1 & \cdots \text{㉡} \end{cases}$
y를 없애기 위해 ㉠+㉡을 하면

$\begin{array}{r} x+y=3 \\ +)\ \underline{x-y=-1} \\ 2x=2 \end{array}$ $\therefore x=1$

$x=1$을 ㉠에 대입하면 $1+y=3$ $\therefore y=2$

050 답 $x=7$, $y=4$

$\begin{cases} 2x-3y=2 & \cdots \text{㉠} \\ 2x-5y=-6 & \cdots \text{㉡} \end{cases}$

x를 없애기 위해 ㉠$-$㉡을 하면

$\begin{array}{r} 2x-3y=2 \\ -)\ 2x-5y=-6 \\ \hline 2y=8 \quad \therefore y=4 \end{array}$

$y=4$를 ㉠에 대입하면 $2x-12=2$, $2x=14$ $\therefore x=7$

051 답 $x=1$, $y=-1$

$\begin{cases} 7x+3y=4 & \cdots \text{㉠} \\ 5x-3y=8 & \cdots \text{㉡} \end{cases}$

y를 없애기 위해 ㉠$+$㉡을 하면

$\begin{array}{r} 7x+3y=4 \\ +)\ 5x-3y=8 \\ \hline 12x\quad=12 \quad \therefore x=1 \end{array}$

$x=1$을 ㉠에 대입하면 $7+3y=4$

$3y=-3$ $\therefore y=-1$

052 답 ❶ 2 ❷ -2, 6, 14, 2 ❸ 2, 1, 1, 2

053 답 $x=3$, $y=-1$

$\begin{cases} 3x+7y=2 & \cdots \text{㉠} \\ x+2y=1 & \cdots \text{㉡} \end{cases}$

x를 없애기 위해 ㉠$-$㉡$\times 3$을 하면

$\begin{array}{r} 3x+7y=2 \\ -)\ 3x+6y=3 \\ \hline y=-1 \end{array}$

$y=-1$을 ㉡에 대입하면 $x-2=1$ $\therefore x=3$

054 답 $x=3$, $y=\dfrac{1}{2}$

$\begin{cases} 5x+2y=16 & \cdots \text{㉠} \\ 3x+4y=11 & \cdots \text{㉡} \end{cases}$

y를 없애기 위해 ㉠$\times 2-$㉡을 하면

$\begin{array}{r} 10x+4y=32 \\ -)\ 3x+4y=11 \\ \hline 7x\quad=21 \quad \therefore x=3 \end{array}$

$x=3$을 ㉠에 대입하면 $15+2y=16$, $2y=1$ $\therefore y=\dfrac{1}{2}$

055 답 $x=-2$, $y=-2$

$\begin{cases} 2x-3y=2 & \cdots \text{㉠} \\ -3x+2y=2 & \cdots \text{㉡} \end{cases}$

x를 없애기 위해 ㉠$\times 3+$㉡$\times 2$를 하면

$\begin{array}{r} 6x-9y=6 \\ +)\ -6x+4y=4 \\ \hline -5y=10 \quad \therefore y=-2 \end{array}$

$y=-2$를 ㉠에 대입하면 $2x+6=2$

$2x=-4$ $\therefore x=-2$

056 답 4, 해: $x=-4$, $y=1$

$\begin{cases} 3x-4(x-y)=8 \\ x+3y=-1 \end{cases} \xrightarrow{\text{괄호 풀기}} \begin{cases} 3x-4x+4y=8 \\ x+3y=-1 \end{cases}$

$\xrightarrow{\text{정리하기}} \begin{cases} -x+\boxed{4}\,y=8 & \cdots \text{㉠} \\ x+3y=-1 & \cdots \text{㉡} \end{cases}$

x를 없애기 위해 ㉠$+$㉡을 하면

$\begin{array}{r} -x+4y=8 \\ +)\ \ \ x+3y=-1 \\ \hline 7y=7 \quad \therefore y=1 \end{array}$

$y=1$을 ㉡에 대입하면 $x+3=-1$

$\therefore x=-4$

057 답 $x=3$, $y=-2$

$\begin{cases} 2x-y=8 \\ 3(x+2)+2y=11 \end{cases} \xrightarrow{\text{괄호 풀기}} \begin{cases} 2x-y=8 \\ 3x+6+2y=11 \end{cases}$

$\xrightarrow{\text{정리하기}} \begin{cases} 2x-y=8 & \cdots \text{㉠} \\ 3x+2y=5 & \cdots \text{㉡} \end{cases}$

y를 없애기 위해 ㉠$\times 2+$㉡을 하면

$\begin{array}{r} 4x-2y=16 \\ +)\ 3x+2y=5 \\ \hline 7x\quad=21 \quad \therefore x=3 \end{array}$

$x=3$을 ㉠에 대입하면 $6-y=8$

$-y=2$ $\therefore y=-2$

058 답 $x=2$, $y=-1$

$\begin{cases} x-2(y-x)=8 \\ 5(x-2)-3y=3 \end{cases} \xrightarrow{\text{괄호 풀기}} \begin{cases} x-2y+2x=8 \\ 5x-10-3y=3 \end{cases}$

$\xrightarrow{\text{정리하기}} \begin{cases} 3x-2y=8 & \cdots \text{㉠} \\ 5x-3y=13 & \cdots \text{㉡} \end{cases}$

y를 없애기 위해 ㉠$\times 3-$㉡$\times 2$를 하면

$\begin{array}{r} 9x-6y=24 \\ -)\ 10x-6y=26 \\ \hline -x\quad=-2 \quad \therefore x=2 \end{array}$

$x=2$를 ㉠에 대입하면 $6-2y=8$

$-2y=2$ $\therefore y=-1$

059 답 $x=11$, $y=3$

$\begin{cases} 7x-2(3x+y)=5 \\ 2(x-y)-y=13 \end{cases} \xrightarrow{\text{괄호 풀기}} \begin{cases} 7x-6x-2y=5 \\ 2x-2y-y=13 \end{cases}$

$\xrightarrow{\text{정리하기}} \begin{cases} x-2y=5 & \cdots \text{㉠} \\ 2x-3y=13 & \cdots \text{㉡} \end{cases}$

x를 없애기 위해 ㉠$\times 2-$㉡을 하면

$\begin{array}{r} 2x-4y=10 \\ -)\ 2x-3y=13 \\ \hline -y=-3 \quad \therefore y=3 \end{array}$

$y=3$을 ㉠에 대입하면 $x-6=5$

$\therefore x=11$

060 답 $x=4$, $y=-7$

$\begin{cases} x+2(y+3)=-4 \\ 3(x+1)-5y=2(x-3y) \end{cases}$ $\xrightarrow{\text{괄호 풀기}}$ $\begin{cases} x+2y+6=-4 \\ 3x+3-5y=2x-6y \end{cases}$

$\xrightarrow{\text{정리하기}}$ $\begin{cases} x+2y=-10 & \cdots \text{㉠} \\ x+y=-3 & \cdots \text{㉡} \end{cases}$

x를 없애기 위해 ㉠－㉡을 하면

$\begin{array}{r} x+2y=-10 \\ -)\ \ x+\ \ y=-3 \\ \hline y=-7 \end{array}$

$y=-7$을 ㉡에 대입하면 $x-7=-3$ $\quad \therefore x=4$

061 답 2, 해: $x=-1$, $y=-3$

$\begin{cases} x-2y=5 \\ 0.3x+0.2y=-0.9 \end{cases}$ $\xrightarrow{\times 10}$ $\begin{cases} x-2y=5 & \cdots \text{㉠} \\ 3x+\boxed{2}y=-9 & \cdots \text{㉡} \end{cases}$

y를 없애기 위해 ㉠＋㉡을 하면

$\begin{array}{r} x-2y=5 \\ +)\ 3x+2y=-9 \\ \hline 4x\quad\quad=-4 \quad \therefore x=-1 \end{array}$

$x=-1$을 ㉠에 대입하면 $-1-2y=5$

$-2y=6$ $\quad \therefore y=-3$

062 답 $x=9$, $y=12$

$\begin{cases} 0.2x+0.1y=3 \\ 5x-3y=9 \end{cases}$ $\xrightarrow{\times 10}$ $\begin{cases} 2x+y=30 & \cdots \text{㉠} \\ 5x-3y=9 & \cdots \text{㉡} \end{cases}$

y를 없애기 위해 ㉠$\times3$＋㉡을 하면

$\begin{array}{r} 6x+3y=90 \\ +)\ 5x-3y=9 \\ \hline 11x\quad\quad=99 \quad \therefore x=9 \end{array}$

$x=9$를 ㉠에 대입하면 $18+y=30$ $\quad \therefore y=12$

063 답 $x=2$, $y=7$

$\begin{cases} 0.5x-0.2y=-0.4 \\ 2x+0.1y=4.7 \end{cases}$ $\xrightarrow{\times 10}$ $\begin{cases} 5x-2y=-4 & \cdots \text{㉠} \\ 20x+y=47 & \cdots \text{㉡} \end{cases}$

y를 없애기 위해 ㉠＋㉡$\times2$를 하면

$\begin{array}{r} 5x-2y=-4 \\ +)\ 40x+2y=94 \\ \hline 45x\quad\quad=90 \quad \therefore x=2 \end{array}$

$x=2$를 ㉡에 대입하면 $40+y=47$ $\quad \therefore y=7$

064 답 $x=1$, $y=2$

$\begin{cases} 1.1x-0.2y=0.7 \\ 0.18x-0.04y=0.1 \end{cases}$ $\xrightarrow[\times 100]{\times 10}$ $\begin{cases} 11x-2y=7 & \cdots \text{㉠} \\ 18x-4y=10 & \cdots \text{㉡} \end{cases}$

y를 없애기 위해 ㉠$\times2$－㉡을 하면

$\begin{array}{r} 22x-4y=14 \\ -)\ 18x-4y=10 \\ \hline 4x\quad\quad=4 \quad \therefore x=1 \end{array}$

$x=1$을 ㉠에 대입하면 $11-2y=7$

$-2y=-4$ $\quad \therefore y=2$

065 답 $x=2$, $y=-2$

$\begin{cases} -0.8x+0.5y=-2.6 \\ 0.2x-0.25y=0.9 \end{cases}$ $\xrightarrow[\times 100]{\times 10}$ $\begin{cases} -8x+5y=-26 \\ 20x-25y=90 \end{cases}$ → 양변을 5로 나눈다.

$\xrightarrow{\text{정리하기}}$ $\begin{cases} -8x+5y=-26 & \cdots \text{㉠} \\ 4x-5y=18 & \cdots \text{㉡} \end{cases}$

y를 없애기 위해 ㉠＋㉡을 하면

$\begin{array}{r} -8x+5y=-26 \\ +)\ \ 4x-5y=18 \\ \hline -4x\quad\quad=-8 \quad \therefore x=2 \end{array}$

$x=2$를 ㉡에 대입하면 $8-5y=18$

$-5y=10$ $\quad \therefore y=-2$

066 답 4, 해: $x=-1$, $y=-1$

$\begin{cases} 3x-5y=2 \\ \dfrac{x}{4}-\dfrac{y}{3}=\dfrac{1}{12} \end{cases}$ $\xrightarrow{\times 12}$ $\begin{cases} 3x-5y=2 & \cdots \text{㉠} \\ 3x-\boxed{4}y=1 & \cdots \text{㉡} \end{cases}$

x를 없애기 위해 ㉠－㉡을 하면

$\begin{array}{r} 3x-5y=2 \\ -)\ 3x-4y=1 \\ \hline -y=1 \quad \therefore y=-1 \end{array}$

$y=-1$을 ㉠에 대입하면 $3x+5=2$

$3x=-3$ $\quad \therefore x=-1$

067 답 $x=4$, $y=6$

$\begin{cases} -x+y=2 \\ \dfrac{x}{2}+\dfrac{y}{3}=4 \end{cases}$ $\xrightarrow{\times 6}$ $\begin{cases} -x+y=2 & \cdots \text{㉠} \\ 3x+2y=24 & \cdots \text{㉡} \end{cases}$

x를 없애기 위해 ㉠$\times3$＋㉡을 하면

$\begin{array}{r} -3x+3y=6 \\ +)\ \ 3x+2y=24 \\ \hline 5y=30 \quad \therefore y=6 \end{array}$

$y=6$을 ㉠에 대입하면 $-x+6=2$

$-x=-4$ $\quad \therefore x=4$

068 답 $x=2$, $y=5$

$\begin{cases} x-\dfrac{y}{3}=\dfrac{1}{3} \\ \dfrac{x}{4}+\dfrac{y}{5}=\dfrac{3}{2} \end{cases}$ $\xrightarrow[\times 20]{\times 3}$ $\begin{cases} 3x-y=1 & \cdots \text{㉠} \\ 5x+4y=30 & \cdots \text{㉡} \end{cases}$

y를 없애기 위해 ㉠$\times4$＋㉡을 하면

$\begin{array}{r} 12x-4y=4 \\ +)\ \ 5x+4y=30 \\ \hline 17x\quad\quad=34 \quad \therefore x=2 \end{array}$

$x=2$를 ㉠에 대입하면 $6-y=1$

$-y=-5$ $\quad \therefore y=5$

069 답 $x=\dfrac{3}{2}$, $y=3$

$\begin{cases} \dfrac{3}{2}x+\dfrac{1}{4}y=3 \\ -\dfrac{1}{3}x+\dfrac{5}{6}y=2 \end{cases}$ $\xrightarrow[\times 6]{\times 4}$ $\begin{cases} 6x+y=12 & \cdots \text{㉠} \\ -2x+5y=12 & \cdots \text{㉡} \end{cases}$

y를 없애기 위해 ㉠$\times 5-$㉡을 하면

$$30x+5y=60$$
$$-)\ -2x+5y=12$$
$$\overline{\hspace{1.2cm}32x\hspace{1.0cm}=48}\qquad \therefore x=\frac{3}{2}$$

$x=\dfrac{3}{2}$을 ㉠에 대입하면 $9+y=12$ $\qquad\therefore y=3$

070 답 $x=6,\ y=1$

$$\begin{cases} x-\dfrac{y-5}{2}=8 & \xrightarrow{\times 2} \\ \dfrac{5}{6}x-\dfrac{y}{4}=\dfrac{19}{4} & \xrightarrow{\times 12} \end{cases} \begin{cases} 2x-(y-5)=16 \\ 10x-3y=57 \end{cases}$$

$\xrightarrow{\text{정리하기}}\begin{cases} 2x-y=11 & \cdots ㉠ \\ 10x-3y=57 & \cdots ㉡ \end{cases}$

y를 없애기 위해 ㉠$\times 3-$㉡을 하면

$$6x-3y=33$$
$$-)\ 10x-3y=57$$
$$\overline{\hspace{0.2cm}-4x\hspace{1.2cm}=-24}\quad \therefore x=6$$

$x=6$을 ㉠에 대입하면 $12-y=11$

$-y=-1$ $\quad\therefore y=1$

071 답 3, 8, 5, -4, 해: $x=-4,\ y=4$

$$\begin{cases} 0.1x+0.3y=0.8 & \xrightarrow{\times 10} \\ \dfrac{x}{4}+\dfrac{y}{5}=-\dfrac{1}{5} & \xrightarrow{\times 20} \end{cases} \begin{cases} x+\boxed{3}y=\boxed{8} & \cdots ㉠ \\ \boxed{5}x+4y=\boxed{-4} & \cdots ㉡ \end{cases}$$

x를 없애기 위해 ㉠$\times 5-$㉡을 하면

$$5x+15y=40$$
$$-)\ 5x+\ 4y=-4$$
$$\overline{\hspace{1.3cm}11y=44}\qquad \therefore y=4$$

$y=4$를 ㉠에 대입하면 $x+12=8$ $\qquad\therefore x=-4$

072 답 $x=6,\ y=16$

$$\begin{cases} 0.4x-0.3y=-2.4 & \xrightarrow{\times 10} \\ \dfrac{x}{9}-\dfrac{y}{6}=-2 & \xrightarrow{\times 18} \end{cases} \begin{cases} 4x-3y=-24 & \cdots ㉠ \\ 2x-3y=-36 & \cdots ㉡ \end{cases}$$

y를 없애기 위해 ㉠$-$㉡을 하면

$$4x-3y=-24$$
$$-)\ 2x-3y=-36$$
$$\overline{\hspace{0.2cm}2x\hspace{1.2cm}=12}\qquad \therefore x=6$$

$x=6$을 ㉠에 대입하면 $24-3y=-24$

$-3y=-48$ $\quad\therefore y=16$

073 답 $x=2,\ y=-1$

$$\begin{cases} 0.05x-0.1y=0.2 & \xrightarrow{\times 100} \\ \dfrac{x-2}{3}=\dfrac{y+1}{2} & \xrightarrow{\times 6} \end{cases} \begin{cases} 5x-10y=20 \\ 2(x-2)=3(y+1) \end{cases}$$

$\xrightarrow{\text{정리하기}}\begin{cases} x-2y=4 & \cdots ㉠ \\ 2x-3y=7 & \cdots ㉡ \end{cases}$

x를 없애기 위해 ㉠$\times 2-$㉡을 하면

$$2x-4y=8$$
$$-)\ 2x-3y=7$$
$$\overline{\hspace{0.9cm}-y=1}\qquad \therefore y=-1$$

$y=-1$을 ㉠에 대입하면 $x+2=4$ $\qquad\therefore x=2$

074 답 $x=-7,\ y=-8$

$$\begin{cases} 0.1(x-2)-0.15y=0.3 & \xrightarrow{\times 100} \\ -\dfrac{x+1}{5}+\dfrac{y-2}{10}=\dfrac{1}{5} & \xrightarrow{\times 10} \end{cases} \begin{cases} 10(x-2)-15y=30 \\ -2(x+1)+(y-2)=2 \end{cases}$$

$\xrightarrow{\text{정리하기}}\begin{cases} 2x-3y=10 & \cdots ㉠ \\ -2x+y=6 & \cdots ㉡ \end{cases}$

x를 없애기 위해 ㉠$+$㉡을 하면

$$2x-3y=10$$
$$+)\ -2x+\ y=6$$
$$\overline{\hspace{0.5cm}-2y=16}\qquad \therefore y=-8$$

$y=-8$을 ㉡에 대입하면 $-2x-8=6$

$-2x=14$ $\quad\therefore x=-7$

075 답 21

$$\begin{cases} 0.4x-0.3y=2.8 & \xrightarrow{\times 10} \\ \dfrac{2}{3}x-\dfrac{5}{6}y=2 & \xrightarrow{\times 6} \end{cases} \begin{cases} 4x-3y=28 & \cdots ㉠ \\ 4x-5y=12 & \cdots ㉡ \end{cases}$$

x를 없애기 위해 ㉠$-$㉡을 하면

$$4x-3y=28$$
$$-)\ 4x-5y=12$$
$$\overline{\hspace{1.1cm}2y=16}\qquad \therefore y=8$$

$y=8$을 ㉠에 대입하면 $4x-24=28$

$4x=52$ $\quad\therefore x=13$

따라서 $a=13,\ b=8$이므로

$a+b=13+8=21$

076 답 $x=4,\ y=-2$

주어진 방정식을 연립방정식으로 나타내면

$$\begin{cases} 2x+y=6 & \cdots ㉠ \\ x-y=6 & \cdots ㉡ \end{cases}$$

y를 없애기 위해 ㉠$+$㉡을 하면

$$2x+y=6$$
$$+)\ \ x-y=6$$
$$\overline{\hspace{0.2cm}3x\hspace{1.0cm}=12}\qquad \therefore x=4$$

$x=4$를 ㉠에 대입하면 $8+y=6$ $\qquad\therefore y=-2$

077 답 $x=2,\ y=-1$

주어진 방정식을 연립방정식으로 나타내면

$$\begin{cases} 3x-y=7 & \cdots ㉠ \\ 4x+y=7 & \cdots ㉡ \end{cases}$$

y를 없애기 위해 ㉠$+$㉡을 하면

$$3x-y=7$$
$$+)\ 4x+y=7$$
$$\overline{\hspace{0.2cm}7x\hspace{1.0cm}=14}\qquad \therefore x=2$$

$x=2$를 ㉡에 대입하면 $8+y=7$ $\qquad\therefore y=-1$

078 답 $x=1,\ y=-1$

주어진 방정식을 연립방정식으로 나타내면

$\begin{cases} 2x-y-2=x \\ 3x+4y+2=x \end{cases}$, 즉 $\begin{cases} x-y=2 & \cdots\ \text{㉠} \\ x+2y=-1 & \cdots\ \text{㉡} \end{cases}$

x를 없애기 위해 ㉠$-$㉡을 하면

$\begin{array}{r} x\ -y=2 \\ -)\ \underline{x+2y=-1} \\ -3y=3 \end{array}$ ∴ $y=-1$

$y=-1$을 ㉠에 대입하면 $x+1=2$ ∴ $x=1$

079 답 $x=2,\ y=0$

주어진 방정식을 연립방정식으로 나타내면

$\begin{cases} 3x-y+4=5x+y \\ 5x+y=x+2y+8 \end{cases}$, 즉 $\begin{cases} x+y=2 & \cdots\ \text{㉠} \\ 4x-y=8 & \cdots\ \text{㉡} \end{cases}$

y를 없애기 위해 ㉠$+$㉡을 하면

$\begin{array}{r} x+y=2 \\ +)\ \underline{4x-y=8} \\ 5x\quad=10 \end{array}$ ∴ $x=2$

$x=2$를 ㉠에 대입하면 $2+y=2$ ∴ $y=0$

080 답 $x=8,\ y=2$

주어진 방정식을 연립방정식으로 나타내면

$\begin{cases} \dfrac{x-y}{3}=2 \\ \dfrac{x-2y}{2}=2 \end{cases}$ $\xrightarrow{\times 3}$ $\begin{cases} x-y=6 & \cdots\ \text{㉠} \\ x-2y=4 & \cdots\ \text{㉡} \end{cases}$
$\xrightarrow{\times 2}$

x를 없애기 위해 ㉠$-$㉡을 하면

$\begin{array}{r} x\ -y=6 \\ -)\ \underline{x-2y=4} \\ y=2 \end{array}$

$y=2$를 ㉠에 대입하면 $x-2=6$ ∴ $x=8$

081 답 $x=\dfrac{35}{3},\ y=\dfrac{10}{3}$

주어진 방정식을 연립방정식으로 나타내면

$\begin{cases} \dfrac{2x-y}{4}=5 \\ \dfrac{x+y}{3}=5 \end{cases}$ $\xrightarrow{\times 4}$ $\begin{cases} 2x-y=20 & \cdots\ \text{㉠} \\ x+y=15 & \cdots\ \text{㉡} \end{cases}$
$\xrightarrow{\times 3}$

y를 없애기 위해 ㉠$+$㉡을 하면

$\begin{array}{r} 2x-y=20 \\ +)\ \underline{x+y=15} \\ 3x\quad=35 \end{array}$ ∴ $x=\dfrac{35}{3}$

$x=\dfrac{35}{3}$를 ㉡에 대입하면 $\dfrac{35}{3}+y=15$ ∴ $y=\dfrac{10}{3}$

082 답 $x=6,\ y=-6$

주어진 방정식을 연립방정식으로 나타내면

$\begin{cases} \dfrac{x}{2}+\dfrac{y}{3}=1 \\ -\dfrac{x}{3}-\dfrac{y}{2}=1 \end{cases}$ $\xrightarrow{\times 6}$ $\begin{cases} 3x+2y=6 & \cdots\ \text{㉠} \\ -2x-3y=6 & \cdots\ \text{㉡} \end{cases}$
$\xrightarrow{\times 6}$

x를 없애기 위해 ㉠$\times 2+$㉡$\times 3$을 하면

$\begin{array}{r} 6x+4y=12 \\ +)\ \underline{-6x-9y=18} \\ -5y=30 \end{array}$ ∴ $y=-6$

$y=-6$을 ㉠에 대입하면 $3x-12=6$

$3x=18$ ∴ $x=6$

083 답 $x=3,\ y=1$

주어진 방정식을 연립방정식으로 나타내면

$\begin{cases} \dfrac{y+5}{6}=\dfrac{x}{3} \\ \dfrac{x+y}{4}=\dfrac{x}{3} \end{cases}$ $\xrightarrow{\times 6}$ $\begin{cases} y+5=2x \\ 3(x+y)=4x \end{cases}$, 즉 $\begin{cases} y+5=2x & \cdots\ \text{㉠} \\ x=3y & \cdots\ \text{㉡} \end{cases}$
$\xrightarrow{\times 12}$

㉡을 ㉠에 대입하면 $y+5=2\times 3y$

$-5y=-5$ ∴ $y=1$

$y=1$을 ㉡에 대입하면 $x=3$

084 답 ❶ $5,\ 8$ ❷ 3

주어진 연립방정식의 해는 세 일차방정식을 모두 만족시키므로

연립방정식 $\begin{cases} 2x-y=2 & \cdots\ \text{㉠} \\ y=x+3 & \cdots\ \text{㉡} \end{cases}$ 의 해와 같다.

㉡을 ㉠에 대입하면 $2x-(x+3)=2$

$2x-x-3=2$ ∴ $x=\boxed{5}$

$x=5$를 ㉡에 대입하면 $y=5+3=\boxed{8}$

따라서 $x=5,\ y=8$을 $ax-2y=-1$에 대입하면

$5a-16=-1,\ 5a=15$ ∴ $a=\boxed{3}$

085 답 -23

주어진 연립방정식의 해는 세 일차방정식을 모두 만족시키므로

연립방정식 $\begin{cases} x-y=8 & \cdots\ \text{㉠} \\ x=2y & \cdots\ \text{㉡} \end{cases}$ 의 해와 같다.

㉡을 ㉠에 대입하면 $2y-y=8$ ∴ $y=8$

$y=8$을 ㉡에 대입하면 $x=16$

따라서 $x=16,\ y=8$을 $x+2y=9-a$에 대입하면

$16+16=9-a$ ∴ $a=-23$

086 답 5

주어진 연립방정식의 해는 세 일차방정식을 모두 만족시키므로

연립방정식 $\begin{cases} 2x+y=1 & \cdots\ \text{㉠} \\ 3x+2y=1 & \cdots\ \text{㉡} \end{cases}$ 의 해와 같다.

y를 없애기 위해 ㉠$\times 2-$㉡을 하면

$\begin{array}{r} 4x+2y=2 \\ -)\ \underline{3x+2y=1} \\ x\quad=1 \end{array}$

$x=1$을 ㉠에 대입하면 $2+y=1$ ∴ $y=-1$

따라서 $x=1,\ y=-1$을 $ax+y=4$에 대입하면

$a-1=4$ ∴ $a=5$

087 답 -1

주어진 연립방정식의 해는 세 일차방정식을 모두 만족시키므로

연립방정식 $\begin{cases} -3x+2y=2 & \cdots \text{㉠} \\ x=3y-10 & \cdots \text{㉡} \end{cases}$ 의 해와 같다.

㉡을 ㉠에 대입하면 $-3(3y-10)+2y=2$

$-9y+30+2y=2,\ -7y=-28$ ∴ $y=4$

$y=4$를 ㉡에 대입하면 $x=12-10=2$

따라서 $x=2,\ y=4$를 $6x-ay=16$에 대입하면

$12-4a=16,\ -4a=4$ ∴ $a=-1$

088 답 ❶ 3, 2 ❷ 11, 2

두 연립방정식의 해가 서로 같으므로 그 해는

연립방정식 $\begin{cases} x+y=5 & \cdots \text{㉠} \\ 2x-y=4 & \cdots \text{㉡} \end{cases}$ 의 해와 같다.

y를 없애기 위해 ㉠+㉡을 하면

$\begin{array}{r} x+y=5 \\ +)\ 2x-y=4 \\ \hline 3x\quad =9 \end{array}$ ∴ $x=\boxed{3}$

$x=3$을 ㉠에 대입하면 $3+y=5$ ∴ $y=\boxed{2}$

따라서 $x=3,\ y=2$를 $3x+y=a$에 대입하면

$9+2=a$ ∴ $a=\boxed{11}$

$x=3,\ y=2$를 $x+by=7$에 대입하면

$3+2b=7,\ 2b=4$ ∴ $b=\boxed{2}$

089 답 $a=3,\ b=4$

두 연립방정식의 해가 서로 같으므로 그 해는

연립방정식 $\begin{cases} 3x+y=9 & \cdots \text{㉠} \\ 2x-y=6 & \cdots \text{㉡} \end{cases}$ 의 해와 같다.

y를 없애기 위해 ㉠+㉡을 하면

$\begin{array}{r} 3x+y=9 \\ +)\ 2x-y=6 \\ \hline 5x\quad =15 \end{array}$ ∴ $x=3$

$x=3$을 ㉠에 대입하면 $9+y=9$ ∴ $y=0$

따라서 $x=3,\ y=0$을 $x+y=a$에 대입하면

$3+0=a$ ∴ $a=3$

$x=3,\ y=0$을 $bx+y=12$에 대입하면

$3b=12$ ∴ $b=4$

090 답 $a=-2,\ b=\dfrac{7}{2}$

두 연립방정식의 해가 서로 같으므로 그 해는

연립방정식 $\begin{cases} 3x-y=7 & \cdots \text{㉠} \\ 2x+3y=1 & \cdots \text{㉡} \end{cases}$ 의 해와 같다.

y를 없애기 위해 ㉠×3+㉡을 하면

$\begin{array}{r} 9x-3y=21 \\ +)\ 2x+3y=1 \\ \hline 11x\quad =22 \end{array}$ ∴ $x=2$

$x=2$를 ㉠에 대입하면 $6-y=7$

$-y=1$ ∴ $y=-1$

따라서 $x=2,\ y=-1$을 $2x+ay=6$에 대입하면

$4-a=6,\ -a=2$ ∴ $a=-2$

$x=2,\ y=-1$을 $bx+2y=5$에 대입하면

$2b-2=5,\ 2b=7$ ∴ $b=\dfrac{7}{2}$

091 답 $a=-1,\ b=6$

두 연립방정식의 해가 서로 같으므로 그 해는

연립방정식 $\begin{cases} x+3y=5 & \cdots \text{㉠} \\ x-2y=-5 & \cdots \text{㉡} \end{cases}$ 의 해와 같다.

x를 없애기 위해 ㉠-㉡을 하면

$\begin{array}{r} x+3y=5 \\ -)\ x-2y=-5 \\ \hline 5y=10 \end{array}$ ∴ $y=2$

$y=2$를 ㉠에 대입하면 $x+6=5$ ∴ $x=-1$

따라서 $x=-1,\ y=2$를 $ax+4y=9$에 대입하면

$-a+8=9,\ -a=1$ ∴ $a=-1$

$x=-1,\ y=2$를 $ax-by=-11$, 즉 $-x-by=-11$에 대입하면

$1-2b=-11,\ -2b=-12$ ∴ $b=6$

092 답 ㄱ. $4x+4y=4$ ㄴ. $5x-10y=-5$
ㄷ. $9x-6y=3$ ㄹ. $-4x+10y=-4$

093 답 ㄴ, ㄷ

해가 무수히 많은 연립방정식은 두 일차방정식의 x의 계수를 같게 하였을 때 y의 계수와 상수항이 각각 같아지는 것이므로 ㄴ, ㄷ이다.

094 답 ㄱ, ㄹ

해가 없는 연립방정식은 두 일차방정식의 x의 계수를 같게 하였을 때 y의 계수는 같아지고 상수항은 달라지는 것이므로 ㄱ, ㄹ이다.

095 답 2, 2, -2, 2

096 답 $a=9,\ b=1$

$\begin{cases} 2x+3y=b \\ 6x+ay=3 \end{cases} \xrightarrow{\times 3} \begin{cases} 6x+9y=3b \\ 6x+ay=3 \end{cases}$

해가 무수히 많으려면 두 일차방정식의 계수와 상수항이 각각 같아야 하므로

$9=a,\ 3b=3$ ∴ $a=9,\ b=1$

097 답 9, 15, -9

098 답 $\dfrac{3}{2}$

$\begin{cases} 2x-y=2 \\ 3x-ay=1 \end{cases} \begin{array}{c} \xrightarrow{\times 3} \\ \xrightarrow{\times 2} \end{array} \begin{cases} 6x-3y=6 \\ 6x-2ay=2 \end{cases}$

해가 없으려면 두 일차방정식의 계수는 각각 같고 상수항은 달라야 하므로

$-3=-2a$ ∴ $a=\dfrac{3}{2}$

099 답 표는 풀이 참조, $\begin{cases} x+y=10 \\ 10y+x=(10x+y)+36 \end{cases}$

	십의 자리의 숫자	일의 자리의 숫자	자연수
처음 수	x	y	$10x+y$
바꾼 수	y	x	$10y+x$

$\begin{cases} (\text{처음 수의 십의 자리의 숫자})+(\text{처음 수의 일의 자리의 숫자})=10 \\ (\text{바꾼 수})=(\text{처음 수})+36 \end{cases}$

이므로 $\begin{cases} x+y=10 \\ 10y+x=(10x+y)+36 \end{cases}$

100 답 $x=3$, $y=7$

$\begin{cases} x+y=10 \\ 10y+x=(10x+y)+36 \end{cases}$, 즉 $\begin{cases} x+y=10 & \cdots\ \text{㉠} \\ -x+y=4 & \cdots\ \text{㉡} \end{cases}$

x를 없애기 위해 ㉠+㉡을 하면

$2y=14$ $\therefore y=7$

$y=7$을 ㉠에 대입하면 $x+7=10$ $\therefore x=3$

101 답 37

102 답 96

처음 수의 십의 자리의 숫자를 x, 일의 자리의 숫자를 y라 하면

$\begin{cases} x+y=15 \\ 10y+x=(10x+y)-27 \end{cases}$, 즉 $\begin{cases} x+y=15 & \cdots\ \text{㉠} \\ -x+y=-3 & \cdots\ \text{㉡} \end{cases}$

x를 없애기 위해 ㉠+㉡을 하면

$2y=12$ $\therefore y=6$

$y=6$을 ㉠에 대입하면 $x+6=15$ $\therefore x=9$

따라서 처음 수는 96이다.

103 답 62

처음 수의 십의 자리의 숫자를 x, 일의 자리의 숫자를 y라 하면

$\begin{cases} y=x+4 \\ 10y+x=3(10x+y)-16 \end{cases}$, 즉 $\begin{cases} y=x+4 & \cdots\ \text{㉠} \\ -29x+7y=-16 & \cdots\ \text{㉡} \end{cases}$

㉠을 ㉡에 대입하면 $-29x+7(x+4)=-16$

$-29x+7x+28=-16$, $-22x=-44$ $\therefore x=2$

$x=2$를 ㉠에 대입하면 $y=2+4=6$

따라서 바꾼 수는 62이다.

104 답 표는 풀이 참조, $\begin{cases} x+y=10 \\ 800x+500y=6200 \end{cases}$

	왕만두	찐빵	합계
개수	x개	y개	10개
총가격	$800x$원	$500y$원	6200원

$\begin{cases} (\text{왕만두의 개수})+(\text{찐빵의 개수})=10(\text{개}) \\ (\text{왕만두의 총가격})+(\text{찐빵의 총가격})=6200(\text{원}) \end{cases}$ 이므로

$\begin{cases} x+y=10 \\ 800x+500y=6200 \end{cases}$

105 답 $x=4$, $y=6$

$\begin{cases} x+y=10 \\ 800x+500y=6200 \end{cases}$, 즉 $\begin{cases} x+y=10 & \cdots\ \text{㉠} \\ 8x+5y=62 & \cdots\ \text{㉡} \end{cases}$

x를 없애기 위해 ㉠×8−㉡을 하면 $3y=18$ $\therefore y=6$

$y=6$을 ㉠에 대입하면 $x+6=10$ $\therefore x=4$

106 답 왕만두: 4개, 찐빵: 6개

107 답 9개

사탕을 x개, 껌을 y개 샀다고 하면

	사탕	껌	합계
개수	x개	y개	11개
총가격	$300x$원	$600y$원	3900원

$\begin{cases} x+y=11 \\ 300x+600y=3900 \end{cases}$, 즉 $\begin{cases} x+y=11 & \cdots\ \text{㉠} \\ x+2y=13 & \cdots\ \text{㉡} \end{cases}$

x를 없애기 위해 ㉠−㉡을 하면 $-y=-2$ $\therefore y=2$

$y=2$를 ㉠에 대입하면 $x+2=11$ $\therefore x=9$

따라서 사탕은 9개를 샀다.

108 답 12송이

장미를 x송이, 백합을 y송이 샀다고 하면

	장미	백합	합계
꽃의 수	x송이	y송이	20송이
총가격	$1000x$원	$1500y$원	24000원

$\begin{cases} x+y=20 \\ 1000x+1500y=24000 \end{cases}$, 즉 $\begin{cases} x+y=20 & \cdots\ \text{㉠} \\ 2x+3y=48 & \cdots\ \text{㉡} \end{cases}$

x를 없애기 위해 ㉠×2−㉡을 하면 $-y=-8$ $\therefore y=8$

$y=8$을 ㉠에 대입하면 $x+8=20$ $\therefore x=12$

따라서 장미는 12송이를 샀다.

109 답 표는 풀이 참조, $\begin{cases} x+y=52 \\ x+7=2(y+7) \end{cases}$

	어머니	아들	합계
현재 나이	x세	y세	52세
7년 후 나이	$(x+7)$세	$(y+7)$세	

$\begin{cases} (\text{현재 어머니의 나이})+(\text{현재 아들의 나이})=52(\text{세}) \\ (\text{7년 후 어머니의 나이})=2\times(\text{7년 후 아들의 나이}) \end{cases}$ 이므로

$\begin{cases} x+y=52 \\ x+7=2(y+7) \end{cases}$

110 답 $x=37$, $y=15$

$\begin{cases} x+y=52 \\ x+7=2(y+7) \end{cases}$, 즉 $\begin{cases} x+y=52 & \cdots\ \text{㉠} \\ x-2y=7 & \cdots\ \text{㉡} \end{cases}$

x를 없애기 위해 ㉠−㉡을 하면

$3y=45$ $\therefore y=15$

$y=15$를 ㉠에 대입하면 $x+15=52$ $\therefore x=37$

111 답 어머니: 37세, 아들: 15세

112 답 48세

현재 아버지의 나이를 x세, 딸의 나이를 y세라 하면

	아버지	딸	나이 차
현재 나이	x세	y세	32세
16년 후 나이	$(x+16)$세	$(y+16)$세	

$\begin{cases} x-y=32 \\ x+16=2(y+16) \end{cases}$, 즉 $\begin{cases} x-y=32 & \cdots \ \text{㉠} \\ x-2y=16 & \cdots \ \text{㉡} \end{cases}$

x를 없애기 위해 ㉠$-$㉡을 하면 $y=16$

$y=16$을 ㉠에 대입하면 $x-16=32$ $\quad \therefore \ x=48$

따라서 현재 아버지의 나이는 48세이다.

113 답 41세

현재 유진이의 나이를 x세, 삼촌의 나이를 y세라 하면

	유진	삼촌	합계
현재 나이	x세	y세	49세
5년 후 나이	$(x+5)$세	$(y+5)$세	

$\begin{cases} x+y=49 \\ y+5=3(x+5)+7 \end{cases}$, 즉 $\begin{cases} x+y=49 & \cdots \ \text{㉠} \\ -3x+y=17 & \cdots \ \text{㉡} \end{cases}$

y를 없애기 위해 ㉠$-$㉡을 하면

$4x=32$ $\quad \therefore \ x=8$

$x=8$을 ㉠에 대입하면 $8+y=49$ $\quad \therefore \ y=41$

따라서 현재 삼촌의 나이는 41세이다.

114 답 $2(x+y)$, x, 4, $\begin{cases} 2(x+y)=28 \\ x=y+4 \end{cases}$

115 답 $x=9$, $y=5$

$\begin{cases} 2(x+y)=28 \\ x=y+4 \end{cases}$, 즉 $\begin{cases} x+y=14 & \cdots \ \text{㉠} \\ x=y+4 & \cdots \ \text{㉡} \end{cases}$

㉡을 ㉠에 대입하면 $(y+4)+y=14$

$2y=10$ $\quad \therefore \ y=5$

$y=5$를 ㉡에 대입하면 $x=5+4=9$

116 답 9 cm

117 답 152 cm²

직사각형의 가로의 길이를 x cm, 세로의 길이를 y cm라 하면

$\begin{cases} x=2y+3 \\ 2(x+y)=54 \end{cases}$, 즉 $\begin{cases} x=2y+3 & \cdots \ \text{㉠} \\ x+y=27 & \cdots \ \text{㉡} \end{cases}$

㉠을 ㉡에 대입하면 $(2y+3)+y=27$

$3y=24$ $\quad \therefore \ y=8$

$y=8$을 ㉠에 대입하면 $x=16+3=19$

따라서 직사각형의 넓이는 $19 \times 8=152 \ (\text{cm}^2)$

118 답 165 cm

긴 끈의 길이를 x cm, 짧은 끈의 길이를 y cm라 하면

$\overset{2\,\text{m}=200\,\text{cm}}{\begin{cases} x+y=200 & \cdots \ \text{㉠} \\ x=4y+25 & \cdots \ \text{㉡} \end{cases}}$

㉡을 ㉠에 대입하면 $(4y+25)+y=200$

$5y=175$ $\quad \therefore \ y=35$

$y=35$를 ㉡에 대입하면 $x=140+25=165$

따라서 긴 끈의 길이는 165 cm이다.

참고 주어진 단위가 다를 경우에는 단위를 통일해야 한다.

119 답 y, $\dfrac{y}{5}$, $\begin{cases} x+y=70 \\ \dfrac{x}{60}+\dfrac{y}{5}=3 \end{cases}$

120 답 $x=60$, $y=10$

$\begin{cases} x+y=70 \\ \dfrac{x}{60}+\dfrac{y}{5}=3 \end{cases}$, 즉 $\begin{cases} x+y=70 & \cdots \ \text{㉠} \\ x+12y=180 & \cdots \ \text{㉡} \end{cases}$

x를 없애기 위해 ㉠$-$㉡을 하면

$-11y=-110$ $\quad \therefore \ y=10$

$y=10$을 ㉠에 대입하면 $x+10=70$ $\quad \therefore \ x=60$

121 답 버스를 타고 간 거리: 60 km, 걸어간 거리: 10 km

122 답 2 km

걸어간 거리를 x km, 뛰어간 거리를 y km라 하면

$\begin{cases} x+y=4 \\ \dfrac{x}{3}+\dfrac{y}{6}=1 \end{cases}$, 즉 $\begin{cases} x+y=4 & \cdots \ \text{㉠} \\ 2x+y=6 & \cdots \ \text{㉡} \end{cases}$

y를 없애기 위해 ㉠$-$㉡을 하면

$-x=-2$ $\quad \therefore \ x=2$

$x=2$를 ㉠에 대입하면 $2+y=4$ $\quad \therefore \ y=2$

따라서 뛰어간 거리는 2 km이다.

123 답 y, $\dfrac{y}{4}$, $\begin{cases} x+y=8 \\ \dfrac{x}{3}+\dfrac{y}{4}=\dfrac{5}{2} \end{cases}$

124 답 $x=6$, $y=2$

$\begin{cases} x+y=8 \\ \dfrac{x}{3}+\dfrac{y}{4}=\dfrac{5}{2} \end{cases}$, 즉 $\begin{cases} x+y=8 & \cdots \ \text{㉠} \\ 4x+3y=30 & \cdots \ \text{㉡} \end{cases}$

y를 없애기 위해 ㉠$\times 3-$㉡을 하면

$-x=-6$ $\quad \therefore \ x=6$

$x=6$을 ㉠에 대입하면 $6+y=8$ $\quad \therefore \ y=2$

125 답 A 코스: 6 km, B 코스: 2 km

126 답 7 km

갈 때 걸은 거리를 x km, 올 때 걸은 거리를 y km라 하면

$\begin{cases} x+y=10 \\ \dfrac{x}{2}+\dfrac{y}{4}=\dfrac{13}{4} \end{cases}$, 즉 $\begin{cases} x+y=10 & \cdots \ \text{㉠} \\ 2x+y=13 & \cdots \ \text{㉡} \end{cases}$

y를 없애기 위해 ㉠$-$㉡을 하면

$-x=-3$ $\quad \therefore \ x=3$

$x=3$을 ㉠에 대입하면 $3+y=10$ $\quad \therefore \ y=7$

따라서 올 때 걸은 거리는 7 km이다.

1 ㄷ, ㅂ

2 (1) (1, 9), (2, 5), (3, 1)   (2) (22, 1), (14, 2), (6, 3)
     (3) (4, 1), (1, 3)

3 (1) 3   (2) -2 (3) -3

4 (1) $a=-1$, $b=2$ (2) $a=6$, $b=-2$ (3) $a=2$, $b=4$

5 (1) $x=1$, $y=3$ (2) $x=-5$, $y=-1$
     (3) $x=-2$, $y=2$ (4) $x=-4$, $y=1$

6 (1) $x=3$, $y=-2$ (2) $x=-12$, $y=-7$
     (3) $x=1$, $y=\dfrac{3}{2}$ (4) $x=2$, $y=5$

7 (1) $x=-1$, $y=2$ (2) $x=-6$, $y=-4$
     (3) $x=3$, $y=4$ (4) $x=3$, $y=5$

8 (1) $x=-3$, $y=-8$ (2) $x=-1$, $y=4$ (3) $x=-2$, $y=3$

9 (1) ㄱ, ㄹ, ㅂ   (2) ㄴ, ㄷ, ㅁ

10 (1) $\begin{cases} x+y=11 \\ 10y+x=2(10x+y)+7 \end{cases}$ (2) $x=3$, $y=8$ (3) 38

11 (1) $\begin{cases} x+y=13 \\ 4000x+2500y=38500 \end{cases}$ (2) $x=4$, $y=9$
     (3) 성인: 4명, 청소년: 9명

12 (1) $\begin{cases} x=y-5 \\ \dfrac{1}{2} \times (x+y) \times 6 = 51 \end{cases}$ (2) $x=6$, $y=11$ (3) 6 cm

13 (1) $\begin{cases} y=x+2 \\ \dfrac{x}{5} + \dfrac{y}{4} = 5 \end{cases}$ (2) $x=10$, $y=12$ (3) 12 km

---

1 ㄱ. xy는 x, y에 대한 차수가 2이므로 일차방정식이 아니다.
ㄴ. x의 차수가 2이므로 일차방정식이 아니다.
ㄹ. x가 분모에 있으므로 일차방정식이 아니다.
ㅁ. $2x+y=x+y+1$에서 $x-1=0$ ➡ 미지수가 1개인 일차방정식
따라서 미지수가 2개인 일차방정식은 ㄷ, ㅂ이다.

2 (1) $4x+y=13$에 $x=1$, 2, 3, $\cdots$을 차례로 대입하면 y의 값은 다음 표와 같다.

x	1	2	3	4	$\cdots$
y	9	5	1	-3	$\cdots$

➡ 해: (1, 9), (2, 5), (3, 1)

(2) $x+8y=30$에 $y=1$, 2, 3, $\cdots$을 차례로 대입하면 x의 값은 다음 표와 같다.

x	22	14	6	-2	$\cdots$
y	1	2	3	4	$\cdots$

➡ 해: (22, 1), (14, 2), (6, 3)

(3) $2x+3y=11$에 $y=1$, 2, 3, $\cdots$을 차례로 대입하면 x의 값은 다음 표와 같다.

x	4	$\dfrac{5}{2}$	1	$-\dfrac{1}{2}$	$\cdots$
y	1	2	3	4	$\cdots$

➡ 해: (4, 1), (1, 3)

3 (1) $x=-1$, $y=4$를 $2x+ay=10$에 대입하면
    $-2+4a=10$, $4a=12$ ∴ $a=3$
(2) $x=2$, $y=a$를 $x-6y=14$에 대입하면
    $2-6a=14$, $-6a=12$ ∴ $a=-2$
(3) $x=a$, $y=-\dfrac{7}{2}$을 $5x-2y+8=0$에 대입하면
    $5a+7+8=0$, $5a=-15$ ∴ $a=-3$

4 (1) $x=-1$, $y=3$을 $ax+2y=7$에 대입하면
    $-a+6=7$, $-a=1$ ∴ $a=-1$
    $x=-1$, $y=3$을 $-3x+by=9$에 대입하면
    $3+3b=9$, $3b=6$ ∴ $b=2$
(2) $x=-2$, $y=-3$을 $3x-4y=a$에 대입하면
    $-6+12=a$ ∴ $a=6$
    $x=-2$, $y=-3$을 $bx+5y=-11$에 대입하면
    $-2b-15=-11$, $-2b=4$ ∴ $b=-2$
(3) $x=b$, $y=2$를 $y=-2x+10$에 대입하면
    $2=-2b+10$, $2b=8$ ∴ $b=4$
    $x=4$, $y=2$를 $4x-7y=a$에 대입하면
    $16-14=a$ ∴ $a=2$

5 (1) $\begin{cases} y=3x & \cdots ㉠ \\ 2x-3y=-7 & \cdots ㉡ \end{cases}$
㉠을 ㉡에 대입하면 $2x-3 \times 3x=-7$
$-7x=-7$ ∴ $x=1$
$x=1$을 ㉠에 대입하면 $y=3$

(2) $\begin{cases} x=2y-3 & \cdots ㉠ \\ -4x+y=19 & \cdots ㉡ \end{cases}$
㉠을 ㉡에 대입하면 $-4(2y-3)+y=19$
$-8y+12+y=19$
$-7y=7$ ∴ $y=-1$
$y=-1$을 ㉠에 대입하면 $x=-2-3=-5$

(3) $\begin{cases} -3x+y=8 & \cdots ㉠ \\ 5x+3y=-4 & \cdots ㉡ \end{cases}$
㉠에서 y를 x에 대한 식으로 나타내면
$y=3x+8$ $\cdots ㉢$
㉢을 ㉡에 대입하면 $5x+3(3x+8)=-4$
$5x+9x+24=-4$
$14x=-28$ ∴ $x=-2$
$x=-2$를 ㉢에 대입하면 $y=-6+8=2$

(4) $\begin{cases} x+2y=-2 & \cdots ㉠ \\ 3x+y=-11 & \cdots ㉡ \end{cases}$
㉠에서 x를 y에 대한 식으로 나타내면
$x=-2y-2$ $\cdots ㉢$
㉢을 ㉡에 대입하면 $3(-2y-2)+y=-11$
$-6y-6+y=-11$
$-5y=-5$ ∴ $y=1$
$y=1$을 ㉢에 대입하면 $x=-2-2=-4$

6 (1) $\begin{cases} 2x+y=4 & \cdots ㉠ \\ x-y=5 & \cdots ㉡ \end{cases}$

y를 없애기 위해 ㉠+㉡을 하면

$\quad 2x+y=4$

$+)\ \underline{\ x-y=5\ }$

$\quad 3x\quad\ =9 \quad \therefore x=3$

$x=3$을 ㉡에 대입하면 $3-y=5 \quad \therefore y=-2$

(2) $\begin{cases} 3x-5y=-1 & \cdots ㉠ \\ x-2y=2 & \cdots ㉡ \end{cases}$

x를 없애기 위해 ㉠−㉡×3을 하면

$\quad 3x-5y=-1$

$-)\ \underline{\ 3x-6y=6\ }$

$\quad\qquad y=-7$

$y=-7$을 ㉡에 대입하면 $x+14=2 \quad \therefore x=-12$

(3) $\begin{cases} 3x+2y=6 & \cdots ㉠ \\ 5x-4y=-1 & \cdots ㉡ \end{cases}$

y를 없애기 위해 ㉠×2+㉡을 하면

$\quad 6x+4y=12$

$+)\ \underline{\ 5x-4y=-1\ }$

$\quad 11x\qquad =11 \quad \therefore x=1$

$x=1$을 ㉠에 대입하면 $3+2y=6$

$2y=3 \quad \therefore y=\dfrac{3}{2}$

(4) $\begin{cases} 9x-2y=8 & \cdots ㉠ \\ 8x-3y=1 & \cdots ㉡ \end{cases}$

y를 없애기 위해 ㉠×3−㉡×2를 하면

$\quad 27x-6y=24$

$-)\ \underline{\ 16x-6y=2\ }$

$\quad 11x\qquad =22 \quad \therefore x=2$

$x=2$를 ㉠에 대입하면 $18-2y=8$

$-2y=-10 \quad \therefore y=5$

7 (1) $\begin{cases} 3(x+2)-2y=-1 \\ x-3y=2(x+y)-9 \end{cases}$ $\xrightarrow{\text{괄호 풀기}}$ $\begin{cases} 3x+6-2y=-1 \\ x-3y=2x+2y-9 \end{cases}$

$\xrightarrow{\text{정리하기}}$ $\begin{cases} 3x-2y=-7 & \cdots ㉠ \\ x+5y=9 & \cdots ㉡ \end{cases}$

x를 없애기 위해 ㉠−㉡×3을 하면

$\quad 3x-\ 2y=-7$

$-)\ \underline{\ 3x+15y=27\ }$

$\quad\qquad -17y=-34 \quad \therefore y=2$

$y=2$를 ㉡에 대입하면 $x+10=9 \quad \therefore x=-1$

(2) $\begin{cases} 0.3x-0.7y=1 \\ 0.4x-0.3y=-1.2 \end{cases}$ $\xrightarrow[\ \times 10\ ]{\ \times 10\ }$ $\begin{cases} 3x-7y=10 & \cdots ㉠ \\ 4x-3y=-12 & \cdots ㉡ \end{cases}$

x를 없애기 위해 ㉠×4−㉡×3을 하면

$\quad 12x-28y=40$

$-)\ \underline{\ 12x-\ 9y=-36\ }$

$\quad\qquad -19y=76 \quad \therefore y=-4$

$y=-4$를 ㉠에 대입하면 $3x+28=10$

$3x=-18 \quad \therefore x=-6$

(3) $\begin{cases} \dfrac{x}{6}+\dfrac{y}{4}=\dfrac{3}{2} \\ \dfrac{x}{2}-\dfrac{y}{8}=1 \end{cases}$ $\xrightarrow[\ \times 8\ ]{\ \times 12\ }$ $\begin{cases} 2x+3y=18 & \cdots ㉠ \\ 4x-y=8 & \cdots ㉡ \end{cases}$

y를 없애기 위해 ㉠+㉡×3을 하면

$\quad 2x+3y=18$

$+)\ \underline{\ 12x-3y=24\ }$

$\quad 14x\qquad =42 \quad \therefore x=3$

$x=3$을 ㉡에 대입하면 $12-y=8 \quad \therefore y=4$

(4) $\begin{cases} x-0.4y=1 \\ \dfrac{x+y}{4}+\dfrac{y-2}{3}=3 \end{cases}$ $\xrightarrow[\ \times 12\ ]{\ \times 10\ }$ $\begin{cases} 10x-4y=10 \\ 3(x+y)+4(y-2)=36 \end{cases}$

$\xrightarrow{\text{정리하기}}$ $\begin{cases} 5x-2y=5 & \cdots ㉠ \\ 3x+7y=44 & \cdots ㉡ \end{cases}$

y를 없애기 위해 ㉠×7+㉡×2를 하면

$\quad 35x-14y=35$

$+)\ \underline{\ 6x+14y=88\ }$

$\quad 41x\qquad =123 \quad \therefore x=3$

$x=3$을 ㉠에 대입하면 $15-2y=5$

$-2y=-10 \quad \therefore y=5$

8 (1) 주어진 방정식을 연립방정식으로 나타내면

$\begin{cases} 3x-2y=7 \\ x+y+18=7 \end{cases}$, 즉 $\begin{cases} 3x-2y=7 & \cdots ㉠ \\ x+y=-11 & \cdots ㉡ \end{cases}$

y를 없애기 위해 ㉠+㉡×2를 하면

$\quad 3x-2y=7$

$+)\ \underline{\ 2x+2y=-22\ }$

$\quad 5x\qquad =-15 \quad \therefore x=-3$

$x=-3$을 ㉡에 대입하면 $-3+y=-11 \quad \therefore y=-8$

(2) 주어진 방정식을 연립방정식으로 나타내면

$\begin{cases} -2x+y=x+3y-5 \\ x+3y-5=5x-2y+19 \end{cases}$, 즉 $\begin{cases} 3x+2y=5 & \cdots ㉠ \\ 4x-5y=-24 & \cdots ㉡ \end{cases}$

x를 없애기 위해 ㉠×4−㉡×3을 하면

$\quad 12x+\ 8y=20$

$-)\ \underline{\ 12x-15y=-72\ }$

$\quad\qquad 23y=92 \quad \therefore y=4$

$y=4$를 ㉠에 대입하면 $3x+8=5$

$3x=-3 \quad \therefore x=-1$

(3) 주어진 방정식을 연립방정식으로 나타내면

$\begin{cases} \dfrac{3x+4y}{3}=2 \\ \dfrac{-5x+2y}{8}=2 \end{cases}$ $\xrightarrow[\ \times 8\ ]{\ \times 3\ }$ $\begin{cases} 3x+4y=6 & \cdots ㉠ \\ -5x+2y=16 & \cdots ㉡ \end{cases}$

y를 없애기 위해 ㉠−㉡×2를 하면

$\quad 3x+4y=6$

$-)\ \underline{\ -10x+4y=32\ }$

$\quad 13x\qquad =-26 \quad \therefore x=-2$

$x=-2$를 ㉠에 대입하면 $-6+4y=6$

$4y=12 \quad \therefore y=3$

9 각 연립방정식에서 두 일차방정식의 x의 계수를 같게 하면

ㄱ. $\begin{cases} 4x-2y=10 \\ 4x-2y=10 \end{cases}$　　ㄴ. $\begin{cases} 9x+6y=21 \\ 9x+6y=18 \end{cases}$

ㄷ. $\begin{cases} -2x+2y=8 \\ -2x+2y=-8 \end{cases}$　　ㄹ. $\begin{cases} 8x-20y=-12 \\ 8x-20y=-12 \end{cases}$

ㅁ. $\begin{cases} -6x+8y=18 \\ -6x+8y=27 \end{cases}$　　ㅂ. $\begin{cases} 5x-y=20 \\ 5x-y=20 \end{cases}$

(1) 해가 무수히 많은 연립방정식은 두 일차방정식의 x의 계수를 같게 하였을 때 y의 계수와 상수항이 각각 같아지는 것이므로 ㄱ, ㄹ, ㅂ이다.

(2) 해가 없는 연립방정식은 두 일차방정식의 x의 계수를 같게 하였을 때 y의 계수는 같아지고 상수항은 달라지는 것이므로 ㄴ, ㄷ, ㅁ이다.

10 (1) $\begin{cases} (\text{처음 수의 십의 자리의 숫자})+(\text{처음 수의 일의 자리의 숫자})=11 \\ (\text{바꾼 수})=2\times(\text{처음 수})+7 \end{cases}$

이므로 $\begin{cases} x+y=11 \\ 10y+x=2(10x+y)+7 \end{cases}$

(2) $\begin{cases} x+y=11 \\ 10y+x=2(10x+y)+7 \end{cases}$, 즉 $\begin{cases} x+y=11 & \cdots \text{㉠} \\ -19x+8y=7 & \cdots \text{㉡} \end{cases}$

y를 없애기 위해 ㉠$\times 8-$㉡을 하면

$27x=81$　　∴ $x=3$

$x=3$을 ㉠에 대입하면 $3+y=11$　　∴ $y=8$

(3) 처음 수는 38이다.

11 (1) $\begin{cases} (\text{입장한 성인의 수})+(\text{입장한 청소년의 수})=13(\text{명}) \\ (\text{성인의 총입장료})+(\text{청소년의 총입장료})=38500(\text{원}) \end{cases}$ 이므로

$\begin{cases} x+y=13 \\ 4000x+2500y=38500 \end{cases}$

(2) $\begin{cases} x+y=13 \\ 4000x+2500y=38500 \end{cases}$, 즉 $\begin{cases} x+y=13 & \cdots \text{㉠} \\ 8x+5y=77 & \cdots \text{㉡} \end{cases}$

y를 없애기 위해 ㉠$\times 5-$㉡을 하면

$-3x=-12$　　∴ $x=4$

$x=4$를 ㉠에 대입하면 $4+y=13$　　∴ $y=9$

(3) 성인은 4명, 청소년은 9명이 입장했다.

12 (1) $\begin{cases} (\text{윗변의 길이})=(\text{아랫변의 길이})-5(\text{cm}) \\ (\text{사다리꼴의 넓이})=51(\text{cm}^2) \end{cases}$ 이므로

$\begin{cases} x=y-5 \\ \dfrac{1}{2}\times(x+y)\times 6=51 \end{cases}$

(2) $\begin{cases} x=y-5 \\ \dfrac{1}{2}\times(x+y)\times 6=51 \end{cases}$, 즉 $\begin{cases} x=y-5 & \cdots \text{㉠} \\ x+y=17 & \cdots \text{㉡} \end{cases}$

㉠을 ㉡에 대입하면 $(y-5)+y=17$

$2y=22$　　∴ $y=11$

$y=11$을 ㉠에 대입하면 $x=11-5=6$

(3) 사다리꼴의 윗변의 길이는 6 cm이다.

13 (1) $\begin{cases} (\text{돌아올 때 걸은 거리})=(\text{갈 때 걸은 거리})+2(\text{km}) \\ (\text{갈 때 걸린 시간})+(\text{돌아올 때 걸린 시간})=5(\text{시간}) \end{cases}$ 이므로

$\begin{cases} y=x+2 \\ \dfrac{x}{5}+\dfrac{y}{4}=5 \end{cases}$

(2) $\begin{cases} y=x+2 \\ \dfrac{x}{5}+\dfrac{y}{4}=5 \end{cases}$, 즉 $\begin{cases} y=x+2 & \cdots \text{㉠} \\ 4x+5y=100 & \cdots \text{㉡} \end{cases}$

㉠을 ㉡에 대입하면 $4x+5(x+2)=100$

$4x+5x+10=100,\ 9x=90$　　∴ $x=10$

$x=10$을 ㉠에 대입하면 $y=10+2=12$

(3) 돌아올 때 걸은 거리는 12 km이다.

학교 시험 문제 × 확인하기　　88~89쪽

1 ④	2 ④	3 6	4 ⑤	5 ①
6 ②	7 −15	8 ③	9 ①	10 −8
11 ③	12 $a=-3,\ b=-1$		13 900원	14 ④
15 ④	16 1 km			

2 $4x+y=21$에 $x=1$, 2, 3, $\cdots$을 차례로 대입하면 y의 값은 다음 표와 같다.

x	1	2	3	4	5	6	$\cdots$
y	17	13	9	5	1	−3	$\cdots$

이때 x, y의 값이 자연수이므로 $4x+y=21$의 해는 $(1, 17)$, $(2, 13)$, $(3, 9)$, $(4, 5)$, $(5, 1)$의 5개이다.　　∴ $a=5$

$2x+3y=25$에 $y=1$, 2, 3, $\cdots$을 차례로 대입하면 x의 값은 다음 표와 같다.

x	11	$\dfrac{19}{2}$	8	$\dfrac{13}{2}$	5	$\dfrac{7}{2}$	2	$\dfrac{1}{2}$	−1	$\cdots$
y	1	2	3	4	5	6	7	8	9	$\cdots$

이때 x, y의 값이 자연수이므로 $2x+3y=25$의 해는 $(11, 1)$, $(8, 3)$, $(5, 5)$, $(2, 7)$의 4개이다.　　∴ $b=4$

∴ $a+b=5+4=9$

3 $x=5$, $y=b-2$를 $x+2y=7$에 대입하면

$5+2(b-2)=7,\ 5+2b-4=7$

$2b=6$　　∴ $b=3$

즉, 연립방정식의 해가 $(5, 1)$이므로

$x=5$, $y=1$을 $ax+y=16$에 대입하면

$5a+1=16,\ 5a=15$　　∴ $a=3$

∴ $a+b=3+3=6$

4 ㉠을 ㉡에 대입하면 $7x-3(-5x+1)=9$

$7x+15x-3=9,\ 22x=12$　　∴ $a=22$

5 $\begin{cases} 2x+y=-4 & \cdots \text{㉠} \\ x=2y+3 & \cdots \text{㉡} \end{cases}$ 에서 ㉡을 ㉠에 대입하면

$2(2y+3)+y=-4, \ 4y+6+y=-4$

$5y=-10 \quad \therefore y=-2$

$y=-2$를 ㉡에 대입하면 $x=-4+3=-1$

6 x를 없애려면 두 일차방정식의 x의 계수를 4로 같게 한 후 변끼리 빼야 하므로 필요한 식은 ② ㉠$-$㉡$\times 2$이다.

7 $\begin{cases} 2(x-3y)+7y=1 \\ 3x-2(x-y)=-7 \end{cases}$ $\xrightarrow{\text{괄호 풀기}}$ $\begin{cases} 2x-6y+7y=1 \\ 3x-2x+2y=-7 \end{cases}$

$\xrightarrow{\text{정리하기}}$ $\begin{cases} 2x+y=1 & \cdots \text{㉠} \\ x+2y=-7 & \cdots \text{㉡} \end{cases}$

y를 없애기 위해 ㉠$\times 2-$㉡을 하면 $3x=9 \quad \therefore x=3$

$x=3$을 ㉠에 대입하면 $6+y=1 \quad \therefore y=-5$

따라서 $p=3, \ q=-5$이므로

$pq=3\times(-5)=-15$

8 $\begin{cases} 0.2x+0.7y=1.6 & \xrightarrow{\times 10} \\ \dfrac{x}{3}-\dfrac{y}{2}=-\dfrac{2}{3} & \xrightarrow{\times 6} \end{cases}$ $\begin{cases} 2x+7y=16 & \cdots \text{㉠} \\ 2x-3y=-4 & \cdots \text{㉡} \end{cases}$

x를 없애기 위해 ㉠$-$㉡을 하면 $10y=20 \quad \therefore y=2$

$y=2$를 ㉠에 대입하면 $2x+14=16$

$2x=2 \quad \therefore x=1$

$\therefore x-y=1-2=-1$

9 주어진 방정식을 연립방정식으로 나타내면

$\begin{cases} \dfrac{2x+y}{4}=\dfrac{1}{2} & \xrightarrow{\times 4} \\ \dfrac{x-y-1}{6}=\dfrac{1}{2} & \xrightarrow{\times 6} \end{cases}$ $\begin{cases} 2x+y=2 \\ x-y-1=3 \end{cases}$

$\xrightarrow{\text{정리하기}}$ $\begin{cases} 2x+y=2 & \cdots \text{㉠} \\ x-y=4 & \cdots \text{㉡} \end{cases}$

y를 없애기 위해 ㉠$+$㉡을 하면 $3x=6 \quad \therefore x=2$

$x=2$를 ㉡에 대입하면 $2-y=4, \ -y=2 \quad \therefore y=-2$

$\therefore xy=2\times(-2)=-4$

10 주어진 연립방정식의 해는 세 일차방정식을 모두 만족시키므로

연립방정식 $\begin{cases} -5x+y=-1 & \cdots \text{㉠} \\ x-3y=-11 & \cdots \text{㉡} \end{cases}$ 의 해와 같다.

y를 없애기 위해 ㉠$\times 3+$㉡을 하면 $-14x=-14 \quad \therefore x=1$

$x=1$을 ㉠에 대입하면 $-5+y=-1 \quad \therefore y=4$

$x=1, \ y=4$를 $6kx+2y=5k$에 대입하면

$6k+8=5k \quad \therefore k=-8$

11 두 연립방정식의 해가 서로 같으므로 그 해는

연립방정식 $\begin{cases} 3x-y=4 & \cdots \text{㉠} \\ y=8x+6 & \cdots \text{㉡} \end{cases}$ 의 해와 같다.

㉡을 ㉠에 대입하면 $3x-(8x+6)=4$

$3x-8x-6=4, \ -5x=10 \quad \therefore x=-2$

$x=-2$를 ㉡에 대입하면 $y=-16+6=-10$

따라서 $x=-2, \ y=-10$을 $2x+ay=1$에 대입하면

$-4-10a=1, \ -10a=5 \quad \therefore a=-\dfrac{1}{2}$

$x=-2, \ y=-10$을 $7x-y=b$에 대입하면

$-14+10=b \quad \therefore b=-4$

$\therefore b-a=-4-\left(-\dfrac{1}{2}\right)=-\dfrac{7}{2}$

12 $\begin{cases} ax+3y=6 \\ x+by=-2 \end{cases}$ $\xrightarrow{\times(-3)}$ $\begin{cases} ax+3y=6 \\ -3x-3by=6 \end{cases}$

해가 무수히 많으려면 두 일차방정식의 계수와 상수항이 각각 같아야 하므로

$a=-3, \ 3=-3b \quad \therefore a=-3, \ b=-1$

13 사과 한 개의 가격을 x원, 귤 한 개의 가격을 y원이라 하면

$\begin{cases} x=3y \\ 3x+6y=4500 \end{cases}$, 즉 $\begin{cases} x=3y & \cdots \text{㉠} \\ x+2y=1500 & \cdots \text{㉡} \end{cases}$

㉠을 ㉡에 대입하면 $3y+2y=1500$

$5y=1500 \quad \therefore y=300$

$y=300$을 ㉠에 대입하면 $x=900$

따라서 사과 한 개의 가격은 900원이다.

14 현재 형의 나이를 x세, 동생의 나이를 y세라 하면

$\begin{cases} x-y=5 \\ x+3=2(y+3)-7 \end{cases}$ 즉 $\begin{cases} x-y=5 & \cdots \text{㉠} \\ x-2y=-4 & \cdots \text{㉡} \end{cases}$

x를 없애기 위해 ㉠$-$㉡을 하면 $y=9$

$y=9$를 ㉠에 대입하면 $x-9=5 \quad \therefore x=14$

따라서 현재 형의 나이는 14세이다.

15 잔디밭의 가로의 길이를 $x\,\text{m}$, 세로의 길이를 $y\,\text{m}$라 하면

$\begin{cases} x=y+6 \\ 2(x+y)=20 \end{cases}$, 즉 $\begin{cases} x=y+6 & \cdots \text{㉠} \\ x+y=10 & \cdots \text{㉡} \end{cases}$

㉠을 ㉡에 대입하면 $(y+6)+y=10$

$2y=4 \quad \therefore y=2$

$y=2$를 ㉠에 대입하면 $x=2+6=8$

따라서 잔디밭의 가로의 길이는 $8\,\text{m}$, 세로의 길이는 $2\,\text{m}$이므로 그 넓이는

$8\times 2=16(\text{m}^2)$

16 걸어간 거리를 $x\,\text{km}$, 달려간 거리를 $y\,\text{km}$라 하면

학교에 가는 데 걸린 시간은 50분이므로

$\begin{cases} x+y=3 \\ \dfrac{x}{3}+\dfrac{y}{6}=\dfrac{50}{60} \end{cases}$, 즉 $\begin{cases} x+y=3 & \cdots \text{㉠} \\ 2x+y=5 & \cdots \text{㉡} \end{cases}$

y를 없애기 위해 ㉠$-$㉡을 하면 $-x=-2 \quad \therefore x=2$

$x=2$를 ㉠에 대입하면 $2+y=3 \quad \therefore y=1$

따라서 달려간 거리는 $1\,\text{km}$이다.

5 일차함수와 그 그래프

001 답 표는 풀이 참조, ○

x	1	2	3	4	⋯
y	1000	2000	3000	4000	⋯

002 답 표는 풀이 참조, ○

x	1	2	3	4	⋯
y	12	6	4	3	⋯

003 답 표는 풀이 참조, ×

x	1	2	3	4	⋯
y	없다.	없다.	2	2, 3	⋯

004 답 표는 풀이 참조, ○

x	1	2	3	4	⋯
y	1	2	2	3	⋯

005 답 표는 풀이 참조, ○

x	1	2	3	4	⋯
y	23	22	21	20	⋯

006 답 표는 풀이 참조, ○

x	1	2	3	4	⋯
y	1	2	1	4	⋯

007 답 표는 풀이 참조, ×

x	1	2	3	4	⋯
y	$-1, 1$	$-2, 2$	$-3, 3$	$-4, 4$	⋯

008 답 표는 풀이 참조, ○

x	1	2	3	4	⋯
y	1	2	0	1	⋯

009 답 1, 3

010 답 21
$f(7)=3\times7=21$

011 답 -6
$f(-2)=3\times(-2)=-6$

012 답 $-\dfrac{1}{2}$
$f\left(-\dfrac{1}{6}\right)=3\times\left(-\dfrac{1}{6}\right)=-\dfrac{1}{2}$

013 답 -11
$f(-4)=3\times(-4)=-12, \ f\left(\dfrac{1}{3}\right)=3\times\dfrac{1}{3}=1$

$\therefore \ f(-4)+f\left(\dfrac{1}{3}\right)=-12+1=-11$

014 답 12
$f(5)=\dfrac{60}{5}=12$

015 답 4
$f(15)=\dfrac{60}{15}=4$

016 답 -20
$f(-3)=\dfrac{60}{-3}=-20$

017 답 -120
$f\left(-\dfrac{1}{2}\right)=60\div\left(-\dfrac{1}{2}\right)=60\times(-2)=-120$

018 답 -1
$f(-24)=\dfrac{60}{-24}=-\dfrac{5}{2}, \ f(40)=\dfrac{60}{40}=\dfrac{3}{2}$

$\therefore \ f(-24)+f(40)=-\dfrac{5}{2}+\dfrac{3}{2}=-1$

019 답 5
$f(a)=7a=35$에서 $a=5$

020 답 -3
$f(a)=\dfrac{36}{a}=-12$에서 $a=-3$

021 답 $\dfrac{1}{4}$
$f(a)=-16a=-4$에서 $a=\dfrac{1}{4}$

022 답 -27
$f(a)=-\dfrac{9}{a}=\dfrac{1}{3}$에서 $a=-27$

023 답 -8
$f(-4)=-4a=32$에서 $a=-8$

024 답 -30
$f(6)=\dfrac{a}{6}=-5$에서 $a=-30$

025 답 -2

$f(-2)=\dfrac{a}{-2}=3$에서 $a=-6$

즉, $f(x)=-\dfrac{6}{x}$이므로

$f(1)=-6,\ f(3)=-\dfrac{6}{3}=-2$

$\therefore f(1)-2f(3)=-6-2\times(-2)=-6+4=-2$

026 답 ○

027 답 ×

$y=7$에서 7은 일차식이 아니므로 일차함수가 아니다.

028 답 ×

$y=\dfrac{1}{x}+3$에서 $\dfrac{1}{x}+3$은 x가 분모에 있으므로 일차식이 아니다.

➡ 일차함수가 아니다.

029 답 ○

030 답 ○

$\dfrac{x}{2}-\dfrac{y}{3}=1$에서 $-\dfrac{y}{3}=-\dfrac{x}{2}+1$ $\quad\therefore y=\dfrac{3}{2}x-3$

➡ 일차함수이다.

031 답 ×

$y=x(x+3)$에서 $y=x^2+3x$

➡ x^2+3x는 이차식이므로 일차함수가 아니다.

032 답 ○

$y-x=-2x+4$에서 $y=-x+4$

➡ 일차함수이다.

033 답 ×

$y=2x+2(1-x)$에서 $y=2x+2-2x$ $\quad\therefore y=2$

➡ 2는 일차식이 아니므로 일차함수가 아니다.

034 답 $y=3x$, ○

035 답 $y=4x$, ○

036 답 $y=\dfrac{600}{x}$, ×

037 답 $y=10000-500x$, ○

038 답 $y=9\pi x^2$, ×

039 답 1

$f(1)=3\times1-2=1$

040 답 -2

$f(0)=3\times0-2=-2$

041 답 -8

$f(-2)=3\times(-2)-2=-8$

042 답 -3

$f\left(-\dfrac{1}{3}\right)=3\times\left(-\dfrac{1}{3}\right)-2=-3$

043 답 -7

$f(-5)=3\times(-5)-2=-17,\ f(4)=3\times4-2=10$

$\therefore f(-5)+f(4)=-17+10=-7$

044 답 -11

$f(3)=-5\times3+4=-11$

045 답 -21

$f(5)=-5\times5+4=-21$

046 답 34

$f(-6)=-5\times(-6)+4=34$

047 답 8

$f\left(-\dfrac{4}{5}\right)=-5\times\left(-\dfrac{4}{5}\right)+4=8$

048 답 27

$f(-1)=-5\times(-1)+4=9,\ f(2)=-5\times2+4=-6$

$\therefore f(-1)-3f(2)=9-3\times(-6)=9+18=27$

049 답 1

$f(a)=3a+1=4$에서 $3a=3$ $\quad\therefore a=1$

050 답 $-\dfrac{1}{6}$

$f(a)=-6a+4=5$에서 $-6a=1$ $\quad\therefore a=-\dfrac{1}{6}$

051 답 $-\dfrac{5}{3}$

$f(a)=\dfrac{3}{2}a-1=-\dfrac{7}{2}$에서 $\dfrac{3}{2}a=-\dfrac{5}{2}$ $\quad\therefore a=-\dfrac{5}{3}$

052 답 -1

$f(4)=-8+a=-9$ $\quad\therefore a=-1$

053 답 18

$f(-15)=-12+a=6$ $\quad\therefore a=18$

054 답 -5

$f(1)=a+3=1$에서 $a=-2$

즉, $f(x)=-2x+3$이므로

$f(2)=-2\times2+3=-1,\ f\left(-\dfrac{1}{2}\right)=-2\times\left(-\dfrac{1}{2}\right)+3=4$

$\therefore f(2)-f\left(-\dfrac{1}{2}\right)=-1-4=-5$

055 답 ㉡

056 답 ㉠

057 답 ㉢

058 답 2

059 답 -4

060 답 $\dfrac{7}{3}$

061 답 5

062 답 $-\dfrac{1}{6}$

063 답 8
$y=-2(x-4)$에서 $y=-2x+8$

064 답 $y=2x-3$

065 답 $y=\dfrac{5}{2}x+6$

066 답 $y=-7x+\dfrac{1}{5}$

067 답 $y=-\dfrac{1}{3}x-2$

068 답 $y=4x$

069 답 $y=-3x-2$

070 답 $y=6x-5$

071 답 $y=5x+4$

072 답 $3+a$, $3+a$, -8

073 답 7
$$y=3x-1 \xrightarrow[\ a\text{만큼 평행이동}\ ]{\ y\text{축의 방향으로}\ } y=3x-1+a$$
따라서 $y=3x-1+a$와 $y=3x+6$이 같으므로
$-1+a=6$ $\therefore a=7$

074 답 -2
$$y=-\dfrac{2}{5}x+2 \xrightarrow[\ a\text{만큼 평행이동}\ ]{\ y\text{축의 방향으로}\ } y=-\dfrac{2}{5}x+2+a$$
따라서 $y=-\dfrac{2}{5}x+2+a$와 $y=-\dfrac{2}{5}x$가 같으므로
$2+a=0$ $\therefore a=-2$

075 답 -5
$$y=-7x-5 \xrightarrow[\ a\text{만큼 평행이동}\ ]{\ y\text{축의 방향으로}\ } y=-7x-5+a$$
따라서 $y=-7x-5+a$와 $y=-7x-10$이 같으므로
$-5+a=-10$ $\therefore a=-5$

076 답 12
$$y=\dfrac{3}{4}x+a \xrightarrow[\ -9\text{만큼 평행이동}\ ]{\ y\text{축의 방향으로}\ } y=\dfrac{3}{4}x+a-9$$
따라서 $y=\dfrac{3}{4}x+a-9$와 $y=bx+7$이 같으므로
$\dfrac{3}{4}=b$, $a-9=7$에서 $a=16$, $b=\dfrac{3}{4}$
$\therefore ab=16\times\dfrac{3}{4}=12$

077 답 ○
$6=4\times2-2$

078 답 ×
$14\neq4\times(-3)-2$

079 답 ×
$-4\neq4\times0-2$

080 답 ○
$-6=4\times(-1)-2$

081 답 a, 15, 15, a, 2

082 답 9
$y=-\dfrac{1}{4}x+11$에 $x=8$, $y=a$를 대입하면
$a=-2+11=9$

083 답 -3
$y=ax-2$에 $x=1$, $y=-5$를 대입하면
$-5=a-2$ $\therefore a=-3$

084 답 19
$y=3x-a$에 $x=6$, $y=-1$을 대입하면
$-1=18-a$ $\therefore a=19$

085 답 4, 2, a, a, 2, 4, 14

086 답 15
$$y=-2x \xrightarrow[\ 7\text{만큼 평행이동}\ ]{\ y\text{축의 방향으로}\ } y=-2x+7$$
$y=-2x+7$에 $x=-4$, $y=a$를 대입하면
$a=8+7=15$

087 답 6

$y=\dfrac{5}{3}x-1$ $\xrightarrow[\text{$-6$만큼 평행이동}]{\text{$y$축의 방향으로}}$ $y=\dfrac{5}{3}x-1-6$ $\quad\therefore y=\dfrac{5}{3}x-7$

$y=\dfrac{5}{3}x-7$에 $x=a$, $y=3$을 대입하면

$3=\dfrac{5}{3}a-7$, $-\dfrac{5}{3}a=-10$ $\quad\therefore a=6$

088 답 -5

$y=\dfrac{1}{2}x$ $\xrightarrow[\text{$a$만큼 평행이동}]{\text{$y$축의 방향으로}}$ $y=\dfrac{1}{2}x+a$

$y=\dfrac{1}{2}x+a$에 $x=8$, $y=-1$을 대입하면

$-1=4+a$ $\quad\therefore a=-5$

089 답 -12

$y=-3x+4$ $\xrightarrow[\text{$a$만큼 평행이동}]{\text{$y$축의 방향으로}}$ $y=-3x+4+a$

$y=-3x+4+a$에 $x=-5$, $y=7$을 대입하면

$7=15+4+a$ $\quad\therefore a=-12$

090 답 x절편: 3, y절편: -2

091 답 x절편: 1, y절편: 2

092 답 x절편: -1, y절편: 4

093 답 -3, 15, -3, 15

094 답 x절편: 2, y절편: -4

$y=2x-4$에서

$y=0$일 때, $0=2x-4$ $\quad\therefore x=2$

$x=0$일 때, $y=-4$

따라서 x절편은 2, y절편은 -4이다.

참고 $y=2x-4$에서 y절편은 상수항과 같으므로 -4임을 바로 알 수 있다.

095 답 x절편: 3, y절편: 9

$y=-3x+9$에서

$y=0$일 때, $0=-3x+9$ $\quad\therefore x=3$

$x=0$일 때, $y=9$

따라서 x절편은 3, y절편은 9이다.

096 답 x절편: $-\dfrac{1}{4}$, y절편: -1

$y=-4x-1$에서

$y=0$일 때, $0=-4x-1$ $\quad\therefore x=-\dfrac{1}{4}$

$x=0$일 때, $y=-1$

따라서 x절편은 $-\dfrac{1}{4}$, y절편은 -1이다.

097 답 x절편: 4, y절편: -10

$y=\dfrac{5}{2}x-10$에서

$y=0$일 때, $0=\dfrac{5}{2}x-10$ $\quad\therefore x=4$

$x=0$일 때, $y=-10$

따라서 x절편은 4, y절편은 -10이다.

098 답 x절편: $\dfrac{8}{3}$, y절편: 2

$y=-\dfrac{3}{4}x+2$에서

$y=0$일 때, $0=-\dfrac{3}{4}x+2$ $\quad\therefore x=\dfrac{8}{3}$

$x=0$일 때, $y=2$

따라서 x절편은 $\dfrac{8}{3}$, y절편은 2이다.

099 답 -1

100 답 4

101 답 $-\dfrac{1}{3}$

102 답 -2

$y=-\dfrac{1}{2}x-a$의 그래프의 y절편이 2이므로

$-a=2$ $\quad\therefore a=-2$

103 답 $\dfrac{5}{2}$

$y=4x+2a$의 그래프의 y절편이 5이므로

$2a=5$ $\quad\therefore a=\dfrac{5}{2}$

104 답 3

$y=\dfrac{9}{8}x-3a+1$의 그래프의 y절편이 -8이므로

$-3a+1=-8$, $-3a=-9$ $\quad\therefore a=3$

105 답 1, 0, 0, 1, 2

106 답 -8

$y=\dfrac{4}{3}x+a$에 $x=6$, $y=0$을 대입하면

$0=8+a$ $\quad\therefore a=-8$

107 답 $\dfrac{9}{2}$

$y=-6x-4a$에 $x=-3$, $y=0$을 대입하면

$0=18-4a$, $4a=18$ $\quad\therefore a=\dfrac{9}{2}$

108 답 2

$y=ax-14$에 $x=7$, $y=0$을 대입하면

$0=7a-14$, $-7a=-14$ $\quad\therefore a=2$

109 답 $-\dfrac{1}{2}$

$y=ax+\dfrac{1}{3}$에 $x=\dfrac{2}{3}$, $y=0$을 대입하면

$0=\dfrac{2}{3}a+\dfrac{1}{3}$, $-\dfrac{2}{3}a=\dfrac{1}{3}$ $\therefore a=-\dfrac{1}{2}$

110 답 3

$y=-6x-(2k+1)$에 $x=\dfrac{1}{2}$, $y=0$을 대입하면

$0=-3-(2k+1)$, $0=-3-2k-1$

$2k=-4$ $\therefore k=-2$

따라서 $y=-6x+3$의 그래프의 y절편은 3이다.

111 답 풀이 참조

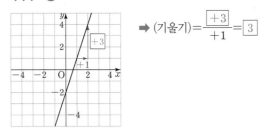

➡ (기울기)$=\dfrac{\boxed{+3}}{+1}=\boxed{3}$

112 답 빈칸은 풀이 참조, 기울기: $-\dfrac{2}{5}$

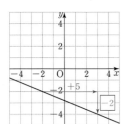

➡ (기울기)$=\dfrac{-2}{+5}=-\dfrac{2}{5}$

113 답 빈칸은 풀이 참조, 기울기: 2

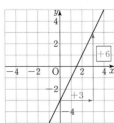

➡ (기울기)$=\dfrac{+6}{+3}=2$

114 답 1

115 답 -5

116 답 $\dfrac{7}{2}$

117 답 ㄴ

(기울기)$=\dfrac{(y\text{의 값의 증가량})}{(x\text{의 값의 증가량})}=\dfrac{6}{3}=2$

따라서 기울기가 2인 그래프는 ㄴ이다.

118 답 ㄷ

(기울기)$=\dfrac{(y\text{의 값의 증가량})}{(x\text{의 값의 증가량})}=\dfrac{-5}{2}=-\dfrac{5}{2}$

따라서 기울기가 $-\dfrac{5}{2}$인 그래프는 ㄷ이다.

119 답 4, 4, 8

120 답 12

(기울기)$=\dfrac{(y\text{의 값의 증가량})}{8-2}=\dfrac{(y\text{의 값의 증가량})}{6}=2$

$\therefore (y\text{의 값의 증가량})=2\times6=12$

121 답 -21

(기울기)$=\dfrac{(y\text{의 값의 증가량})}{6-(-1)}=\dfrac{(y\text{의 값의 증가량})}{7}=-3$

$\therefore (y\text{의 값의 증가량})=-3\times7=-21$

122 답 12, 6, 2, 7

123 답 1

(기울기)$=\dfrac{40}{k-(-4)}=\dfrac{40}{k+4}=8$이므로

$8(k+4)=40$, $k+4=5$ $\therefore k=1$

124 답 -1

(기울기)$=\dfrac{-6}{3-k}=-\dfrac{3}{2}$이므로

$-3(3-k)=-12$, $3-k=4$

$-k=1$ $\therefore k=-1$

125 답 풀이 참조

(기울기)$=\dfrac{-2-\boxed{2}}{1-\boxed{3}}=\dfrac{-4}{-2}=\boxed{2}$

126 답 1

(기울기)$=\dfrac{3-(-1)}{9-5}=\dfrac{4}{4}=1$

127 답 -3

(기울기)$=\dfrac{-6-3}{1-(-2)}=\dfrac{-9}{3}=-3$

128 답 4

(기울기)$=\dfrac{0-(-8)}{-5-(-7)}=\dfrac{8}{2}=4$

129 답 $-\dfrac{3}{2}$

(기울기)$=\dfrac{2-(-4)}{-3-1}=\dfrac{6}{-4}=-\dfrac{3}{2}$

130 답 -1

주어진 그래프가 두 점 $(-4, 1)$, $(3, -6)$을 지나므로

(기울기)$=\dfrac{-6-1}{3-(-4)}=\dfrac{-7}{7}=-1$

131 답 x절편: -3, y절편: 3 / -3, 3

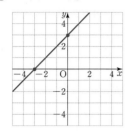

132 답 x절편: -4, y절편: -2

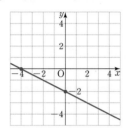

133 답 x절편: 1, y절편: -3

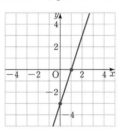

134 답 x절편: 3, y절편: 4

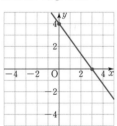

135 답 ②

$y=-\dfrac{3}{4}x+6$에서

$y=0$일 때, $0=-\dfrac{3}{4}x+6$ $\therefore x=8$

$x=0$일 때, $y=6$

따라서 $y=-\dfrac{3}{4}x+6$의 그래프의 x절편은 8, y절편은 6이므로 그 그래프는 ②이다.

136 답 ❶ -2, -2 ❷ 3, 3, 3, 1

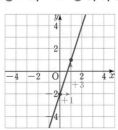

137 답 기울기: $-\dfrac{2}{3}$, y절편: 1

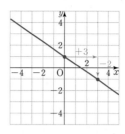

138 답 기울기: $\dfrac{1}{4}$, y절편: -3

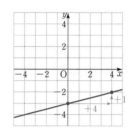

139 답 -4, 2, 4, 2, 4, 그래프는 풀이 참조

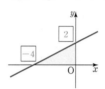

140 답 그래프는 풀이 참조, $\dfrac{3}{2}$

$y=-3x+3$의 그래프의 x절편은 1, y절편은 3이므로 그 그래프는 오른쪽 그림과 같다.

따라서 구하는 도형의 넓이는

$\dfrac{1}{2}\times 1\times 3=\dfrac{3}{2}$

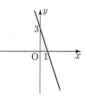

141 답 그래프는 풀이 참조, 9

$y=2x+6$의 그래프의 x절편은 -3, y절편은 6이므로 그 그래프는 오른쪽 그림과 같다.

따라서 구하는 도형의 넓이는

$\dfrac{1}{2}\times 3\times 6=9$

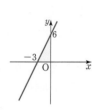

142 답 그래프는 풀이 참조, 24

$y=-\dfrac{1}{3}x-4$의 그래프의 x절편은 -12, y절편은 -4이므로 그 그래프는 오른쪽 그림과 같다.

따라서 구하는 도형의 넓이는

$\dfrac{1}{2}\times 12\times 4=24$

143 답 증가

144 답 양수

145 답 위

146 답 지나지 않는

147 답 음수

148 답 음

149 답 지나지 않는다

$y=2x-\dfrac{1}{3}$에 $x=2$, $y=\dfrac{4}{3}$를 대입하면 $\dfrac{4}{3}\neq 2\times 2-\dfrac{1}{3}$

150 답 2, 그래프는 풀이 참조

(기울기)$=2>0$, (y절편)$=-\dfrac{1}{3}<0$이므로

그래프는 오른쪽 그림과 같이 오른쪽 위로 향하는 직선이고, y축과 음의 부분에서 만난다.

따라서 제2사분면을 지나지 않는다.

151 답 ㄱ, ㄷ, ㅂ, ㅅ

기울기가 양수인 직선이므로 ㄱ, ㄷ, ㅂ, ㅅ이다.

152 답 ㄴ, ㄹ, ㅁ, ㅇ

기울기가 음수인 직선이므로 ㄴ, ㄹ, ㅁ, ㅇ이다.

153 답 ㄱ, ㄷ, ㅂ, ㅅ

기울기가 양수인 직선이므로 ㄱ, ㄷ, ㅂ, ㅅ이다.

154 답 ㄴ, ㄹ, ㅁ, ㅇ

기울기가 음수인 직선이므로 ㄴ, ㄹ, ㅁ, ㅇ이다.

155 답 ㄱ, ㄹ

일차함수 $y=ax(a\neq 0)$ 꼴의 그래프, 즉 y절편이 0인 직선이므로 ㄱ, ㄹ이다.

156 답 ㄴ, ㅅ, ㅇ

y절편이 양수인 직선이므로 ㄴ, ㅅ, ㅇ이다.

157 답 ㄷ, ㅁ, ㅂ

y절편이 음수인 직선이므로 ㄷ, ㅁ, ㅂ이다.

158 답 ㄷ, ㄹ, ㄱ, ㄴ

기울기의 절댓값이 클수록 그래프는 y축에 가까우므로 기울기의 절댓값이 큰 것부터 차례로 나열하면

ㄷ, ㄹ, ㄱ, ㄴ

159 답 ㄴ, ㄹ, ㄷ, ㄱ

기울기의 절댓값이 클수록 그래프는 y축에 가까우므로 기울기의 절댓값이 큰 것부터 차례로 나열하면

ㄴ, ㄹ, ㄷ, ㄱ

160 답 ㉢, ㉣

$a>0$, 즉 기울기가 양수이면 오른쪽 위로 향하는 직선이므로 ㉢, ㉣이다.

161 답 ㉠, ㉡

$a<0$, 즉 기울기가 음수이면 오른쪽 아래로 향하는 직선이므로 ㉠, ㉡이다.

162 답 ㉢

기울기가 가장 큰 그래프는 $a>0$인 직선 중에서 y축에 가장 가까운 것이므로 ㉢이다.

163 답 ㉡

기울기가 가장 작은 그래프는 $a<0$인 직선 중에서 y축에 가장 가까운 것이므로 ㉡이다.

164 답

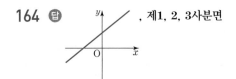

, 제1, 2, 3사분면

165 답

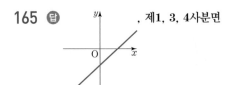

, 제1, 3, 4사분면

166 답

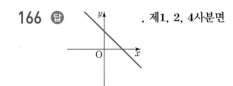

, 제1, 2, 4사분면

167 답

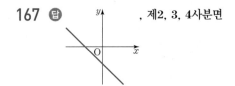

, 제2, 3, 4사분면

168 답

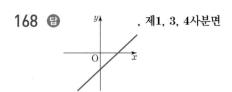

, 제1, 3, 4사분면

$a>0$, $b>0$에서 $a>0$, $-b<0$

169 답

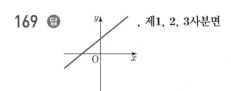

, 제1, 2, 3사분면

$a>0$, $b<0$에서 $a>0$, $-b>0$

170 답

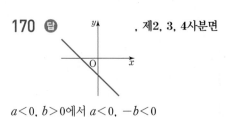

, 제2, 3, 4사분면

$a<0$, $b>0$에서 $a<0$, $-b<0$

171 답

, 제1, 2, 4사분면

$a<0$, $b<0$에서 $a<0$, $-b>0$

172 답 $a<0$, $b>0$

주어진 그래프가 오른쪽 아래로 향하는 직선이므로 (기울기)$=a<0$

y축과 양의 부분에서 만나므로 (y절편)$=b>0$

173 답 $>$, $<$, $<$, $<$

174 답 $a>0$, $b<0$

주어진 그래프가 오른쪽 아래로 향하는 직선이므로 (기울기)$=b<0$

y축과 음의 부분에서 만나므로 (y절편)$=-a<0$

∴ $a>0$, $b<0$

175 답 $a<0$, $b<0$

주어진 그래프가 오른쪽 위로 향하는 직선이므로 (기울기)$=ab>0$

y축과 양의 부분에서 만나므로 (y절편)$=-b>0$ ∴ $b<0$

$ab>0$에서 a와 b의 부호는 서로 같으므로 $a<0$

176 답 제2, 3, 4사분면

$y=ax+b$의 그래프에서 (기울기)$=a>0$, (y절편)$=b>0$

즉, $y=-ax-b$의 그래프에서

(기울기)$=-a<0$, (y절편)$=-b<0$이므로

그 그래프는 오른쪽 그림과 같다.

따라서 제2, 3, 4사분면을 지난다.

177 답 제1, 2, 4사분면

$y=ax+b$의 그래프에서 (기울기)$=a<0$, (y절편)$=b<0$

즉, $y=\dfrac{1}{a}x+\dfrac{b}{a}$의 그래프에서

(기울기)$=\dfrac{1}{a}<0$, (y절편)$=\dfrac{b}{a}>0$이므로

그 그래프는 오른쪽 그림과 같다.

따라서 제1, 2, 4사분면을 지난다.

178 답 제1, 2, 3사분면

$y=ax-b$의 그래프에서 (기울기)$=a>0$, (y절편)$=-b<0$

∴ $b>0$

즉, $y=ax+a+b$의 그래프에서

(기울기)$=a>0$, (y절편)$=a+b>0$이므로

그 그래프는 오른쪽 그림과 같다.

따라서 제1, 2, 3분면을 지난다.

179 답 제1, 3, 4사분면

$y=ax-b$의 그래프에서 (기울기)$=a<0$, (y절편)$=-b>0$

∴ $b<0$

즉, $y=-\dfrac{1}{a}x-ab$의 그래프에서

(기울기)$=-\dfrac{1}{a}>0$, (y절편)$=-ab<0$이므로

그 그래프는 오른쪽 그림과 같다.

따라서 제1, 3, 4사분면을 지난다.

180 답 ㄱ과 ㅂ, ㄴ과 ㄷ

서로 평행한 것은 기울기는 같고 y절편은 다른 것이므로

ㄱ과 ㅂ, ㄴ과 ㄷ이다.

참고 ㄴ. $y=x+1$ ㅁ. $y=-\dfrac{1}{5}x-2$ ㅂ. $y=4x+2$

181 답 ㄹ과 ㅁ

일치하는 것은 기울기와 y절편이 각각 같은 것이므로 ㄹ과 ㅁ이다.

182 답 ㅅ

주어진 그래프가 두 점 $(0, -4)$, $(6, 0)$을 지나므로

(기울기)$=\dfrac{0-(-4)}{6-0}=\dfrac{2}{3}$이고 y절편은 -4이다.

따라서 주어진 그래프와 평행한 것, 즉 기울기는 같고 y절편은 다른 것은 ㅅ이다.

183 답 ㅇ

주어진 그래프가 두 점 $(0, 3)$, $(2, 0)$을 지나므로

(기울기)$=\dfrac{0-3}{2-0}=-\dfrac{3}{2}$이고 y절편은 3이다.

따라서 주어진 그래프와 일치하는 것, 즉 기울기와 y절편이 각각 같은 것은 ㅇ이다.

184 답 7

$y=7x+1$과 $y=ax-2$의 그래프가 서로 평행하면 기울기는 같고 y절편은 다르므로 $a=7$

185 답 -8

$y=2(3-4x)$, 즉 $y=-8x+6$과 $y=ax+4$의 그래프가 서로 평행하면 기울기는 같고 y절편은 다르므로 $a=-8$

186 답 6

$y=\dfrac{a}{3}x-5$와 $y=2x+\dfrac{3}{5}$의 그래프가 서로 평행하면 기울기는 같고 y절편은 다르므로

$\dfrac{a}{3}=2$ ∴ $a=6$

187 답 $a=3$, $b=-4$

$y=ax-4$와 $y=3x+b$의 그래프가 일치하면 기울기와 y절편이 각각 같으므로

$a=3$, $b=-4$

188 답 $a=4$, $b=-8$

$y=4x-b$와 $y=ax+8$의 그래프가 일치하면 기울기와 y절편이 각각 같으므로

$4=a$, $-b=8$ ∴ $a=4$, $b=-8$

189 답 $a=\dfrac{1}{3}$, $b=1$

$y=3ax+1$과 $y=x+b$의 그래프가 일치하면 기울기와 y절편이 각각 같으므로

$3a=1$, $1=b$ ∴ $a=\dfrac{1}{3}$, $b=1$

190 답 $y=2x+5$

191 답 $y=-x+3$

192 답 $y=-6x+7$

193 답 $y=\dfrac{3}{7}x-9$

194 답 $y=4x+11$

$y=-2x+11$의 그래프와 y축 위에서 만나므로 y절편은 11이고 기울기는 4이므로 구하는 일차함수의 식은 $y=4x+11$

195 답 $y=-\dfrac{1}{2}x-5$

$y=\dfrac{1}{3}x-5$의 그래프와 y축 위에서 만나므로 y절편은 -5이고 기울기는 $-\dfrac{1}{2}$이므로 구하는 일차함수의 식은 $y=-\dfrac{1}{2}x-5$

196 답 기울기: 1, 일차함수의 식: $y=x+4$

$y=x-5$의 그래프와 기울기가 같으므로 기울기는 1이고 y절편은 4이므로 구하는 일차함수의 식은 $y=x+4$

197 답 $y=-4x-1$

$y=-4x+2$의 그래프와 기울기가 같으므로 기울기는 -4이고 y절편은 -1이므로 구하는 일차함수의 식은 $y=-4x-1$

198 답 $y=\dfrac{1}{6}x-2$

$y=\dfrac{1}{6}x-9$의 그래프와 기울기가 같으므로 기울기는 $\dfrac{1}{6}$이고 y절편은 -2이므로 구하는 일차함수의 식은 $y=\dfrac{1}{6}x-2$

199 답 기울기: 5, 일차함수의 식: $y=5x-7$

(기울기)$=\dfrac{10}{2}=5$이고, y절편은 -7이므로 구하는 일차함수의 식은 $y=5x-7$

200 답 $y=3x+1$

(기울기)$=\dfrac{9}{3}=3$이고, y절편은 1이므로 구하는 일차함수의 식은 $y=3x+1$

201 답 $y=-\dfrac{1}{3}x-\dfrac{3}{4}$

(기울기)$=\dfrac{-2}{6}=-\dfrac{1}{3}$이고, y절편은 $-\dfrac{3}{4}$이므로 구하는 일차함수의 식은 $y=-\dfrac{1}{3}x-\dfrac{3}{4}$

202 답 ❶ -3 ❷ -2, -2, -3, 4, $y=-3x+4$

203 답 $y=8x-4$

일차함수의 식을 $y=8x+b$로 놓고 이 식에 $x=1$, $y=4$를 대입하면 $4=8+b$ ∴ $b=-4$ ∴ $y=8x-4$

204 답 $y=\dfrac{1}{2}x+2$

일차함수의 식을 $y=\dfrac{1}{2}x+b$로 놓고 이 식에 $x=-2$, $y=1$을 대입하면 $1=-1+b$ ∴ $b=2$ ∴ $y=\dfrac{1}{2}x+2$

205 답 $y=-2x+10$

일차함수의 식을 $y=-2x+b$로 놓자. x절편이 5이면 점 $(5, 0)$을 지나므로 $y=-2x+b$에 $x=5$, $y=0$을 대입하면 $0=-10+b$ ∴ $b=10$ ∴ $y=-2x+10$

206 답 $y=\dfrac{1}{3}x+2$

일차함수의 식을 $y=\dfrac{1}{3}x+b$로 놓자. x절편이 -6이면 점 $(-6, 0)$을 지나므로 $y=\dfrac{1}{3}x+b$에 $x=-6$, $y=0$을 대입하면 $0=-2+b$ ∴ $b=2$ ∴ $y=\dfrac{1}{3}x+2$

207 답 $y=\dfrac{3}{5}x-10$

$y=\dfrac{3}{5}x+2$의 그래프와 기울기가 같으므로 기울기는 $\dfrac{3}{5}$이다. 즉, 일차함수의 식을 $y=\dfrac{3}{5}x+b$로 놓고 이 식에 $x=10$, $y=-4$를 대입하면 $-4=6+b$ ∴ $b=-10$ ∴ $y=\dfrac{3}{5}x-10$

208 답 $y=-9x+6$

$y=-9x-4$의 그래프와 기울기가 같으므로 기울기는 -9이다. 즉, 일차함수의 식을 $y=-9x+b$로 놓자. x절편이 $\dfrac{2}{3}$이면 점 $\left(\dfrac{2}{3}, 0\right)$을 지나므로 $y=-9x+b$에 $x=\dfrac{2}{3}$, $y=0$을 대입하면 $0=-6+b$ ∴ $b=6$ ∴ $y=-9x+6$

209 답 $y=7x-5$

(기울기)$=\dfrac{7}{1}=7$이므로 일차함수의 식을 $y=7x+b$로 놓고 이 식에 $x=-1$, $y=-12$를 대입하면 $-12=-7+b$ ∴ $b=-5$ ∴ $y=7x-5$

210 답 $y=-\dfrac{1}{4}x+3$

(기울기)$=\dfrac{-2}{8}=-\dfrac{1}{4}$이므로 일차함수의 식을 $y=-\dfrac{1}{4}x+b$로 놓고

이 식에 $x=-8$, $y=5$를 대입하면 $5=2+b$ ∴ $b=3$

∴ $y=-\dfrac{1}{4}x+3$

211 답 ❶ 5 ❷ 5 ❸ -2, -2, 5, -12, $y=5x-12$

212 답 $y=2x+3$

두 점 $(-1, 1)$, $(2, 7)$을 지나므로 (기울기)$=\dfrac{7-1}{2-(-1)}=\dfrac{6}{3}=2$

즉, 일차함수의 식을 $y=2x+b$로 놓고

이 식에 $x=-1$, $y=1$을 대입하면 $1=-2+b$ ∴ $b=3$

∴ $y=2x+3$

213 답 $y=-x+5$

두 점 $(4, 1)$, $(9, -4)$를 지나므로 (기울기)$=\dfrac{-4-1}{9-4}=\dfrac{-5}{5}=-1$

즉, 일차함수의 식을 $y=-x+b$로 놓고

이 식에 $x=4$, $y=1$을 대입하면 $1=-4+b$ ∴ $b=5$

∴ $y=-x+5$

214 답 $y=\dfrac{1}{3}x+4$

두 점 $(-6, 2)$, $(-3, 3)$을 지나므로 (기울기)$=\dfrac{3-2}{-3-(-6)}=\dfrac{1}{3}$

즉, 일차함수의 식을 $y=\dfrac{1}{3}x+b$로 놓고

이 식에 $x=-6$, $y=2$를 대입하면 $2=-2+b$ ∴ $b=4$

∴ $y=\dfrac{1}{3}x+4$

215 답 $y=-\dfrac{6}{5}x+\dfrac{7}{5}$

두 점 $(-3, 5)$, $(2, -1)$을 지나므로 (기울기)$=\dfrac{-1-5}{2-(-3)}=-\dfrac{6}{5}$

즉, 일차함수의 식을 $y=-\dfrac{6}{5}x+b$로 놓고

이 식에 $x=-3$, $y=5$를 대입하면 $5=\dfrac{18}{5}+b$ ∴ $b=\dfrac{7}{5}$

∴ $y=-\dfrac{6}{5}x+\dfrac{7}{5}$

216 답 -5, 2, 일차함수의 식: $y=2x-1$

주어진 그래프가 두 점 $(-2, -5)$, $(2, 3)$을 지나므로

(기울기)$=\dfrac{3-(-5)}{2-(-2)}=\dfrac{8}{4}=2$

즉, 일차함수의 식을 $y=2x+b$로 놓고

이 식에 $x=2$, $y=3$을 대입하면 $3=4+b$ ∴ $b=-1$

∴ $y=2x-1$

217 답 $y=-\dfrac{2}{3}x+4$

주어진 그래프가 두 점 $(3, 2)$, $(0, 4)$를 지나므로

(기울기)$=\dfrac{4-2}{0-3}=-\dfrac{2}{3}$

이때 y절편은 4이므로 구하는 일차함수의 식은 $y=-\dfrac{2}{3}x+4$

218 답 $y=\dfrac{1}{2}x-2$

주어진 그래프가 두 점 $(-2, -3)$, $(6, 1)$을 지나므로

(기울기)$=\dfrac{1-(-3)}{6-(-2)}=\dfrac{4}{8}=\dfrac{1}{2}$

즉, 일차함수의 식을 $y=\dfrac{1}{2}x+b$로 놓고

이 식에 $x=6$, $y=1$을 대입하면 $1=3+b$ ∴ $b=-2$

∴ $y=\dfrac{1}{2}x-2$

219 답 $y=-3x-15$

주어진 그래프가 두 점 $(-5, 0)$, $(-3, -6)$을 지나므로

(기울기)$=\dfrac{-6-0}{-3-(-5)}=\dfrac{-6}{2}=-3$

즉, 일차함수의 식을 $y=-3x+b$로 놓고

이 식에 $x=-5$, $y=0$을 대입하면 $0=15+b$ ∴ $b=-15$

∴ $y=-3x-15$

220 답 $y=-\dfrac{1}{2}x+2$

두 점 $(4, 0)$, $(0, 2)$를 지나므로 (기울기)$=\dfrac{2-0}{0-4}=-\dfrac{1}{2}$

이때 y절편은 2이므로 구하는 일차함수의 식은 $y=-\dfrac{1}{2}x+2$

221 답 1, 3, 일차함수의 식: $y=-3x+3$

두 점 $(1, 0)$, $(0, 3)$을 지나므로 (기울기)$=\dfrac{3-0}{0-1}=-3$

이때 y절편은 3이므로 구하는 일차함수의 식은 $y=-3x+3$

222 답 $y=\dfrac{7}{3}x-7$

두 점 $(3, 0)$, $(0, -7)$을 지나므로 (기울기)$=\dfrac{-7-0}{0-3}=\dfrac{7}{3}$

이때 y절편은 -7이므로 구하는 일차함수의 식은 $y=\dfrac{7}{3}x-7$

223 답 $y=\dfrac{6}{5}x+6$

두 점 $(-5, 0)$, $(0, 6)$을 지나므로 (기울기)$=\dfrac{6-0}{0-(-5)}=\dfrac{6}{5}$

이때 y절편은 6이므로 구하는 일차함수의 식은 $y=\dfrac{6}{5}x+6$

224 답 $y=-\dfrac{1}{8}x-1$

두 점 $(-8, 0)$, $(0, -1)$을 지나므로 (기울기)$=\dfrac{1-0}{0-(-8)}=-\dfrac{1}{8}$

이때 y절편은 -1이므로 구하는 일차함수의 식은 $y=-\dfrac{1}{8}x-1$

225 답 $y=x+2$

$y=\dfrac{9}{5}x+2$의 그래프와 y축 위에서 만나므로 y절편은 2이다.

즉, 두 점 $(-2, 0)$, $(0, 2)$를 지나므로 (기울기)$=\dfrac{2-0}{0-(-2)}=1$

따라서 구하는 일차함수의 식은 $y=x+2$

226 답 $y=-\dfrac{3}{2}x+3$

$y=-2x+4$의 그래프와 x축 위에서 만나므로 x절편은 2이다.

즉, 두 점 $(2,\,0)$, $(0,\,3)$을 지나므로 $(\text{기울기})=\dfrac{3-0}{0-2}=-\dfrac{3}{2}$

이때 y절편은 3이므로 구하는 일차함수의 식은 $y=-\dfrac{3}{2}x+3$

227 답 -2, 4, 일차함수의 식: $y=2x+4$

주어진 그래프가 두 점 $(-2,\,0)$, $(0,\,4)$를 지나므로

$(\text{기울기})=\dfrac{4-0}{0-(-2)}=\dfrac{4}{2}=2$

이때 y절편은 4이므로 구하는 일차함수의 식은 $y=2x+4$

228 답 $y=-\dfrac{5}{2}x+5$

주어진 그래프가 두 점 $(2,\,0)$, $(0,\,5)$를 지나므로

$(\text{기울기})=\dfrac{5-0}{0-2}=-\dfrac{5}{2}$

이때 y절편은 5이므로 구하는 일차함수의 식은 $y=-\dfrac{5}{2}x+5$

229 답 $y=20-6x$

지면에서의 기온이 $20\,^\circ\text{C}$이고, 높이가 $1\,\text{km}$씩 높아질 때마다 기온이 $6\,^\circ\text{C}$씩 내려가므로

$y=20-6x$

230 답 $8\,^\circ\text{C}$

$y=20-6x$에 $x=2$를 대입하면

$y=20-12=8$

따라서 지면으로부터의 높이가 $2\,\text{km}$인 곳의 기온은 $8\,^\circ\text{C}$이다.

231 답 $4\,\text{km}$

$y=20-6x$에 $y=-4$를 대입하면

$-4=20-6x,\ 6x=24$ ∴ $x=4$

따라서 기온이 $-4\,^\circ\text{C}$인 곳의 지면으로부터의 높이는 $4\,\text{km}$이다.

232 답 $5\,^\circ\text{C}$, $y=35+5x$

물의 온도가 2분마다 $10\,^\circ\text{C}$씩 올라가므로 1분마다 $5\,^\circ\text{C}$씩 올라간다.

이때 처음 물의 온도는 $35\,^\circ\text{C}$이므로

$y=35+5x$

233 답 $80\,^\circ\text{C}$

$y=35+5x$에 $x=9$를 대입하면 $y=35+45=80$

따라서 가열하기 시작한 지 9분 후에 물의 온도는 $80\,^\circ\text{C}$이다.

234 답 13분 후

물은 $100\,^\circ\text{C}$에서 끓으므로

$y=35+5x$에 $y=100$을 대입하면

$100=35+5x,\ -5x=-65$ ∴ $x=13$

따라서 물이 끓게 되는 것은 가열하기 시작한 지 13분 후이다.

235 답 $\dfrac{3}{5}\,\text{cm}$, $y=25+\dfrac{3}{5}x$

$5\,\text{g}$인 추를 매달 때마다 용수철의 길이가 $3\,\text{cm}$씩 늘어나므로

$1\,\text{g}$인 추를 매달 때마다 용수철의 길이가 $\dfrac{3}{5}\,\text{cm}$씩 늘어난다.

이때 처음 용수철의 길이는 $25\,\text{cm}$이므로

$y=25+\dfrac{3}{5}x$

236 답 $40\,\text{cm}$

$y=25+\dfrac{3}{5}x$에 $x=25$를 대입하면 $y=25+15=40$

따라서 $25\,\text{g}$인 추를 매달았을 때, 용수철의 길이는 $40\,\text{cm}$이다.

237 답 $15\,\text{g}$

$y=25+\dfrac{3}{5}x$에 $y=34$를 대입하면

$34=25+\dfrac{3}{5}x,\ -\dfrac{3}{5}x=-9$ ∴ $x=15$

따라서 용수철의 길이가 $34\,\text{cm}$일 때, 매달려 있는 추의 무게는 $15\,\text{g}$이다.

238 답 $\dfrac{1}{2}\,\text{cm}$, $y=30-\dfrac{1}{2}x$

양초의 길이가 10분마다 $5\,\text{cm}$씩 짧아지므로 1분마다 $\dfrac{1}{2}\,\text{cm}$씩 짧아진다. 이때 처음 양초의 길이는 $30\,\text{cm}$이므로

$y=30-\dfrac{1}{2}x$

239 답 $18\,\text{cm}$

$y=30-\dfrac{1}{2}x$에 $x=24$를 대입하면 $y=30-12=18$

따라서 불을 붙인 지 24분 후에 남은 양초의 길이는 $18\,\text{cm}$이다.

240 답 60분

양초가 완전히 다 탔을 때 남은 양초의 길이는 $0\,\text{cm}$이므로

$y=30-\dfrac{1}{2}x$에 $y=0$을 대입하면

$0=30-\dfrac{1}{2}x,\ \dfrac{1}{2}x=30$ ∴ $x=60$

따라서 양초가 완전히 다 타는 데 걸리는 시간은 60분이다.

241 답 $2\,\text{L}$, $y=15+2x$

물통에 물을 3분마다 $6\,\text{L}$씩 넣으므로 1분마다 $2\,\text{L}$씩 넣게 된다.

이때 처음 물의 양은 $15\,\text{L}$이므로 $y=15+2x$

242 답 $55\,\text{L}$

$y=15+2x$에 $x=20$을 대입하면 $y=15+40=55$

따라서 물을 넣기 시작한 지 20분 후에 물통에 들어 있는 물의 양은 $55\,\text{L}$이다.

243 답 35분

물통에 물을 가득 채웠을 때 물통에 들어 있는 물의 양은 $85\,\text{L}$이므로

$y=15+2x$에 $y=85$를 대입하면

$85=15+2x,\ -2x=-70$ ∴ $x=35$

따라서 물통에 물을 가득 채우는 데 걸리는 시간은 35분이다.

244 답 $\frac{1}{12}$ L, $y=40-\frac{1}{12}x$

12 km를 달리는 데 필요한 연료의 양이 1 L이므로 1 km를 달리는

데 필요한 연료의 양은 $\frac{1}{12}$ L이다.

이때 처음 연료의 양은 40 L이므로

$y=40-\frac{1}{12}x$

245 답 32 L

$y=40-\frac{1}{12}x$에 $x=96$을 대입하면 $y=40-8=32$

따라서 96 km를 달린 후에 자동차에 남아 있는 연료의 양은 32 L이다.

246 답 360 km

$y=40-\frac{1}{12}x$에 $y=10$을 대입하면

$10=40-\frac{1}{12}x$, $\frac{1}{12}x=30$ ∴ $x=360$

따라서 자동차에 남아 있는 연료의 양이 10 L일 때, 자동차가 달린

거리는 360 km이다.

247 답 $75x$, $350-75x$

x와 y 사이의 관계식: $y=350-75x$

248 답 200 km

$y=350-75x$에 $x=2$를 대입하면 $y=350-150=200$

따라서 출발한 지 2시간 후에 여행지까지 남은 거리는 200 km이다.

249 답 3시간 후

$y=350-75x$에 $y=125$를 대입하면

$125=350-75x$, $75x=225$ ∴ $x=3$

따라서 여행지까지 남은 거리가 125 km일 때는 출발한 지 3시간 후

이다.

250 답 $80x$, $4000-80x$

x와 y 사이의 관계식: $y=4000-80x$

251 답 2400 m

$y=4000-80x$에 $x=20$을 대입하면

$y=4000-1600=2400$

따라서 출발한 지 20분 후에 결승점까지 남은 거리는 2400 m이다.

252 답 50분 후

결승점에 도착할 때 남은 거리는 0 km이므로

$y=4000-80x$에 $y=0$을 대입하면

$0=4000-80x$, $80x=4000$ ∴ $x=50$

따라서 결승점에 도착하는 때는 출발한 지 50분 후이다.

기본 문제 × 확인하기 116~117쪽

1 2개   **2** (1) -14 (2) -2 (3) -11

3 (1) -4 (2) $\frac{3}{4}$ (3) -5

4 (1) $y=3x-1$ (2) $y=8x+11$

    (3) $y=-\frac{1}{3}x+1$ (4) $y=-2x-5$

5 (1) -12 (2) 3   **6** (1) 10   (2) 15   (3) -9

7 (1) x절편: -4, y절편: 8

    (2) x절편: $-\frac{1}{7}$, y절편: -1

    (3) x절편: 6, y절편: -4

8 (1) -2 (2) 10   (3) $\frac{1}{3}$

9 (1) -1 (2) $-\frac{1}{2}$ (3) 4   (4) $\frac{1}{4}$

10 (1) ㄴ, ㄷ, ㄹ   (2) ㄱ, ㅁ, ㅂ   (3) ㄷ, ㄹ, ㅁ

11 (1) -5 (2) -3 (3) $a=8$, $b=-5$ (4) $a=-\frac{1}{2}$, $b=-1$

12 (1) $y=\frac{1}{5}x-3$ (2) $y=6x+13$ (3) $y=-\frac{1}{2}x+7$

    (4) $y=-3x-1$ (5) $y=\frac{4}{3}x+4$ (6) $y=-\frac{5}{2}x-5$

13 (1) $y=331+0.6x$ (2) 초속 340 m   (3) 25 ℃

14 (1) $y=15+\frac{5}{2}x$ (2) 45 cm   (3) 22일 후

---

1 ㄱ. $y-6x+15$ ➡ 다항식이므로 일차함수가 아니다.

ㄴ. $y=5-2x$ ➡ 일차함수이다.

ㄷ. $y+x^2=x^2+2x$에서 $y=2x$ ➡ 일차함수이다.

ㄹ. $y=1$ ➡ 1은 일차식이 아니므로 일차함수가 아니다.

ㅁ. $xy=1$에서 $y=\frac{1}{x}$

    ➡ $\frac{1}{x}$은 x가 분모에 있으므로 일차식이 아니다.

    즉, 일차함수가 아니다.

ㅂ. $y=x(x-4)$에서 $y=x^2-4x$

    ➡ x^2-4x는 이차식이므로 일차함수가 아니다.

따라서 일차함수인 것은 ㄴ, ㄷ의 2개이다.

2 (1) $f(7)=-2\times 7=-14$

(2) $f(-3)=\frac{6}{-3}=-2$

(3) $f(-9)=\frac{2}{3}\times(-9)-1=-7$, $f\left(\frac{1}{2}\right)=\frac{2}{3}\times\frac{1}{2}-1=-\frac{2}{3}$

    ∴ $f(-9)+6f\left(\frac{1}{2}\right)=-7+6\times\left(-\frac{2}{3}\right)=-7+(-4)=-11$

3 (1) $f(a)=-\frac{24}{a}=6$에서 $a=-4$

(2) $f(16)=16a=12$에서 $a=\frac{3}{4}$

(3) $f\left(-\frac{1}{3}\right)=3+a=-2$에서 $a=-5$

5 (1) $y=2x+3$ $\xrightarrow[a만큼\ 평행이동]{y축의\ 방향으로}$ $y=2x+3+a$

따라서 $y=2x+3+a$와 $y=2x-9$가 같으므로

$3+a=-9$ $\quad \therefore a=-12$

(2) $y=\dfrac{3}{4}x-4$ $\xrightarrow[a만큼\ 평행이동]{y축의\ 방향으로}$ $y=\dfrac{3}{4}x-4+a$

따라서 $y=\dfrac{3}{4}x-4+a$와 $y=\dfrac{3}{4}x-1$이 같으므로

$-4+a=-1$ $\quad \therefore a=3$

6 (1) $y=4x$ $\xrightarrow[-6만큼\ 평행이동]{y축의\ 방향으로}$ $y=4x-6$

$y=4x-6$에 $x=4$, $y=a$를 대입하면

$a=16-6=10$

(2) $y=\dfrac{2}{5}x-1$ $\xrightarrow[-3만큼\ 평행이동]{y축의\ 방향으로}$ $y=\dfrac{2}{5}x-1-3$ $\quad \therefore y=\dfrac{2}{5}x-4$

$y=\dfrac{2}{5}x-4$에 $x=a$, $y=2$를 대입하면

$2=\dfrac{2}{5}a-4$, $-\dfrac{2}{5}a=-6$ $\quad \therefore a=15$

(3) $y=-7x+3$ $\xrightarrow[a만큼\ 평행이동]{y축의\ 방향으로}$ $y=-7x+3+a$

$y=-7x+3+a$에 $x=-2$, $y=8$을 대입하면

$8=14+3+a$ $\quad \therefore a=-9$

7 (1) $y=2x+8$에서

$y=0$일 때, $0=2x+8$ $\quad \therefore x=-4$

$x=0$일 때, $y=8$

따라서 x절편은 -4, y절편은 8이다.

(2) $y=-7x-1$에서

$y=0$일 때, $0=-7x-1$ $\quad \therefore x=-\dfrac{1}{7}$

$x=0$일 때, $y=-1$

따라서 x절편은 $-\dfrac{1}{7}$, y절편은 -1이다.

(3) $y=\dfrac{2}{3}x-4$에서

$y=0$일 때, $0=\dfrac{2}{3}x-4$ $\quad \therefore x=6$

$x=0$일 때, $y=-4$

따라서 x절편은 6, y절편은 -4이다.

8 (1) $y=2x-3a$의 그래프의 y절편이 6이므로

$-3a=6$ $\quad \therefore a=-2$

(2) $y=\dfrac{5}{2}x+a$에 $x=-4$, $y=0$을 대입하면

$0=-10+a$ $\quad \therefore a=10$

(3) $y=ax-3$에 $x=9$, $y=0$을 대입하면

$0=9a-3$, $-9a=-3$ $\quad \therefore a=\dfrac{1}{3}$

9 (2) $(기울기)=\dfrac{(y의\ 값의\ 증가량)}{(x의\ 값의\ 증가량)}=\dfrac{-5}{10}=-\dfrac{1}{2}$

(3) $(기울기)=\dfrac{(y의\ 값의\ 증가량)}{(x의\ 값의\ 증가량)}=\dfrac{16}{1-(-3)}=\dfrac{16}{4}=4$

(4) $(기울기)=\dfrac{-2-(-7)}{12-(-8)}=\dfrac{5}{20}=\dfrac{1}{4}$

10 (1) 기울기가 음수인 직선이므로 ㄴ, ㄷ, ㄹ이다.

(2) 기울기가 양수인 직선이므로 ㄱ, ㅁ, ㅂ이다.

(3) y절편이 음수인 직선이므로 ㄷ, ㄹ, ㅁ이다.

11 (1) $y=-5x+3$과 $y=ax-7$의 그래프가 서로 평행하면 기울기는 같고 y절편은 다르므로 $a=-5$

(2) $y=-\dfrac{1}{2}(6x-1)$, 즉 $y=-3x+\dfrac{1}{2}$과 $y=ax+2$의 그래프가 서로 평행하면 기울기는 같고 y절편은 다르므로 $a=-3$

(3) $y=ax-10$과 $y=8x+2b$의 그래프가 일치하면 기울기와 y절편이 각각 같으므로

$a=8$, $-10=2b$ $\quad \therefore a=8$, $b=-5$

(4) $y=4ax-1$과 $y=-2x+b$의 그래프가 일치하면 기울기와 y절편이 각각 같으므로

$4a=-2$, $-1=b$ $\quad \therefore a=-\dfrac{1}{2}$, $b=-1$

12 (1) $y=\dfrac{1}{5}x+2$의 그래프와 기울기가 같으므로 기울기는 $\dfrac{1}{5}$이고 y절편은 -3이므로 구하는 일차함수의 식은 $y=\dfrac{1}{5}x-3$

(2) 일차함수의 식을 $y=6x+b$로 놓고

이 식에 $x=-2$, $y=1$을 대입하면 $1=-12+b$ $\quad \therefore b=13$

$\therefore y=6x+13$

(3) $(기울기)=\dfrac{-2}{4}=-\dfrac{1}{2}$이므로 일차함수의 식을 $y=-\dfrac{1}{2}x+b$로 놓고 이 식에 $x=-6$, $y=10$을 대입하면 $10=3+b$ $\quad \therefore b=7$

$\therefore y=-\dfrac{1}{2}x+7$

(4) 두 점 $(-2, 5)$, $(1, -4)$를 지나므로

$(기울기)=\dfrac{-4-5}{1-(-2)}=\dfrac{-9}{3}=-3$

즉, 일차함수의 식을 $y=-3x+b$로 놓고

이 식에 $x=1$, $y=-4$를 대입하면 $-4=-3+b$ $\quad \therefore b=-1$

$\therefore y=-3x-1$

(5) 두 점 $(-3, 0)$, $(0, 4)$를 지나므로

$(기울기)=\dfrac{4-0}{0-(-3)}=\dfrac{4}{3}$

이때 y절편은 4이므로 구하는 일차함수의 식은 $y=\dfrac{4}{3}x+4$

(6) $y=\dfrac{1}{2}x+1$의 그래프와 x축 위에서 만나므로 x절편은 -2이다.

즉, 두 점 $(-2, 0)$, $(0, -5)$를 지나므로

$(기울기)=\dfrac{-5-0}{0-(-2)}=-\dfrac{5}{2}$

이때 y절편은 -5이므로 구하는 일차함수의 식은 $y=-\dfrac{5}{2}x-5$

13 (1) 기온이 $0\,^{\circ}\mathrm{C}$일 때 소리의 속력이 초속 $331\,\mathrm{m}$이고, 기온이 $1\,^{\circ}\mathrm{C}$씩 올라갈 때마다 소리의 속력이 초속 $0.6\,\mathrm{m}$씩 증가하므로
$$y=331+0.6x$$

(2) $y=331+0.6x$에 $x=15$를 대입하면
$$y=331+9=340$$
따라서 기온이 $15\,^{\circ}\mathrm{C}$일 때의 소리의 속력은 초속 $340\,\mathrm{m}$이다.

(3) $y=331+0.6x$에 $y=346$을 대입하면
$$346=331+0.6x,\ -0.6x=-15\quad\therefore x=25$$
따라서 소리의 속력이 초속 $346\,\mathrm{m}$일 때의 기온은 $25\,^{\circ}\mathrm{C}$이다.

14 (1) 붓꽃이 2일마다 $5\,\mathrm{cm}$씩 자라므로 하루에 $\dfrac{5}{2}\,\mathrm{cm}$씩 자란다.

이때 현재 붓꽃의 지면으로부터의 높이는 $15\,\mathrm{cm}$이므로
$$y=15+\dfrac{5}{2}x$$

(2) $y=15+\dfrac{5}{2}x$에 $x=12$를 대입하면
$$y=15+30=45$$
따라서 12일 후에 붓꽃의 지면으로부터의 높이는 $45\,\mathrm{cm}$이다.

(3) $y=15+\dfrac{5}{2}x$에 $y=70$을 대입하면
$$70=15+\dfrac{5}{2}x,\ -\dfrac{5}{2}x=-55\quad\therefore x=22$$
따라서 붓꽃의 지면으로부터의 높이가 $70\,\mathrm{cm}$가 되는 것은 22일 후이다.

학교 시험 문제 ✕ 확인하기　118~119쪽

1 ⑤	2 ③	3 0	4 ④	5 ④
6 ①	7 5	8 ④	9 24	10 ③
11 ①	12 ②	13 ⑤	14 ④	15 ②

1 ① $x=1,\ 2,\ 3,\ \cdots$일 때, $y=9,\ 8,\ 7,\ \cdots$로 x의 값 하나에 y의 값이 오직 하나씩 대응하므로 y는 x의 함수이다.

② $x=1,\ 2,\ 3,\ \cdots$일 때, $y=13,\ 26,\ 39,\ \cdots$로 x의 값 하나에 y의 값이 오직 하나씩 대응하므로 y는 x의 함수이다.

③ $x=1,\ 2,\ 3,\ \cdots$일 때, $y=36,\ 18,\ 12,\ \cdots$로 x의 값 하나에 y의 값이 오직 하나씩 대응하므로 y는 x의 함수이다.

④ $x=1,\ 2,\ 3,\ \cdots$일 때, $y=1,\ 0,\ 1,\ \cdots$로 x의 값 하나에 y의 값이 오직 하나씩 대응하므로 y는 x의 함수이다.

⑤ x의 값이 2일 때, 2와 서로소인 수는 $1,\ 3,\ 5,\ 7,\ \cdots$로 무수히 많다. 즉, x의 값 2에 대응하는 y의 값이 무수히 많으므로 y는 x의 함수가 아니다.

따라서 함수가 아닌 것은 ⑤이다.

참고 x와 y 사이의 관계식

① $y=10-x$　　② $y=13x$　　③ $y=\dfrac{36}{x}$

---

2 $f(3)=15-7=8$에서 $a=8$
$f(b)=5b-7=13$에서 $5b=20\quad\therefore b=4$
$$\therefore ab=8\times4=32$$

3 $y=\dfrac{1}{2}x+3$의 그래프를 y축의 방향으로 -4만큼 평행이동하면
$$y=\dfrac{1}{2}x-1$$
이 그래프가 점 $(a,\ -1)$을 지나므로
$y=\dfrac{1}{2}x-1$에 $x=a,\ y=-1$을 대입하면
$$-1=\dfrac{1}{2}a-1,\ -\dfrac{1}{2}a=0\quad\therefore a=0$$

4 ① $y=0$일 때, $0=-x-2$　∴ $x=-2$　➡ (x절편)$=-2$
② $y=0$일 때, $0=x+2$　∴ $x=-2$　➡ (x절편)$=-2$
③ $y=0$일 때, $0=2x+4$　∴ $x=-2$　➡ (x절편)$=-2$
④ $y=0$일 때, $0=2x-2$　∴ $x=1$　➡ (x절편)$=1$
⑤ $y=0$일 때, $0=3x+6$　∴ $x=-2$　➡ (x절편)$=-2$
따라서 x절편이 나머지 넷과 다른 하나는 ④이다.

5 주어진 그래프는 오른쪽 그림과 같이 x의 값이 4만큼 증가할 때, y의 값이 8만큼 증가하므로
(기울기)$=\dfrac{+8}{+4}=2$　∴ $a=2$
이때 x절편은 -4, y절편은 8이므로
$b=-4,\ c=8$
$$\therefore a+b+c=2+(-4)+8=6$$

6 (기울기)$=\dfrac{(y\text{의 값의 증가량})}{(x\text{의 값의 증가량})}=\dfrac{-9}{3}=-3$
따라서 기울기가 -3인 것은 ①이다.

7 (기울기)$=\dfrac{k-(-1)}{6-4}=\dfrac{k+1}{2}=3$이므로
$$k+1=6\quad\therefore k=5$$

8 $y=-2x+4$의 그래프의 x절편은 2, y절편은 4이므로 그 그래프는 ④이다.

9 $y=\dfrac{4}{3}x-8$의 그래프의 x절편은 6, y절편은 -8이므로 그 그래프는 오른쪽 그림과 같다.
따라서 구하는 도형의 넓이는
$$\dfrac{1}{2}\times6\times8=24$$

10 ① $y=0$일 때, $0=-\dfrac{1}{2}x+3$　　∴ $x=6$

　　$x=0$일 때, $y=3$

　　즉, x절편은 6, y절편은 3이다.

② $y=-\dfrac{1}{2}x+3$에 $x=4$, $y=-1$을 대입하면 $-1\neq-\dfrac{1}{2}\times4+3$

　　즉, 점 $(4,\,-1)$을 지나지 않는다.

③ $y=-\dfrac{1}{2}x+3$의 그래프는 오른쪽 그림과 같

　　으므로 제1, 2, 4사분면을 지난다.

④ (기울기)$=-\dfrac{1}{2}<0$이므로 x의 값이 증가할

　　때, y의 값은 감소한다.

⑤ $y=-\dfrac{1}{2}x+3$과 $y=\dfrac{1}{2}x-3$의 그래프는 기울기가 다르므로 평행

　　하지 않다.

따라서 옳은 것은 ③이다.

11 $y=-ax-b$의 그래프에서

(기울기)$=-a<0$, (y절편)$=-b>0$

∴ $a>0$, $b<0$

즉, $y=ax+b$의 그래프에서

(기울기)$=a>0$, (y절편)$=b<0$

이므로 그 그래프로 알맞은 것은 ①이다.

12 주어진 그래프가 두 점 $(-6,\,0)$, $(0,\,2)$를 지나므로

(기울기)$=\dfrac{2-0}{0-(-6)}=\dfrac{2}{6}=\dfrac{1}{3}$

주어진 그래프와 구하는 일차함수의 그래프가 서로 평행하므로 구하

는 일차함수의 그래프의 기울기는 $\dfrac{1}{3}$이다.

이때 y절편은 -4이므로 구하는 일차함수의 식은

$y=\dfrac{1}{3}x-4$

13 두 점 $(-1,\,6)$, $(3,\,-2)$를 지나므로

(기울기)$=\dfrac{-2-6}{3-(-1)}=\dfrac{-8}{4}=-2$

즉, 일차함수의 식을 $y=-2x+b$로 놓고

이 식에 $x=-1$, $y=6$을 대입하면 $6=2+b$　　∴ $b=4$

$y=-2x+4$에서

$y=0$일 때, $0=-2x+4$　　∴ $x=2$

따라서 x축과 만나는 점의 좌표는 $(2,\,0)$이다.

14 링거 주사를 맞기 시작한 지 x분 후에 링거 주사에 남아 있는

링거액의 양을 y mL라 하면 링거 주사에서 링거액이 6분에 12 mL

씩 줄어들므로 1분에 2 mL씩 줄어든다.

이때 처음 링거액의 양이 350 mL이므로

$y=350-2x$

링거 주사를 다 맞았을 때 링거 주사에 남아 있는 링거액의 양은 0 mL

이므로

$y=350-2x$에 $y=0$을 대입하면

$0=350-2x$, $2x=350$　　∴ $x=175$

따라서 링거 주사를 다 맞는 시각은 오후 3시에서 175분 후, 즉 2시

간 55분 후인 오후 5시 55분이다.

15 처음 엘리베이터의 높이가 200 m이고, 1초에 3 m씩 낮아지므로

$y=200-3x$

이 식에 $x=45$를 대입하면 $y=200-135=65$

따라서 엘리베이터가 출발한 지 45초 후에 지상으로부터의 높이는

65 m이다.

6 일차함수와 일차방정식의 관계

001 답 $y=-3x+1$

$3x+y-1=0$에서 $y=-3x+1$

002 답 $y=6x-5$

$6x-y-5=0$에서 $-y=-6x+5$ $\quad \therefore y=6x-5$

003 답 $y=2x-4$

$4x-2y-8=0$에서 $-2y=-4x+8$ $\quad \therefore y=2x-4$

004 답 $y=-\dfrac{1}{4}x+4$

$x+4y-16=0$에서 $4y=-x+16$ $\quad \therefore y=-\dfrac{1}{4}x+4$

005 답 $y=\dfrac{1}{5}x+\dfrac{2}{5}$

$-x+5y-2=0$에서 $5y=x+2$ $\quad \therefore y=\dfrac{1}{5}x+\dfrac{2}{5}$

006 답 $y=-3x-\dfrac{7}{3}$

$9x+3y+7=0$에서 $3y=-9x-7$ $\quad \therefore y=-3x-\dfrac{7}{3}$

007 답 기울기: $\dfrac{1}{3}$, x절편: 3, y절편: -1, 그래프는 풀이 참조

$x-3y-3=0$에서 $-3y=-x+3$ $\quad \therefore y=\dfrac{1}{3}x-1$

$y=\dfrac{1}{3}x-1$에서

$y=0$일 때, $0=\dfrac{1}{3}x-1$ $\quad \therefore x=3$

$x=0$일 때, $y=-1$

따라서 기울기는 $\dfrac{1}{3}$, x절편은 3, y절편은 -1이므로 그 그래프는 오른쪽 그림과 같다.

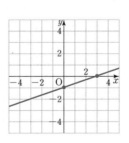

008 답 기울기: -2, x절편: 1, y절편: 2, 그래프는 풀이 참조

$2x+y-2=0$에서 $y=-2x+2$

$y=-2x+2$에서

$y=0$일 때, $0=-2x+2$ $\quad \therefore x=1$

$x=0$일 때, $y=2$

따라서 기울기는 -2, x절편은 1, y절편은 2이므로 그 그래프는 오른쪽 그림과 같다.

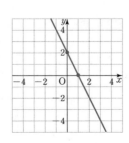

009 답 기울기: $\dfrac{3}{4}$, x절편: -4, y절편: 3, 그래프는 풀이 참조

$3x-4y+12=0$에서 $-4y=-3x-12$ $\quad \therefore y=\dfrac{3}{4}x+3$

$y=\dfrac{3}{4}x+3$에서

$y=0$일 때, $0=\dfrac{3}{4}x+3$ $\quad \therefore x=-4$

$x=0$일 때, $y=3$

따라서 기울기는 $\dfrac{3}{4}$, x절편은 -4, y절편은 3이므로 그 그래프는 오른쪽 그림과 같다.

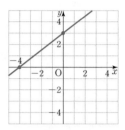

010 답 ○

$3x-y+2=0$에서 y를 x에 대한 식으로 나타내면

$-y=-3x-2$ $\quad \therefore y=3x+2$

011 답 ×

$3x-y+2=0$에 $x=-1$, $y=-2$를 대입하면

$3\times(-1)-(-2)+2\neq 0$

참고 $y=3x+2$에 $x=-1$, $y=-2$를 대입하면 $-2\neq 3\times(-1)+2$

012 답 ×

$3x-y+2=0$, 즉 $y=3x+2$에서

$y=0$일 때, $0=3x+2$ $\quad \therefore x=-\dfrac{2}{3}$

$x=0$일 때, $y=2$

따라서 x절편은 $-\dfrac{2}{3}$, y절편은 2이다.

013 답 ○

$3x-y+2=0$, 즉 $y=3x+2$의 그래프의 x절편은 $-\dfrac{2}{3}$, y절편은 2이므로 그 그래프는 오른쪽 그림과 같다.

따라서 제4사분면을 지나지 않는다.

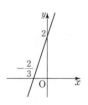

014 답 ×

$3x-y+2=0$, 즉 $y=3x+2$의 그래프의 기울기는 3이고 $y=-\dfrac{3}{4}x+1$의 그래프의 기울기는 $-\dfrac{3}{4}$이다.

따라서 두 그래프의 기울기가 다르므로 평행하지 않다.

015 답 ×

$2x+3y-6=0$에서 y를 x에 대한 식으로 나타내면

$3y=-2x+6$ $\quad \therefore y=-\dfrac{2}{3}x+2$

따라서 (기울기)$=-\dfrac{2}{3}<0$이므로 그 그래프는 오른쪽 아래로 향하는 직선이다.

016 답 ○

$2x+3y-6=0$, 즉 $y=-\dfrac{2}{3}x+2$의 그래프의 기울기는

$-\dfrac{2}{3}\left(=\dfrac{-4}{6}\right)$이므로 x의 값이 6만큼 증가할 때, y의 값은 4만큼

감소한다.

017 답 ○

$2x+3y-6=0$, 즉 $y=-\dfrac{2}{3}x+2$의 그래프의 y절편은 2이므로 y축

과 만나는 점의 좌표는 $(0, 2)$이다.

018 답 ×

$2x+3y-6=0$, 즉 $y=-\dfrac{2}{3}x+2$의 그래프는 $y=-\dfrac{2}{3}x$의 그래프

를 y축의 방향으로 2만큼 평행이동한 것이다.

019 답 ○

$2x+3y-6=0$, 즉 $y=-\dfrac{2}{3}x+2$의 그래프의

x절편은 3, y절편은 2이므로 그 그래프는 오른

쪽 그림과 같다.

따라서 제1, 2, 4사분면을 지난다.

020 답 -1

$ax-2y+8=0$에 $x=-2$, $y=5$를 대입하면

$-2a-10+8=0$, $-2a=2$ ∴ $a=-1$

021 답 6

$-3x+ay-6=0$에 $x=4$, $y=3$을 대입하면

$-12+3a-6=0$, $3a=18$ ∴ $a=6$

022 답 5

주어진 그래프가 점 $(5, 2)$를 지나므로

$x-ay+5=0$에 $x=5$, $y=2$를 대입하면

$5-2a+5=0$, $-2a=-10$ ∴ $a=5$

023 답 $a=8$, $b=2$

$ax+by-1=0$에서 $by=-ax+1$ ∴ $y=-\dfrac{a}{b}x+\dfrac{1}{b}$

$y=-\dfrac{a}{b}x+\dfrac{1}{b}$의 그래프의 기울기는 -4, y절편은 $\dfrac{1}{2}$이므로

$-\dfrac{a}{b}=-4$, $\dfrac{1}{b}=\dfrac{1}{2}$ ∴ $a=8$, $b=2$

다른 풀이 기울기가 -4, y절편이 $\dfrac{1}{2}$인 일차함수의 식은

$y=-4x+\dfrac{1}{2}$, 즉 $4x+y-\dfrac{1}{2}=0$ ∴ $8x+2y-1=0$

이 식이 $ax+by-1=0$과 같으므로

$a=8$, $b=2$

024 답 $a=-10$, $b=-2$

$ax-by+2=0$에서 $-by=-ax-2$ ∴ $y=\dfrac{a}{b}x+\dfrac{2}{b}$

$y=\dfrac{a}{b}x+\dfrac{2}{b}$의 그래프의 기울기는 5, y절편은 -1이므로

$\dfrac{a}{b}=5$, $\dfrac{2}{b}=-1$ ∴ $a=-10$, $b=-2$

다른 풀이 기울기가 5, y절편이 -1인 일차함수의 식은

$y=5x-1$, 즉 $-5x+y+1=0$ ∴ $-10x+2y+2=0$

이 식이 $ax-by+2=0$과 같으므로

$a=-10$, $-b=2$ ∴ $a=-10$, $b=-2$

025 답 $a=3$, $b=4$

주어진 그래프가 두 점 $(4, 0)$, $(0, 3)$을 지나므로

$ax+by-12=0$에 $x=4$, $y=0$을 대입하면

$4a-12=0$, $4a=12$ ∴ $a=3$

$ax+by-12=0$에 $x=0$, $y=3$을 대입하면

$3b-12=0$, $3b=12$ ∴ $b=4$

다른 풀이1 $ax+by-12=0$에서 $by=-ax+12$

∴ $y=-\dfrac{a}{b}x+\dfrac{12}{b}$

주어진 그래프가 두 점 $(4, 0)$, $(0, 3)$을 지나므로

(기울기)$=\dfrac{3-0}{0-4}=-\dfrac{3}{4}$, ($y$절편)$=3$

따라서 $-\dfrac{a}{b}=-\dfrac{3}{4}$, $\dfrac{12}{b}=3$이므로 $a=3$, $b=4$

다른 풀이2 주어진 그래프가 두 점 $(4, 0)$, $(0, 3)$을 지나므로

(기울기)$=\dfrac{3-0}{0-4}=-\dfrac{3}{4}$

이때 y절편이 3이므로 일차함수의 식은

$y=-\dfrac{3}{4}x+3$, 즉 $\dfrac{3}{4}x+y-3=0$ ∴ $3x+4y-12=0$

이 식이 $ax+by-12=0$과 같으므로

$a=3$, $b=4$

026 답

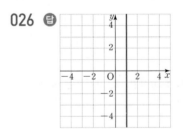

027 답

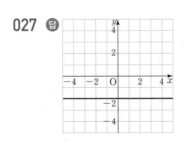

028 📝 풀이 참조

$2x=-4$에서 $x=-2$

따라서 $x=-2$의 그래프는 오른쪽 그림
과 같다.

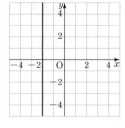

029 📝 풀이 참조

$3y-9=0$에서 $3y=9$ $\quad \therefore y=3$

따라서 $y=3$의 그래프는 오른쪽 그림과
같다.

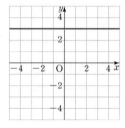

030 📝 $y=2$

x축에 평행하므로 직선 위의 점들의 y좌표는 모두 2로 같다.

따라서 구하는 직선의 방정식은 $y=2$이다.

031 📝 $x=-4$

y축에 평행하므로 직선 위의 점들의 x좌표는 모두 -4로 같다.

따라서 구하는 직선의 방정식은 $x=-4$이다.

032 📝 $x=-5$

x축에 수직이므로 직선 위의 점들의 x좌표는 모두 -5로 같다.

따라서 구하는 직선의 방정식은 $x=-5$이다.

033 📝 $y=-\dfrac{2}{3}$

y축에 수직이므로 직선 위의 점들의 y좌표는 모두 $-\dfrac{2}{3}$로 같다.

따라서 구하는 직선의 방정식은 $y=-\dfrac{2}{3}$이다.

034 📝 $y=3$

한 직선 위의 두 점의 y좌표가 같으므로 그 직선 위의 점들의 y좌표
는 모두 3으로 같다.

따라서 구하는 직선의 방정식은 $y=3$이다.

035 📝 $x=-\dfrac{1}{4}$

한 직선 위의 두 점의 x좌표가 같으므로 그 직선 위의 점들의 x좌표
는 모두 $-\dfrac{1}{4}$로 같다.

따라서 구하는 직선의 방정식은 $x=-\dfrac{1}{4}$이다.

036 📝 y, 4, -2

037 📝 2

두 점 $(a-4, -2)$, $(-2, -3)$을 지나는 직선이 y축에 평행하므로
두 점의 x좌표는 같다.

즉, $a-4=-2$ $\quad \therefore a=2$

038 📝 $-\dfrac{3}{2}$

두 점 $(-6, -1)$, $(4a, 7)$을 지나는 직선이 x축에 수직이므로 두
점의 x좌표는 같다.

즉, $-6=4a$ $\quad \therefore a=-\dfrac{3}{2}$

039 📝 6

두 점 $(1, a-3)$, $(8, -a+9)$를 지나는 직선이 y축에 수직이므로
두 점의 y좌표는 같다.

즉, $a-3=-a+9$에서 $2a=12$ $\quad \therefore a=6$

040 📝 -3

두 점 $(2, a)$, $(-3, 3a+6)$을 지나는 직선이 x축에 평행하므로 두
점의 y좌표는 같다.

즉, $a=3a+6$에서 $-2a=6$ $\quad \therefore a=-3$

041 📝 $x=2$

두 점 $(a-1, 4)$, $(-2a+8, 1)$을 지나는 직선이 y축에 평행하므
로 두 점의 x좌표는 같다.

즉, $a-1=-2a+8$에서 $3a=9$ $\quad \therefore a=3$

따라서 두 점 $(2, 4)$, $(2, 1)$을 지나므로 구하는 직선의 방정식은
$x=2$이다.

042 📝 그래프는 풀이 참조, 12

네 일차방정식 $x=0$, $x=3$, $y=0$, $y=4$의 그
래프는 오른쪽 그림과 같으므로 구하는 도형
의 넓이는

$3\times 4=12$

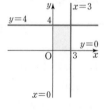

직사각형

참고 일차방정식 $x=0$의 그래프 ➡ y축

일차방정식 $y=0$의 그래프 ➡ x축

043 📝 그래프는 풀이 참조, 40

네 일차방정식 $x=-4$, $x=6$, $y=1$, $y=5$의
그래프는 오른쪽 그림과 같으므로 구하는 도
형의 넓이는

$\{6-(-4)\}\times(5-1)=10\times 4=40$

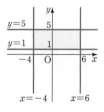

044 📝 그래프는 풀이 참조, 60

$2x-8=0$에서 $x=4$, $y-6=0$에서 $y=6$

따라서 네 일차방정식 $x=-1$, $x=4$, $y=6$,
$y=-6$의 그래프는 오른쪽 그림과 같으므로
구하는 도형의 넓이는

$\{4-(-1)\}\times\{6-(-6)\}=5\times 12=60$

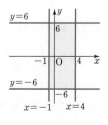

045 답 그래프는 풀이 참조, 30

$2x+10=0$에서 $x=-5$, $y+2=0$에서 $y=-2$

따라서 네 일차방정식 $x=-5$, $x=1$,
$y=-2$, $y=3$의 그래프는 오른쪽 그림과 같
으므로 구하는 도형의 넓이는
$\{1-(-5)\} \times \{3-(-2)\}=6 \times 5=30$

046 답 $x=2$, $y=-3$

두 그래프의 교점의 좌표가 $(2, -3)$이므로 주어진 연립방정식의
해는 $x=2$, $y=-3$이다.

047 답 그래프는 풀이 참조, 해: $x=-2$, $y=1$

$\begin{cases} x-2y=-4 \\ x-y=-3 \end{cases}$ $\xrightarrow[\text{식으로 나타내면}]{y\text{를 }x\text{에 대한}}$ $\begin{cases} y=\dfrac{1}{2}x+2 \\ y=x+3 \end{cases}$

두 그래프를 각각 그리면 오른쪽 그림과
같다.

따라서 두 그래프의 교점의 좌표가
$(-2, 1)$이므로 주어진 연립방정식의 해는
$x=-2$, $y=1$이다.

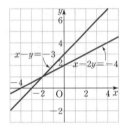

048 답 그래프는 풀이 참조, 해: $x=4$, $y=5$

$\begin{cases} x-4y=-16 \\ 5x+y=25 \end{cases}$ $\xrightarrow[\text{식으로 나타내면}]{y\text{를 }x\text{에 대한}}$ $\begin{cases} y=\dfrac{1}{4}x+4 \\ y=-5x+25 \end{cases}$

두 그래프를 각각 그리면 오른쪽 그림
과 같다.

따라서 두 그래프의 교점의 좌표가
$(4, 5)$이므로 주어진 연립방정식의 해는
$x=4$, $y=5$이다.

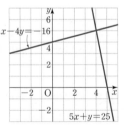

049 답 $(1, 1)$

연립방정식 $\begin{cases} x-3y+2=0 \\ 2x-y-1=0 \end{cases}$, 즉 $\begin{cases} x-3y=-2 \\ 2x-y=1 \end{cases}$ 을 풀면
$x=1$, $y=1$이므로
두 그래프의 교점의 좌표는 $(1, 1)$이다.

050 답 $(1, 4)$

연립방정식 $\begin{cases} 5x+3y-17=0 \\ x-y+3=0 \end{cases}$, 즉 $\begin{cases} 5x+3y=17 \\ x-y=-3 \end{cases}$ 을 풀면
$x=1$, $y=4$이므로
두 그래프의 교점의 좌표는 $(1, 4)$이다.

051 답 $a=5$, $b=3$

두 그래프의 교점의 좌표가 $(3, 2)$이므로
연립방정식 $\begin{cases} x+y=a \\ bx-2y=5 \end{cases}$ 의 해는 $x=3$, $y=2$이다.

즉, $x+y=a$에 $x=3$, $y=2$를 대입하면
$3+2=a$ $\therefore a=5$

$bx-2y=5$에 $x=3$, $y=2$를 대입하면
$3b-4=5$, $3b=9$ $\therefore b=3$

052 답 $a=2$, $b=1$

두 그래프의 교점의 좌표가 $(-1, -2)$이므로
연립방정식 $\begin{cases} ax-3y=4 \\ x+by=-3 \end{cases}$ 의 해는 $x=-1$, $y=-2$이다.

즉, $ax-3y=4$에 $x=-1$, $y=-2$를 대입하면
$-a+6=4$, $-a=-2$ $\therefore a=2$

$x+by=-3$에 $x=-1$, $y=-2$를 대입하면
$-1-2b=-3$, $-2b=-2$ $\therefore b=1$

053 답 $a=-6$, $b=-3$

두 그래프의 교점의 좌표가 $(b, 1)$이므로
연립방정식 $\begin{cases} -x+y=4 \\ x-3y=a \end{cases}$ 의 해는 $x=b$, $y=1$이다.

즉, $-x+y=4$에 $x=b$, $y=1$을 대입하면
$-b+1=4$, $-b=3$ $\therefore b=-3$

$x-3y=a$에 $x=-3$, $y=1$을 대입하면
$-3-3=a$ $\therefore a=-6$

054 답 그래프는 풀이 참조, 해가 없다.

$x+3y=-3$에서 $3y=-x-3$ $\therefore y=-\dfrac{1}{3}x-1$

$-x-3y=-3$에서 $-3y=x-3$ $\therefore y=-\dfrac{1}{3}x+1$

이 두 그래프를 각각 그리면 오른쪽 그림
과 같이 서로 평행하므로 연립방정식의
해가 없다.

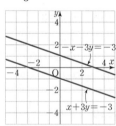

055 답 그래프는 풀이 참조, 해가 무수히 많다.

$x-y=-1$에서 $-y=-x-1$ $\therefore y=x+1$

$2x-2y=-2$에서 $-2y=-2x-2$ $\therefore y=x+1$

이 두 그래프를 각각 그리면 오른쪽 그림
과 같이 일치하므로 연립방정식의 해가
무수히 많다.

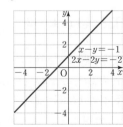

056 답 $-4x+2$ / -4, 12

$$\begin{cases} ax+3y=1 \\ 4x+y=2 \end{cases} \xrightarrow[\text{식으로 나타내면}]{y\text{를 }x\text{에 대한}} \begin{cases} y=-\dfrac{a}{3}x+\dfrac{1}{3} \\ y=\boxed{-4x+2} \end{cases}$$

이때 해가 없으려면 두 일차방정식의 그래프가 서로 평행해야 한다.
즉, 기울기는 같고 y절편은 달라야 하므로

$$-\frac{a}{3}=\boxed{-4} \qquad \therefore a=\boxed{12}$$

057 답 -6

$$\begin{cases} ax+2y=4 \\ 3x-y=7 \end{cases} \xrightarrow[\text{식으로 나타내면}]{y\text{를 }x\text{에 대한}} \begin{cases} y=-\dfrac{a}{2}x+2 \\ y=3x-7 \end{cases}$$

이때 해가 없으려면 두 일차방정식의 그래프가 서로 평행해야 한다.
즉, 기울기는 같고 y절편은 달라야 하므로

$$-\frac{a}{2}=3 \qquad \therefore a=-6$$

058 답 $\dfrac{4}{5}$

$$\begin{cases} x-5y=10 \\ ax-4y=6 \end{cases} \xrightarrow[\text{식으로 나타내면}]{y\text{를 }x\text{에 대한}} \begin{cases} y=\dfrac{1}{5}x-2 \\ y=\dfrac{a}{4}x-\dfrac{3}{2} \end{cases}$$

이때 해가 없으려면 두 일차방정식의 그래프가 서로 평행해야 한다.
즉, 기울기는 같고 y절편은 달라야 하므로

$$\frac{1}{5}=\frac{a}{4} \qquad \therefore a=\frac{4}{5}$$

059 답 $\dfrac{1}{2}x-\dfrac{b}{4}$ / $\dfrac{1}{2}$, $-\dfrac{b}{4}$, -2, 8

$$\begin{cases} x+ay=4 \\ 2x-4y=b \end{cases} \xrightarrow[\text{식으로 나타내면}]{y\text{를 }x\text{에 대한}} \begin{cases} y=-\dfrac{1}{a}x+\dfrac{4}{a} \\ y=\boxed{\dfrac{1}{2}x-\dfrac{b}{4}} \end{cases}$$

이때 해가 무수히 많으려면 두 일차방정식의 그래프가 일치해야 한다.
즉, 기울기와 y절편이 각각 같아야 하므로

$$-\frac{1}{a}=\boxed{\frac{1}{2}}, \ \frac{4}{a}=\boxed{-\frac{b}{4}} \qquad \therefore a=\boxed{-2}, \ b=\boxed{8}$$

060 답 $a=-3$, $b=-6$

$$\begin{cases} ax-y=6 \\ 3x+y=b \end{cases} \xrightarrow[\text{식으로 나타내면}]{y\text{를 }x\text{에 대한}} \begin{cases} y=ax-6 \\ y=-3x+b \end{cases}$$

이때 해가 무수히 많으려면 두 일차방정식의 그래프가 일치해야 한다.
즉, 기울기와 y절편이 각각 같아야 하므로

$$a=-3, \ b=-6$$

061 답 $a=10$, $b=4$

$$\begin{cases} 8x+6y=a \\ bx+3y=5 \end{cases} \xrightarrow[\text{식으로 나타내면}]{y\text{를 }x\text{에 대한}} \begin{cases} y=-\dfrac{4}{3}x+\dfrac{a}{6} \\ y=-\dfrac{b}{3}x+\dfrac{5}{3} \end{cases}$$

이때 해가 무수히 많으려면 두 일차방정식의 그래프가 일치해야 한다.
즉, 기울기와 y절편이 각각 같아야 하므로

$$-\frac{4}{3}=-\frac{b}{3}, \ \frac{a}{6}=\frac{5}{3} \qquad \therefore a=10, \ b=4$$

기본 문제 × 확인하기

128~129쪽

1 (1) 기울기: 1, x절편: 7, y절편: -7
　 (2) 기울기: 4, x절편: $-\dfrac{3}{2}$, y절편: 6
　 (3) 기울기: $-\dfrac{1}{2}$, x절편: 3, y절편: $\dfrac{3}{2}$
　 (4) 기울기: $-\dfrac{5}{3}$, x절편: $-\dfrac{9}{5}$, y절편: -3
　 (5) 기울기: 5, x절편: $\dfrac{1}{2}$, y절편: $-\dfrac{5}{2}$

2 (1) 2　(2) 3　(3) -5

3 (1) $a=-2$, $b=1$　(2) $a=1$, $b=-3$　(3) $a=3$, $b=-4$

4 (1) ㄹ　(2) ㄱ　(3) ㄴ　(4) ㄷ

5 (1) ㄱ, ㄹ, ㅁ　(2) ㄴ, ㄷ, ㅂ

6 (1) $y=4$　(2) $x=-1$　(3) $x=8$　(4) $y=-9$　(5) $y=\dfrac{1}{2}$

7 (1) $-\dfrac{1}{2}$　(2) 2　(3) -3　(4) 4

8 (1) $(2, 5)$　(2) $(-2, 3)$　(3) $(-4, -5)$

9 (1) $a=2$, $b=1$　(2) $a=2$, $b=-3$

10 (1) ㄹ, ㅁ　(2) ㄱ, ㄷ　(3) ㄴ, ㅂ

11 (1) 2　(2) -8　(3) $-\dfrac{2}{3}$

12 (1) $a=-10$, $b=4$　(2) $a=-8$, $b=-9$
　 (3) $a=-\dfrac{1}{6}$, $b=16$

---

1 (1) $x-y-7=0$에서 $-y=-x+7$ 　$\therefore y=x-7$
$y=x-7$에서
$y=0$일 때, $0=x-7$ 　$\therefore x=7$
$x=0$일 때, $y=-7$
따라서 기울기는 1, x절편은 7, y절편은 -7이다.

(2) $4x-y+6=0$에서 $-y=-4x-6$ 　$\therefore y=4x+6$
$y=4x+6$에서
$y=0$일 때, $0=4x+6$ 　$\therefore x=-\dfrac{3}{2}$
$x=0$일 때, $y=6$
따라서 기울기는 4, x절편은 $-\dfrac{3}{2}$, y절편은 6이다.

(3) $-x-2y+3=0$에서 $-2y=x-3$ 　$\therefore y=-\dfrac{1}{2}x+\dfrac{3}{2}$
$y=-\dfrac{1}{2}x+\dfrac{3}{2}$에서
$y=0$일 때, $0=-\dfrac{1}{2}x+\dfrac{3}{2}$ 　$\therefore x=3$
$x=0$일 때, $y=\dfrac{3}{2}$
따라서 기울기는 $-\dfrac{1}{2}$, x절편은 3, y절편은 $\dfrac{3}{2}$이다.

(4) $5x+3y+9=0$에서 $3y=-5x-9$ 　$\therefore y=-\dfrac{5}{3}x-3$
$y=-\dfrac{5}{3}x-3$에서
$y=0$일 때, $0=-\dfrac{5}{3}x-3$ 　$\therefore x=-\dfrac{9}{5}$

$x=0$일 때, $y=-3$

따라서 기울기는 $-\dfrac{5}{3}$, x절편은 $-\dfrac{9}{5}$, y절편은 -3이다.

(5) $-10x+2y+5=0$에서 $2y=10x-5$　　$\therefore y=5x-\dfrac{5}{2}$

$y=5x-\dfrac{5}{2}$에서

$y=0$일 때, $0=5x-\dfrac{5}{2}$　　$\therefore x=\dfrac{1}{2}$

$x=0$일 때, $y=-\dfrac{5}{2}$

따라서 기울기는 5, x절편은 $\dfrac{1}{2}$, y절편은 $-\dfrac{5}{2}$이다.

2 (1) $4x-ay+2=0$에 $x=1$, $y=3$을 대입하면

$4-3a+2=0$, $-3a=-6$　　$\therefore a=2$

(2) $ax-5y+1=0$에 $x=-7$, $y=-4$를 대입하면

$-7a+20+1=0$, $-7a=-21$　　$\therefore a=3$

(3) $3x+ay+10=0$에 $x=-3$, $y=\dfrac{1}{5}$을 대입하면

$-9+\dfrac{1}{5}a+10=0$, $\dfrac{1}{5}a=-1$　　$\therefore a=-5$

3 (1) $ax+by+5=0$에서 $by=-ax-5$　　$\therefore y=-\dfrac{a}{b}x-\dfrac{5}{b}$

$y=-\dfrac{a}{b}x-\dfrac{5}{b}$의 그래프의 기울기는 2, y절편은 -5이므로

$-\dfrac{a}{b}=2$, $-\dfrac{5}{b}=-5$　　$\therefore a=-2$, $b=1$

(다른 풀이) 기울기가 2, y절편이 -5인 일차함수의 식은

$y=2x-5$, 즉 $-2x+y+5=0$

이 식이 $ax+by+5=0$과 같으므로

$a=-2$, $b=1$

(2) $ax-by-6=0$에서 $-by=-ax+6$　　$\therefore y=\dfrac{a}{b}x-\dfrac{6}{b}$

$y=\dfrac{a}{b}x-\dfrac{6}{b}$의 그래프의 기울기는 $-\dfrac{1}{3}$, y절편은 2이므로

$\dfrac{a}{b}=-\dfrac{1}{3}$, $-\dfrac{6}{b}=2$　　$\therefore a=1$, $b=-3$

(다른 풀이) 기울기가 $-\dfrac{1}{3}$, y절편이 2인 일차함수의 식은

$y=-\dfrac{1}{3}x+2$, 즉 $\dfrac{1}{3}x+y-2=0$　　$\therefore x+3y-6=0$

이 식이 $ax-by-6=0$과 같으므로

$a=1$, $-b=3$　　$\therefore a=1$, $b=-3$

(3) $ax+by-10=0$에서 $by=-ax+10$　　$\therefore y=-\dfrac{a}{b}x+\dfrac{10}{b}$

$y=-\dfrac{a}{b}x+\dfrac{10}{b}$의 그래프의 기울기는 $\dfrac{3}{4}$, y절편은 $-\dfrac{5}{2}$이므로

$-\dfrac{a}{b}=\dfrac{3}{4}$, $\dfrac{10}{b}=-\dfrac{5}{2}$　　$\therefore a=3$, $b=-4$

(다른 풀이) 기울기가 $\dfrac{3}{4}$, y절편이 $-\dfrac{5}{2}$인 일차함수의 식은

$y=\dfrac{3}{4}x-\dfrac{5}{2}$, 즉 $-\dfrac{3}{4}x+y+\dfrac{5}{2}=0$　　$\therefore 3x-4y-10=0$

이 식이 $ax+by-10=0$과 같으므로

$a=3$, $b=-4$

4 (3) $5x-10=0$에서 $5x=10$　　$\therefore x=2$

따라서 $x=2$의 그래프는 ㉠이다.

(4) $2y+3=1$에서 $2y=-2$　　$\therefore y=-1$

따라서 $y=-1$의 그래프는 ㉢이다.

5 ㄱ. $3y=15 \Rightarrow y=5$　　　ㄴ. $2x-1=0 \Rightarrow x=\dfrac{1}{2}$

ㄷ. $-8x=16 \Rightarrow x=-2$　　ㄹ. $4y+3=0 \Rightarrow y=-\dfrac{3}{4}$

ㅁ. $7y-21=0 \Rightarrow y=3$　　ㅂ. $3x+12=0 \Rightarrow x=-4$

(1) x축에 평행한 직선의 방정식은 $y=$(수) 꼴이므로 ㄱ, ㄹ, ㅁ이다.

(2) y축에 평행한 직선의 방정식은 $x=$(수) 꼴이므로 ㄴ, ㄷ, ㅂ이다.

6 (1) x축에 평행하므로 직선 위의 점들의 y좌표는 모두 4로 같다.

따라서 구하는 직선의 방정식은 $y=4$이다.

(2) y축에 평행하므로 직선 위의 점들의 x좌표는 모두 -1로 같다.

따라서 구하는 직선의 방정식은 $x=-1$이다.

(3) x축에 수직이므로 직선 위의 점들의 x좌표는 모두 8로 같다.

따라서 구하는 직선의 방정식은 $x=8$이다.

(4) y축에 수직이므로 직선 위의 점들의 y좌표는 모두 -9로 같다.

따라서 구하는 직선의 방정식은 $y=-9$이다.

(5) 한 직선 위의 두 점의 y좌표가 같으므로 그 직선 위의 점들의 y좌표는 모두 $\dfrac{1}{2}$로 같다.

따라서 구하는 직선의 방정식은 $y=\dfrac{1}{2}$이다.

7 (1) 두 점 $(-4, 2)$, $(2, -4a)$를 지나는 직선이 x축에 평행하므로 두 점의 y좌표는 같다.

즉, $2=-4a$　　$\therefore a=-\dfrac{1}{2}$

(2) 두 점 $(3a-1, 6)$, $(5, -3)$을 지나는 직선이 y축에 평행하므로 두 점의 x좌표는 같다.

즉, $3a-1=5$에서 $3a=6$　　$\therefore a=2$

(3) 두 점 $(2a+7, -1)$, $(-3a-8, 4)$를 지나는 직선이 x축에 수직이므로 두 점의 x좌표는 같다.

즉, $2a+7=-3a-8$에서 $5a=-15$　　$\therefore a=-3$

(4) 두 점 $(-5, a-3)$, $(10, 9-2a)$를 지나는 직선이 y축에 수직이므로 두 점의 y좌표는 같다.

즉, $a-3=9-2a$에서 $3a=12$　　$\therefore a=4$

8 (1) 연립방정식 $\begin{cases} 2x-y+1=0 \\ 3x+y-11=0 \end{cases}$, 즉 $\begin{cases} 2x-y=-1 \\ 3x+y=11 \end{cases}$을 풀면

$x=2$, $y=5$이므로

두 그래프의 교점의 좌표는 $(2, 5)$이다.

(2) 연립방정식 $\begin{cases} 4x+3y-1=0 \\ 2x-y+7=0 \end{cases}$, 즉 $\begin{cases} 4x+3y=1 \\ 2x-y=-7 \end{cases}$을 풀면

$x=-2$, $y=3$이므로

두 그래프의 교점의 좌표는 $(-2, 3)$이다.

(3) 연립방정식 $\begin{cases} x+3y+19=0 \\ 3x-4y-8=0 \end{cases}$, 즉 $\begin{cases} x+3y=-19 \\ 3x-4y=8 \end{cases}$을 풀면

$x=-4$, $y=-5$이므로

두 그래프의 교점의 좌표는 $(-4, -5)$이다.

9 (1) 두 그래프의 교점의 좌표가 $(3, -1)$이므로

연립방정식 $\begin{cases} ax-2y=8 \\ x+by=2 \end{cases}$의 해는 $x=3$, $y=-1$이다.

즉, $ax-2y=8$에 $x=3$, $y=-1$을 대입하면

$3a+2=8$, $3a=6$ $\quad \therefore a=2$

$x+by=2$에 $x=3$, $y=-1$을 대입하면

$3-b=2$, $-b=-1$ $\quad \therefore b=1$

(2) 두 그래프의 교점의 좌표가 $(b, 4)$이므로

연립방정식 $\begin{cases} 2x-y=-10 \\ x+ay=5 \end{cases}$의 해는 $x=b$, $y=4$이다.

즉, $2x-y=-10$에 $x=b$, $y=4$를 대입하면

$2b-4=-10$, $2b=-6$ $\quad \therefore b=-3$

$x+ay=5$에 $x=-3$, $y=4$를 대입하면

$-3+4a=5$, $4a=8$ $\quad \therefore a=2$

10 주어진 연립방정식에서 두 일차방정식을 각각 y를 x에 대한 식으로 나타내면

ㄱ. $\begin{cases} y=2x-2 \\ y=2x-\dfrac{1}{2} \end{cases}$ ㄴ. $\begin{cases} y=x+3 \\ y=x+3 \end{cases}$ ㄷ. $\begin{cases} y=x-4 \\ y=x-2 \end{cases}$

ㄹ. $\begin{cases} y=-3x+2 \\ y=3x+2 \end{cases}$ ㅁ. $\begin{cases} y=\dfrac{5}{2}x-\dfrac{1}{2} \\ y=-10x+2 \end{cases}$ ㅂ. $\begin{cases} y=-2x-7 \\ y=-2x-7 \end{cases}$

(1) 해가 하나뿐이려면 두 일차방정식의 그래프가 한 점에서 만나야 하므로 기울기가 달라야 한다.

따라서 해가 하나뿐인 연립방정식은 ㄹ, ㅁ이다.

(2) 해가 없으려면 두 일차방정식의 그래프가 서로 평행해야 하므로 기울기는 같고 y절편은 달라야 한다.

따라서 해가 없는 연립방정식은 ㄱ, ㄷ이다.

(3) 해가 무수히 많으려면 두 일차방정식의 그래프가 일치해야 하므로 기울기와 y절편이 각각 같아야 한다.

따라서 해가 무수히 많은 연립방정식은 ㄴ, ㅂ이다.

11 (1) $\begin{cases} ax-3y=-1 \\ 6x-9y=3 \end{cases}$ $\xrightarrow[\text{식으로 나타내면}]{y를 x에 대한}$ $\begin{cases} y=\dfrac{a}{3}x+\dfrac{1}{3} \\ y=\dfrac{2}{3}x-\dfrac{1}{3} \end{cases}$

이때 해가 없으려면 두 일차방정식의 그래프가 서로 평행해야 한다.

즉, 기울기는 같고 y절편은 달라야 하므로

$\dfrac{a}{3}=\dfrac{2}{3}$ $\quad \therefore a=2$

(2) $\begin{cases} 2x-y=-4 \\ ax+4y=1 \end{cases}$ $\xrightarrow[\text{식으로 나타내면}]{y를 x에 대한}$ $\begin{cases} y=2x+4 \\ y=-\dfrac{a}{4}x+\dfrac{1}{4} \end{cases}$

이때 해가 없으려면 두 일차방정식의 그래프가 서로 평행해야 한다.

즉, 기울기는 같고 y절편은 달라야 하므로

$2=-\dfrac{a}{4}$ $\quad \therefore a=-8$

(3) $\begin{cases} 6x+y=8 \\ -4x+ay=12 \end{cases}$ $\xrightarrow[\text{식으로 나타내면}]{y를 x에 대한}$ $\begin{cases} y=-6x+8 \\ y=\dfrac{4}{a}x+\dfrac{12}{a} \end{cases}$

이때 해가 없으려면 두 일차방정식의 그래프가 서로 평행해야 한다.

즉, 기울기는 같고 y절편은 달라야 하므로

$-6=\dfrac{4}{a}$ $\quad \therefore a=-\dfrac{2}{3}$

12 (1) $\begin{cases} -8x+ay=14 \\ bx+5y=-7 \end{cases}$ $\xrightarrow[\text{식으로 나타내면}]{y를 x에 대한}$ $\begin{cases} y=\dfrac{8}{a}x+\dfrac{14}{a} \\ y=-\dfrac{b}{5}x-\dfrac{7}{5} \end{cases}$

이때 해가 무수히 많으려면 두 일차방정식의 그래프가 일치해야 한다.

즉, 기울기와 y절편이 각각 같아야 하므로

$\dfrac{8}{a}=-\dfrac{b}{5}$, $\dfrac{14}{a}=-\dfrac{7}{5}$ $\quad \therefore a=-10$, $b=4$

(2) $\begin{cases} 6x+ay=10 \\ bx+12y=-15 \end{cases}$ $\xrightarrow[\text{식으로 나타내면}]{y를 x에 대한}$ $\begin{cases} y=-\dfrac{6}{a}x+\dfrac{10}{a} \\ y=-\dfrac{b}{12}x-\dfrac{5}{4} \end{cases}$

이때 해가 무수히 많으려면 두 일차방정식의 그래프가 일치해야 한다.

즉, 기울기와 y절편이 각각 같아야 하므로

$-\dfrac{6}{a}=-\dfrac{b}{12}$, $\dfrac{10}{a}=-\dfrac{5}{4}$ $\quad \therefore a=-8$, $b=-9$

(3) $\begin{cases} 3ax-y=-8 \\ x+2y=b \end{cases}$ $\xrightarrow[\text{식으로 나타내면}]{y를 x에 대한}$ $\begin{cases} y=3ax+8 \\ y=-\dfrac{1}{2}x+\dfrac{b}{2} \end{cases}$

이때 해가 무수히 많으려면 두 일차방정식의 그래프가 일치해야 한다.

즉, 기울기와 y절편이 각각 같아야 하므로

$3a=-\dfrac{1}{2}$, $8=\dfrac{b}{2}$ $\quad \therefore a=-\dfrac{1}{6}$, $b=16$

학교 시험 문제 × 확인하기 | 130~131쪽

1 ④	**2** ③	**3** -2	**4** ②	**5** ②, ④
6 ①	**7** 9	**8** ④	**9** ③	**10** ⑤
11 ②	**12** -2			

1 $5x-7y-35=0$에서 $-7y=-5x+35$ $\quad \therefore y=\dfrac{5}{7}x-5$

$y=\dfrac{5}{7}x-5$에서

$y=0$일 때, $0=\dfrac{5}{7}x-5$ $\quad \therefore x=7$

$x=0$일 때, $y=-5$

따라서 x절편은 7, y절편은 -5이므로 그 그래프는 ④이다.

2 $2x+3y-4=0$에서 $3y=-2x+4$ $\quad \therefore y=-\dfrac{2}{3}x+\dfrac{4}{3}$

② $y=0$일 때, $0=-\dfrac{2}{3}x+\dfrac{4}{3}$ $\quad \therefore x=2$

$x=0$일 때, $y=\dfrac{4}{3}$

즉, x절편은 2, y절편은 $\dfrac{4}{3}$이다.

③, ④ (기울기)$=-\dfrac{2}{3}<0$이므로 x의 값이 증가하면 y의 값은 감소하고, 오른쪽 아래로 향하는 직선이다.

⑤ $2x+3y-4=0$, 즉 $y=-\dfrac{2}{3}x+\dfrac{4}{3}$의 그래프는 오른쪽 그림과 같으므로 제3사분면을 지나지 않는다.

따라서 옳지 않은 것은 ③이다.

3 주어진 그래프가 두 점 $(-4,\ 0)$, $(6,\ 5)$를 지나므로
$x-ay+b=0$에 $x=-4$, $y=0$을 대입하면
$-4+b=0$ $\therefore b=4$
$x-ay+b=0$, 즉 $x-ay+4=0$에 $x=6$, $y=5$를 대입하면
$6-5a+4=0$, $-5a=-10$ $\therefore a=2$
$\therefore a-b=2-4=-2$

4 $mx-2y+n=0$에서 $-2y=-mx-n$ $\therefore y=\dfrac{m}{2}x+\dfrac{n}{2}$
$-3x+y-4=0$에서 $y=3x+4$
즉, $y=\dfrac{m}{2}x+\dfrac{n}{2}$의 그래프의 기울기는 3, y절편은 -5이므로
$\dfrac{m}{2}=3$, $\dfrac{n}{2}=-5$ $\therefore m=6$, $n=-10$
$\therefore m+n=6+(-10)=-4$

5 ③ $2x+1=0 \Rightarrow x=-\dfrac{1}{2}$
④ $-4y=1 \Rightarrow y=-\dfrac{1}{4}$
⑤ $7x=0 \Rightarrow x=0$
y축에 수직인 직선의 방정식은 $y=(수)$ 꼴이므로 ②, ④이다.

6 구하는 직선과 $3x-y+6=0$의 그래프가 x축 위에서 만나므로 $y=0$일 때의 x의 값이 같다.
즉, $3x-y+6=0$에서 $y=0$일 때, $3x+6=0$ $\therefore x=-2$
따라서 점 $(-2,\ 0)$을 지나고 y축에 평행한 직선의 방정식은
$x=-2$

7 주어진 그래프는 $x=3$의 그래프이다.
이때 $4x-3=a$에서 $4x=a+3$ $\therefore x=\dfrac{a+3}{4}$
따라서 $3=\dfrac{a+3}{4}$이므로 $12=a+3$ $\therefore a=9$

8 $x-1=0$에서 $x=1$
$2x+6=0$에서 $2x=-6$ $\therefore x=-3$
$y+5=0$에서 $y=-5$
따라서 네 일차방정식 $x=1$, $x=-3$, $y=2$, $y=-5$의 그래프는 오른쪽 그림과 같으므로 구하는 도형의 넓이는
$\{1-(-3)\}\times\{2-(-5)\}=4\times7=28$

9 $x-3y=-1$, 즉 $y=\dfrac{1}{3}x+\dfrac{1}{3}$의 그래프는 x절편이 -1, y절편이 $\dfrac{1}{3}$이므로 직선 m이다.
$x-y=1$, 즉 $y=x-1$의 그래프는 x절편이 1, y절편이 -1이므로 직선 l이다.
따라서 주어진 연립방정식의 해를 나타내는 점은 두 직선 m, l의 교점이므로 점 C이다.

10 연립방정식 $\begin{cases} 3x+2y-5=0 \\ 2x+y-3=0 \end{cases}$, 즉 $\begin{cases} 3x+2y=5 \\ 2x+y=3 \end{cases}$을 풀면
$x=1$, $y=1$이므로
두 그래프의 교점의 좌표는 $(1,\ 1)$이다.
따라서 $a=1$, $b=1$이므로 $a+b=1+1=2$

11 두 그래프의 교점의 좌표가 $(-1,\ 2)$이므로
연립방정식 $\begin{cases} ax+3y=1 \\ -x+by=3 \end{cases}$의 해는 $x=-1$, $y=2$이다.
즉, $ax+3y=1$에 $x=-1$, $y=2$를 대입하면
$-a+6=1$, $-a=-5$ $\therefore a=5$
$-x+by=3$에 $x=-1$, $y=2$를 대입하면
$1+2b=3$, $2b=2$ $\therefore b=1$
$\therefore a+b=5+1=6$

12 $2x-y=-7$에서 $-y=-2x-7$ $\therefore y=2x+7$
$ax+y=-5$에서 $y=-ax-5$
이 두 직선의 교점이 존재하지 않으므로 두 직선이 서로 평행하다.
즉, 기울기는 같고 y절편은 다르므로
$2=-a$ $\therefore a=-2$

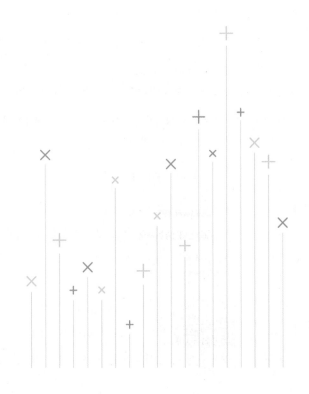